中国科学院中国孢子植物志编辑委员会　编辑

中 国 地 衣 志

第六卷

梅衣科（III）

魏鑫丽　主编

中国科学院知识创新工程重大项目
国家自然科学基金重大项目
（国家自然科学基金委员会　中国科学院　科技部资助）

科学出版社
北京

内 容 简 介

本卷记载了产于我国的梅衣科地衣中的 12 属,即厚枝衣属、裸腹叶属、岛衣属、小岛衣属、斑叶属、类斑叶属、黄岛衣属、肾岛衣属、宽叶衣属、土可曼衣属、黄髓衣属及袋衣属,共计 106 种。每个属、种均有形态及结构特征描述,并提供了分种检索表;在每种特征描述之后亦详细记录了其化学、基物、产地与地理成分,并讨论了该种重要性状特征与分类,且附有每种的形态图。

本书是研究生物资源、区系、生物多样性和环境保护的重要参考资料,可供环境生物学、农林牧、医药工作者及大专院校有关师生教学、科研参考。

图书在版编目(CIP)数据

中国地衣志. 第六卷, 梅衣科. III / 魏鑫丽主编. —北京:科学出版社, 2021.11

(中国孢子植物志)

ISBN 978-7-03-070643-0

Ⅰ. ①中… Ⅱ. ①魏… Ⅲ. ①地衣志–中国 ②梅衣科–地衣志–中国 Ⅳ. ①Q949.34

中国版本图书馆 CIP 数据核字(2021)第 33995 号

责任编辑:韩学哲 孙 青 / 责任校对:杨 赛
责任印制:肖 兴 / 封面设计:刘新新

科 学 出 版 社 出版
北京东黄城根北街 16 号
邮政编码:100717
http://www.sciencep.com

中国科学院印刷厂 印刷
科学出版社发行 各地新华书店经销

*

2021 年 11 月第 一 版 开本:787×1092 1/16
2021 年 11 月第一次印刷 印张:14 3/4 插页:12
字数:350 000

定价:198.00 元
(如有印装质量问题,我社负责调换)

FLORA LICHENUM SINICORUM
CONSILIO FLORARUM CRYPTOGAMARUM SINICARUM ACADEMIAE
SINICAE EDITA

FLORA LICHENUM SINICORUM

VOL. 6

PARMELIACEAE(III)

REDACTOR PRINCIPALIS

Wei Xin-Li

**A Major Project of the Knowledge Innovation Program
of the Chinese Academy of Sciences
A Major Project of the National Science Foundation of China**
(Supported by the National Natural Science Foundation of China,
the Chinese Academy of Sciences, and the Ministry of Science and Technology of China)

Science Press
Beijing

著 者 名 单

魏鑫丽（中国科学院微生物研究所）······本卷总论及专论中岛衣型地衣标本的
　　核查和袋衣属地衣的编前研究与编写；本卷册的统稿与编排；地衣照
　　片的拍摄及图版的排版

陈林海（博士生，中国科学院微生物研究所）···本卷岛衣型地衣的编前研究

王瑞芳（硕士生，中国科学院微生物研究所）···本卷厚枝衣属地衣的编前研究

AUTHORS

Wei Xin-Li（Institute of Microbiology, Chinese Academy of Sciences）············
Introduction; checking specimens of Cetrarioid lichens; taxonomic study
of the genus *Hypogymnia*; compilation of the whole text; taking photos
of lichens and arranging the plates.

Chen Lin-Hai（PhD candidate, Institute of Microbiology, Chinese Academy of
Sciences）························Taxonomic study of the Cetrarioid lichens.

Wang Rui-Fang（Master Degree candidate, Institute of Microbiology, Chinese
Academy of Sciences）······Taxonomic study of the genus *Allocetraria*.

序

中国孢子植物志是非维管束孢子植物志，分《中国海藻志》、《中国淡水藻志》、《中国真菌志》、《中国地衣志》及《中国苔藓志》五部分。中国孢子植物志是在系统生物学原理与方法的指导下对中国孢子植物进行考察、收集和分类的研究成果；是生物物种多样性研究的主要内容；是物种保护的重要依据，对人类活动与环境甚至全球变化都有不可分割的联系。

中国孢子植物志是我国孢子植物物种数量、形态特征、生理生化性状、地理分布及其与人类关系等方面的综合信息库；是我国生物资源开发利用、科学研究与教学的重要参考文献。

我国气候条件复杂，山河纵横，湖泊星布，海域辽阔，陆生和水生孢子植物资源极其丰富。中国孢子植物分类工作的发展和中国孢子植物志的陆续出版，必将为我国开发利用孢子植物资源和促进学科发展发挥积极作用。

随着科学技术的进步，我国孢子植物分类工作在广度和深度方面将有更大的发展，对于这部著作也将不断补充、修订和提高。

中国科学院中国孢子植物志编辑委员会

1984 年 10 月·北京

中国孢子植物志总序

中国孢子植物志是由《中国海藻志》、《中国淡水藻志》、《中国真菌志》、《中国地衣志》及《中国苔藓志》所组成。至于维管束孢子植物蕨类未被包括在中国孢子植物志之内，是因为它早先已被纳入《中国植物志》计划之内。为了将上述未被纳入《中国植物志》计划之内的藻类、真菌、地衣及苔藓植物纳入中国生物志计划之内，出席1972年中国科学院计划工作会议的孢子植物学工作者提出筹建"中国孢子植物志编辑委员会"的倡议。该倡议经中国科学院领导批准后，"中国孢子植物志编辑委员会"的筹建工作随之启动，并于1973年在广州召开的《中国植物志》、《中国动物志》和中国孢子植物志工作会议上正式成立。自那时起，中国孢子植物志一直在"中国孢子植物志编辑委员会"统一主持下编辑出版。

孢子植物在系统演化上虽然并非单一的自然类群，但是，这并不妨碍在全国统一组织和协调下进行孢子植物志的编写和出版。

随着科学技术的飞速发展，人们关于真菌的知识日益深入的今天，黏菌与卵菌已被从真菌界中分出，分别归隶于原生动物界和管毛生物界。但是，长期以来，由于它们一直被当作真菌由国内外真菌学家进行研究；而且，在"中国孢子植物志编辑委员会"成立时已将黏菌与卵菌纳入中国孢子植物志之一的《中国真菌志》计划之内并陆续出版，因此，沿用包括黏菌与卵菌在内的《中国真菌志》广义名称是必要的。

自"中国孢子植物志编辑委员会"于1973年成立以后，作为"三志"的组成部分，中国孢子植物志的编研工作由中国科学院资助；自1982年起，国家自然科学基金委员会参与部分资助；自1993年以来，作为国家自然科学基金委员会重大项目，在国家基金委资助下，中国科学院及科技部参与部分资助，中国孢子植物志的编辑出版工作不断取得重要进展。

中国孢子植物志是记述我国孢子植物物种的形态、解剖、生态、地理分布及其与人类关系等方面的大型系列著作，是我国孢子植物物种多样性的重要研究成果，是我国孢子植物资源的综合信息库，是我国生物资源开发利用、科学研究与教学的重要参考文献。

我国气候条件复杂，山河纵横，湖泊星布，海域辽阔，陆生与水生孢子植物物种多样性极其丰富。中国孢子植物志的陆续出版，必将为我国孢子植物资源的开发利用，为我国孢子植物科学的发展发挥积极作用。

中国科学院中国孢子植物志编辑委员会

主编　曾呈奎

2000年3月　北京

Foreword of the Cryptogamic Flora of China

Cryptogamic Flora of China is composed of *Flora Algarum Marinarum Sinicarum*, *Flora Algarum Sinicarum Aquae Dulcis*, *Flora Fungorum Sinicorum*, *Flora Lichenum Sinicorum*, and *Flora Bryophytorum Sinicorum*, edited and published under the direction of the Editorial Committee of the Cryptogamic Flora of China, Chinese Academy of Sciences(CAS). It also serves as a comprehensive information bank of Chinese cryptogamic resources.

Cryptogams are not a single natural group from a phylogenetic point of view which, however, does not present an obstacle to the editing and publication of the Cryptogamic Flora of China by a coordinated, nationwide organization. The Cryptogamic Flora of China is restricted to non-vascular cryptogams including the bryophytes, algae, fungi, and lichens. The ferns, a group of vascular cryptogams, were earlier included in the plan of *Flora of China*, and are not taken into consideration here. In order to bring the above groups into the plan of Fauna and Flora of China, some leading scientists on cryptogams, who were attending a working meeting of CAS in Beijing in July 1972, proposed to establish the Editorial Committee of the Cryptogamic Flora of China. The proposal was approved later by the CAS. The committee was formally established in the working conference of Fauna and Flora of China, including cryptogams, held by CAS in Guangzhou in March 1973.

Although myxomycetes and oomycetes do not belong to the Kingdom of Fungi in modern treatments, they have long been studied by mycologists. *Flora Fungorum Sinicorum* volumes including myxomycetes and oomycetes have been published, retaining for *Flora Fungorum Sinicorum* the traditional meaning of the term fungi.

Since the establishment of the editorial committee in 1973, compilation of Cryptogamic Flora of China and related studies have been supported financially by the CAS. The National Natural Science Foundation of China has taken an important part of the financial support since 1982. Under the direction of the committee, progress has been made in compilation and study of Cryptogamic Flora of China by organizing and coordinating the main research institutions and universities all over the country. Since 1993, study and compilation of the Chinese fauna, flora, and cryptogamic flora have become one of the key state projects of the National Natural Science Foundation with the combined support of the CAS and the National Science and Technology Ministry.

Cryptogamic Flora of China derives its results from the investigations, collections, and classification of Chinese cryptogams by using theories and methods of systematic and evolutionary biology as its guide. It is the summary of study on species diversity of cryptogams and provides important data for species protection. It is closely connected with human activities, environmental changes and even global changes. Cryptogamic Flora of

China is a comprehensive information bank concerning morphology, anatomy, physiology, biochemistry, ecology, and phytogeographical distribution. It includes a series of special monographs for using the biological resources in China, for scientific research, and for teaching.

China has complicated weather conditions, with a crisscross network of mountains and rivers, lakes of all sizes, and an extensive sea area. China is rich in terrestrial and aquatic cryptogamic resources. The development of taxonomic studies of cryptogams and the publication of Cryptogamic Flora of China in concert will play an active role in exploration and utilization of the cryptogamic resources of China and in promoting the development of cryptogamic studies in China.

C. K. Tseng

Editor-in-Chief

The Editorial Committee of the Cryptogamic Flora of China

Chinese Academy of Sciences

March, 2000 in Beijing

《中国地衣志》序

　　基于物种多样性研究的《中国地衣志》编研是中国地衣研究史中的重大事件，也是中国地衣资源研究与开发的基础。

　　生物多样性是指生存于地球生物圈多样性生态系统中的，含有多样性基因的物种多样性。《中国地衣志》是中国地衣物种综合信息库，是演化系统生物学中物种信息 (分类学论著)、物种原型 (馆藏标本) 和物种培养物 (菌种库) 三大信息与资源存取系统之一，是中国孢子植物志中的《中国海藻志》、《中国淡水藻志》、《中国真菌志》、《中国地衣志》和《中国苔藓志》五志的组成部分。

　　虽然真菌和地衣属于真菌界，而非植物界，但是，由于上述五类生物一直未被纳入任何生物志的编研计划，因此，为了启动上述五类生物志的编研工作，根据它们都产生孢子的共性，组建了中国科学院孢子植物志编辑委员会，以主持上述五类生物志的编研工作。

　　中国孢子植物五志是在国家自然科学基金委员会、国家科学技术部和中国科学院的经费资助下，由"中国科学院中国孢子植物志编辑委员会"主持下进行的编研工作。所谓编研是指对中国孢子植物物种多样性进行研究的基础上进行中国孢子植物五志的编写。

　　中国地衣研究经历了四个历史时期，即本草时期、传统分类学时期、综合分类学时期及演化系统生物学时期。

　　第一，本草时期相当于林奈前时期，从公元前 500 年至 18 世纪中叶。中国古代文献《诗经》就有关于"女萝"(松萝) 的记载。在唐代，即公元 618～907 年，甄泉在《药性本草》中便有"松萝"、"石蕊"的记载。著名的中国本草植物学巨匠李时珍 190 万字的巨著《本草纲目》于 1578 年开始分 50 卷问世。全卷含本草及其他药物计 1892 种，其中 374 种由该巨著作者所发现。有关地衣的记载为四种，即"石蕊"(21 卷 19 页)、"地衣草"(21 卷 20 页)、"石耳"(28 卷 31 页) 及"松萝"(37 卷 12 页)。

　　根据李时珍的描述，"蒙顶茶"可能是"石蕊"的别名。"地衣草"的别名"仰天皮"可能是指地衣中的"地卷"或"肺衣"，也可能是苔类的"地钱"。而本草中的"石耳"可能是民间当作山珍的"庐山石耳"或称为美味石耳。至于《本草纲目》中的"垣衣"和"屋游"则更可能是指藓类植物 (21 卷 20 页)。

　　在清代，由赵学敏所著的《本草纲目拾遗》于 1765 年问世。该书作者关于"雪茶"(16 卷 251 页) 的描述是我国古代文献中有关地衣描述的最佳典范："雪茶。出滇南。色白。久则微黄，出云南永善县。其地山高积雪。入夏不消。雪中生此。本非茶类。乃天生一种草芽。土人采得炒、焙。以其似茶。故名。其色白。故曰雪茶。"而"色白。久则微黄。"一语，确切的显示出作者所指者实为地茶 [*Thamnolia vermicularis* (Sw.) Ach. ex Schaer.]，而非雪茶 [*Th. subuliformis* (Ehrh.) Culb.]。在我国古代文献中关于其他地衣的描述虽不如关于"雪茶"那样精辟，难以辨其为何种，但可识其大类。总之，我们祖先早在古代就已将地衣作为草药而对人民健康作出过贡献。

第二，传统分类学时期，相当于林奈后时期，从 18 世纪中叶至 20 世纪下叶。在这一时期的前半段，关于中国地衣的采集和研究，主要是由外国人进行的，如欧洲的瑞典、意大利、奥地利、英国、法国、德国、俄国、芬兰，以及亚洲的日本和美洲的美国植物学家。第一个来中国进行地衣采集的外国人为瑞典的奥斯别克 (P.Osbeck)。

林奈在他的第一版《植物种志》(1753)中共描述了"37"种植物是 1752 年由奥斯别克提供的中国标本；但是，其中没有地衣。后来，奥斯别克将采自中国的一种地衣不合格地发表为 "*Lichen chinensis*" (P.Osbeck, 1757:221, see Hawksworth, 2004)。该不合格发表的名称实际上代表的正是现在广为人知的大叶梅[*Parmotrema tinctorum* (Dilese ex Nyl.) Hale]。

此后经过了约 80 年，自 19 世纪 30 年代 (1830 年) 至 20 世纪 50 年代 (1950 年) 有 30 多位欧洲人和日本人采集过中国地衣标本。

在 19 世纪，意大利的吉拉底 (G. Giraldi, 1891~1898) 在陕西秦岭进行过植物标本采集 (崔，李，1964；戴，1979)，其中 19 种地衣由巴罗尼 (E. Baroni, 1894) 研究发表；199 种地衣包括 11 个新种由亚塔 (Jatta, 1902) 研究发表。法国人戴拉维 (Abbe Delavay) 于 1882~1892 年采自滇西北的地衣标本由薛 (Hue) 于 1885 年定名为 51 种，包括新种 8 个，于 1887 年以"云南地衣"为题发表。同一作者于 1889 年以同一题名又发表了戴拉维于 1886~1887 年所采的 88 种地衣，含 5 个新种。戴拉维于 1888~1892 年所采集的其余中国地衣标本是薛分别于 1898 年、1899 年、1900 年及 1901 年以"欧洲以外的地衣"为题所发表的。这些地衣标本被保存于巴黎自然历史博物馆孢子植物实验室(PC)，部分副份保存于芬兰土尔库大学标本馆(TUR)。

20 世纪初叶，奥地利维也纳大学的植物学家罕德尔-马泽梯 (Handel-Mazzetti) 作为奥地利科学院来华考察队成员从云南、四川和其他省区采集了约 850 份地衣标本。这些标本由扎尔布鲁克奈尔 (Zahlburckner) 定名为 430 种，包括 4 个新属和 219 个新种，于 1930 年在罕德尔-马泽梯主编的《中国植物志要》第三卷以"地衣"为题发表。文中所引用的标本除了主要由罕德尔-马泽梯所采集以外，还有钟心煊 (1929) 采自福建的 129 份地衣标本；由洛克 (Rock) 采自云南，史密斯 (Smith) 采自四川、云南的部分标本；以及部分引自当时文献的种类，计有 717 种，分隶于 117 属。此外，由福勒 (Faurie, 1909) 及其他人采自我国台湾省的地衣标本由扎尔布鲁克奈尔定名为 268 种，内含 112 个新的分类群，于 1933 年发表。以瑞典海登 (Hedin) 为首的"中亚科学考察队"于 1927~1935 年在中国西北地区进行了考察。其中的地衣标本主要是由包林 (Bohlin) 于 1930~1932 年在青海和甘肃，以及休梅 (Hummel) 于 1928~1930 年在新疆及甘肃所采集。此外，由诺莱 (Norin) 所采集的生有地衣的部分地质岩石标本也作为地衣标本保存在瑞典斯德哥尔摩自然历史博物馆。所有这些地衣标本均由马格努松 (Magnusson) 定名后作为考察队出版物植物学组成部分以"中亚的地衣"分两册 (第 13 号 1940 和第 22 号 1944) 予以发表。这两部出版物共记载地衣 245 种，其中新种 142 个。

中国植物学家采集并研究中国地衣主要是从 20 世纪 20 年代末至 30 年代初开始的。钱崇澍于 1932 年发表了《南京钟山岩石植被》一文，内含 15 个地衣分类群。这些地衣标本是由美国地衣学家普利特 (Plitt) 所定名。这是中国植物学家所发表的第一篇关于中国地衣研究的论文。三年后，朱彦承 (1935) 以他自己定名的标本为基础发表了《中国地衣初步研究》一文。文中报道了 39 种，13 变种。时隔 23 年之后，陆定安 (1958，1959) 发表了《中国地衣札记 1，地卷属》。此后，便有更多的中国地衣学家开始研究中国地衣，并陆续发表大量研究的论文，从而开始了中国人研究中国地衣的新时期。

第三，综合分类学时期是以形态学—生物地理学—化学相结合的中国地衣分类研究为特点。在传统分类学时期虽然也使用显色反应进行地衣化学测定，但是，比较精确的显微重结晶检验法 (MCT) 和灵敏度较高的薄层色谱法 (TCL) 在中国地衣分类研究中的使用及推广则开始于 20 世纪 80 年代初。关于《西藏地衣》的研究 (魏、姜，1980～1986) 是这一时期开始的标志。

第四，演化系统生物学时期是在表型与基因型相结合中探讨地衣型真菌在生物演化系统中的地位。20 世纪 80 年代末和 90 年代初，分子生物学"聚合酶链反应"(PCR) 技术的发明为这一时期的兴起创造了条件。表型组、基因组与环境组相结合的综合分析必将是演化系统生物学的发展方向。

"中国科学院中国孢子植物志编辑委员会"于 1973 年成立以后，《中国地衣志》的编前研究便陆续启动。为了配合《中国地衣志》的编前研究和在研究基础上的编写，我们于 1973 年着手《中国地衣综览》的编著工作，并于 1991 年正式出版，目前正在进行第二版的修订工作。

如果说 20 世纪 30 年代是中国人研究中国地衣的开端，那么，《中国地衣志》的编前研究和在研究基础上的编写就是中国地衣学研究中的里程碑。而 21 世纪将是以年轻的地衣学家为主力的中国地衣学发展时期。

中国科学院中国孢子植物志编辑委员会

主编 魏江春

2010 年 12 月 26 日

2013 年 10 月 9 日修订

北京

Foreword of Flora Lichenum Sinicorum

The compilation of the *Flora Lichenum Sinicorum* based on the research into the lichen species diversity is an important event in the history of the lichen study in China, and also the basis of the R & D of their resources.

The biodiversity refers to the species diversity containing genetic diversity in the ecosystem diversity of the biosphere in the nature. The *Flora Lichenum Sinicorum* is a comprehensive information bank of the lichen species from China, one of the three information and resource storage and retrieval systems, such as species information (publications of taxonomy), species prototype (collections in herbaria), and species culture collection, and one of the "*Cryptogamic Flora of China*", which contains five parts: *Flora Algarum Marinarum Sinicarum, Flora Algarum Sinicarum Aquae Dulcis, Flora Fungorum Sinicorum, Flora Lichenum Sinicorum*, and *Flora Bryophytorum Sinicorum*.

Although the fungi and lichens belong to the kingdom Fungi, not to Plantae, and the compilation of flora for the above-mentioned five organisms had not been carried out due to be not included in the programme of the compilation of fauna and flora in China. In order to launch the compilation of the flora of above-mentioned five organisms based on producing spores in common as the cryptogamic flora in China, "The Editorial Committee of the Cryptogamic Flora of China, Chinese Academy of Sciences" (ECCFC,CAS) was organized in 1973 for managing the compilation of above-mentioned five floras.

The compilation of the "*Cryptogamic Flora of China*" based on the research into their species diversity has been being financially supported by the National Natural Science Foundation of China, the National Science and Technololgy Ministry, and the Chinese Academy of Sciences, and managed by the ECCFC, CAS.

The lichen study in China can be divided into the following four periods: the period of herbs, the period of traditional taxonomy, the period of comprehensive taxonomy, and the period of evolutionary systematic biology.

The first period of herbs corresponds to the pre Linnean period from more than 500 years BC to the mid-18th century. The lichen "nüluo" (i.e. *Usnea* spp.) was reported in the Chinese ancient literature "shijing" (A book of songs). In the Tang Dynasty from 618 to 907 AD, Zhen Quan reported the lichen "Song Luo" (*Usnea* spp.) and "Shirui" (*Cladonia* spp.) in his book "Yao xing ben cao" (Materia Medica). A monumental work on Chinese medicinal herbs "Bencao gangmu" (Compendium of Materia Medica) in 50 volumes were published by the famous Chinese medico-botanist Li Shi-Zhen in 1578. The work contains 1892 kinds of medicinal herbs and other kinds of Materia Medica. Among them 374 kinds were discovered by the author himself. Four kinds of lichens were recorded in volume 21 of the

"Compendium", i.e. "Shi Rui" (*Cladonia* spp., p.19), "Di Yi Cao" (p.20), "Shi Er" (*Umbilicaria* spp., p.31) in volume 28, and "Song Luo" (*Usnea* spp.,p.12) in volume 37.

According to the descriptions made by Li Shi-Zhen, "Meng Ding Cha" may be a synonym of the "Shi Rui" (*Cladonia* spp.). The "Yang Tian Pi", a synonym of "Di Yi Cao", maybe refers to the lichens *Peltigera* spp. or *Lobaria* spp., or even the liverwords *Marchantia* spp. The "Shi Er", can be considered as *Umbilicaria* spp. As to the "Yuan-yi" and "Wuyou", it maybe refers to some mosses rather than lichens (vol.21, p.20).

In the Qing Dynasty, a book "Ben Cao Gang Mu Shi Yi" (Supplement to Compendium of Materia Medica) was published by Zhao Xue-min in 1765. The description of the lichen "Xue Cha" (snow tea) given by Zhao Xue-min in his book (vol.6, p.251) is "Xue Cha is growing on the snowy ground of Li Jiang in Yunnan province. It is of white color, sweet taste. In the course of time after collection the Xue Cha is able to become yellowish color." According to this description it is easy to recognize the lichen in question as *Thamnolia vermicularis* (Sw.) Ach. ex Schaer. rather than *Thamnolia subuliformis* (Ehrh.) Culb.

In the pre-Linnean period the authors of ancient Chinese literature furnished many valuable records of Chinese lichens which were used for the clinical applications in the Chinese traditional medicine.

The second period of traditional taxonomy corresponds to the post-Linnean era from the mid-18th century to the later 20th century. In the first half of this period, Chinese lichens were collected and studied mainly by the foreign botanists, such as Europeans, including Swedish, Italian, Austrian, British, French, German, Russian, Finnish and also Japanese and Americans. The first foreign collector of the Chinese lichens was Swedish botanist P. Osbeck, who reported an invalid name *Lichen chinensis* Osbeck (Bretschneiser, 1898)= *Parmotrema tinctorum* (Dilese ex Nyl.) Hale.

In the early 1930s, Chinese botanists began study on Chinese lichens. "Vegetation of the rocky ridge of Chung shan, Nanking" published by Chien Sung-shu in 1932. This paper was the first publication concerning 15 taxa of Chinese lichens. The lichen collections cited in Chien's paper were identified by the lichenologist C. C. Plitt from the United States. Three years later, "Note preliminaire sur les lichens de Chine" containing 39 species with 13 varieties was published by Tchou Yen-tch'eng (1935). The lichen specimens cited in Tchou's paper were identified by the author himself. About 23 years later, Lu Ding-an (1958) published his first paper under the heading of "Notes on Chinese lichens, 1. Peltigera". From that time, more and more Chinese lichenologists start to study the Chinese lichens and have published a series of papers.

The third period of comprehensive taxonomy began with the use of chemotaxonomy in addition to morphological and biogeographical methods for lichen taxonomy in the 1970s. In the late 1970s microcrystal tests (MCT) were performed under the methods described by Asahina (1936~1940). Thin-layer chromatograpy (TLC) was used for the Chinese lichens in the early 1980s. The "Lichens of Xizang" (Wei and Jiang, 1986) marked the beginning of this period.

The fourth period of evolutionary systematic biology is characterized by an ability to grope for evolutionary systematic positions of lichen-forming fungi in combination of phenotype with genotype. In the beginning of the eighties and nineties of the 20th century, the invention of the molecular biotechnique "polymerase chain reaction" (PCR) provided the possibility for the rising of this period. The comprehensive analysis in combination of the phenome with genome and envirome must be the research direction of evolutionary systematic biology for the future.

We started on the research before compilation of the *Flora Lichenum Sinicorum* after "The Editorial Committee of the Cryptogamic Flora of China, Chinese Academy of Sciences" was established in 1973. In order to provide the references for the compilation of the *Flora Lichenum Sinicorum* I started to work on *An Enumeration of Lichens in China*, which was published in 1991, and now it is being revised for the second edition.

The thirties of the 20th century were the beginning of the lichen research from China made by the Chinese botanists, and the start of the *Flora Lichenum Sinicorum* is the milestone in the lichenological progress in China. The lichenology in China during the 21th century is carried out by the young Chinese lichenologists.

J.C. Wei

Editor-in-Chief

The Editorial Committee of the Cryptogamic Flora of China

Chinese Academy of Sciences

December 26,2010

October 9, 2013.revised

Beijing

前　言

　　关于我国地衣的最早报道是在 18 世纪中叶，由外国地衣学家所研究。20 世纪中早期，我国老一辈植物学家开始采集地衣，但标本鉴定依然由国外地衣学家进行。中国人自己研究地衣标本并发表研究论文的第一位学者当属朱彦丞。他于 1935 年在《国立北平研究院植物学研究所丛刊》上发表了"中国地衣之初步研究"。但在此后的 20 年中，中国几乎无人问津地衣，一直到 20 世纪 50 年代中期，在我国生物科学发展中，地衣学还一直是空白学科。此后，在先辈科学家，中国科学院学部委员戴芳澜教授主持下，终于结束了这一空白学科的历史，从而使我国地衣学从无到有并有所发展，也使得地衣学专门人才和研究文献不断涌现，在此基础上，著者始能对我国岛衣型和袋衣属地衣进行系统研究并编著成本卷志书。

　　本卷记载产于我国的梅衣科地衣 12 属（厚枝衣属、裸腹叶属、岛衣属、小岛衣属、斑叶属、类斑叶属、黄岛衣属、肾岛衣属、宽叶衣属、土可曼衣属、黄髓衣属及袋衣属），共计 106 种。卷中拉丁学名根据现行国际植物命名法规，并参考 Index Fungorum 考证使用。本卷中除引用分类单位的原始文献外，还引用了重要的国内外有关文献；在每种特征描述之后亦详细记录了其化学、基物、国内产地、世界分布与地理成分，并讨论了该种重要性状特征与相似种的比较，且附有该种的形态图。

　　本卷中记录的分类单位均由著者们根据标本研究鉴定而确定；有文献记载的分类单位但未检查到相关标本附于卷末；观察过的模式标本注以符号（！）；标本信息若无特别说明，均保藏在中国科学院微生物研究所菌物标本馆地衣标本室（HMAS-L）。

　　本卷志书的工作全部基于魏江春院士指导的硕士和博士毕业论文，在此对魏院士的悉心指导及一直以来的帮助、鼓励和支持致以最诚挚的谢意。本卷志书在编研过程中，得到了国家自然科学基金委员会、中国科学院及国家科学技术部的资助；在中国科学院中国孢子植物志编辑委员会直接领导和帮助下完成。本卷所引证的地衣标本大部分是由魏江春及其同事陈健斌、姜玉梅、王先业、肖勰、苏京军、高向群、魏鑫丽、王瑞芳采集，均保存于中国科学院微生物研究所菌物标本馆地衣标本室。编研过程中还借阅了以下工作单位的相关（模式）标本：中国科学院昆明植物研究所植物标本馆（KUN）、奥地利 Graz 大学（Dr. Walter Obermayer 惠借）、美国亚利桑那州立大学标本馆（ASU）、英国自然历史博物馆（BM）、澳大利亚国立标本馆（CANB）、美国 FH 标本馆、芬兰赫尔辛基大学植物博物馆（H）、俄罗斯圣彼得堡标本馆（LE）、美国密歇根州立大学标本馆（MSU）、澳大利亚皇家植物园新南威尔士国立标本馆（NSW）、美国俄勒冈州立大学标本馆（OSC）、芬兰土尔库大学标本馆（TUR）、美国国立标本馆（US）和奥地利维也纳自然历史博物馆（W）。此外，中国科学院微生物研究所菌物标本馆的邓红高级实验师、中国科学院昆明植物研究所王立松研究员和王欣宇博士及聊城大学菌物标本馆（LCUF）贾泽峰教授在标本借阅时给予了悉心的帮助，在此一并致谢。

本卷在编研过程中，由于标本、资料与著者水平所限，欠妥之处在所难免，恳请各位专家及同行批评指正。

魏鑫丽

2021 年 5 月

目　录

总　　论

地衣是真菌与藻类或蓝细菌组成的共生联合体，地衣分类实质是地衣型真菌分类，隶属于真菌系统。地衣型真菌绝大部分属于子囊菌门，迄今约有 20 000 种，分布于 39 个地衣型目（lichenized orders）中（Lücking et al. 2017）。地衣种类最多的目为茶渍目（Lecanorales），囊括了大部分地衣型真菌，茶渍目分为 18 个科，其中最大的科为梅衣科（Parmeliaceae）。梅衣科原先的概念只包括梅衣型（parmelioid）地衣和岛衣型（cetrarioid）地衣。现代的梅衣科概念包括了原来的梅衣科、绵腹衣科（Anziaceae）、袋衣科（Hypogymniaceae）、树发衣科（Alectoriaceae）和松萝科（Usneaceae），即目前所对应的梅衣科内的梅衣型（parmelioid）、岛衣型（cetrarioid）、袋衣型（hypogymnioid）、树发型（alectorioid）和松萝型（usneoid）地衣（Thell et al. 2012），共 77 属，2765 种（Lücking et al. 2017）。

岛衣型地衣是指广义的岛衣属地衣（*Cetraria* Ach. 1803），隶属于梅衣科（Parmeliaceae）、茶渍目（Lecanorales）、茶渍亚纲（Lecanoromycetidae）、茶渍纲（Lecanoromycetes）、果囊菌亚门（Pezizomycotina）、子囊菌门（Ascomycota）、真菌界（Fungi）、真核生物超界（Eukaryota）（Kirk et al. 2001）。自 Acharius 1803 年建立岛衣属以来，该属一直用来描述梅衣科中子囊盘位于边缘或近边缘的叶状（大叶状、小叶状、狭叶状）、枝状和亚枝状的地衣种类。按照原先的概念，岛衣型地衣种类被一些研究者分别划归 21 属，包括 138 种，但最新分类系统认为目前全世界真正意义上的岛衣型地衣实际仅包括 17 属 108 种，排除了原先概念的 *Asahinea*、*Cetrelia* 和 *Platismatia*，而增加了原先概念梅衣型地衣中的 *Melanelia*（Randlane et al. 2013；Wang et al. 2014）。

袋衣型地衣的标志性特征为裂片肿胀、髓层常中空如袋。Poelt（1974）曾提出袋衣科（Hypogymniaceae）应包括 4 属，分别为 *Cavernularia* Degel.、*Hypogymnia*（Nyl.）Nyl.、*Menegazzia* A. Massal. 和 *Pseudevernia* Zopf。后来，*Cavernularia* 被处理为 *Hypogymnia* 的异名（Miadlikowska et al. 2011），*Menegazzia* 基于大型子囊孢子和侧丝多分枝两项表型特征被排除出袋衣型地衣范畴（Kärnefelt et al. 1992b），致使 Poelt（1974）概念上的袋衣型地衣仅剩 *Hypogymnia* 和 *Pseudevernia* 两属。Goward（1986）发现 *Hypogymnia* 属中有些种髓层中实、子囊孢子大和皮层结构特殊，遂将这些种从 *Hypogymnia* 属中分离出来移至一新属 *Brodoa* Goward。Hale（1986）认为 *Xanthoparmelia*（Vain.）Hale 属的一些种虽具有黄绿色地衣体，但假根稀疏，将这些种从 *Xanthoparmelia* 属中分离出来，建立 *Arctoparmelia* Hale 属。经 Crespo 等（2010）对梅衣科的系统发育学分析认为 *Brodoa* 和 *Arctoparmelia* 为 *Hypogymnia* 的姐妹群，连同 *Pseudevernia* 一起称为现代意义上的袋衣型地衣。

按照岛衣型地衣最新分类系统，岛衣型地衣包括 17 属，但被该系统排除出岛衣型地衣的 3 属 *Asahinea*、*Cetrelia* 和 *Platismatia*（Randlane et al. 2013），与现代意义的岛衣型地衣具有相似的外形特征及子囊孢子特征，在中国一直被作为岛衣型地衣记录，如不收至本卷，很难与梅衣科其他类群放在一起被记录；而新近被划归于岛衣型地衣中的 *Melanelia*（Randlane et al. 2013）已被包括在《中国地衣志 第四卷 梅衣科（I）》（陈健斌，

2015)中，故不再出现于本卷。现代意义上的袋衣型地衣包括 4 属：*Arctoparmelia*、*Brodoa*、*Hypogymnia* 和 *Pseudevernia*，其中 *Arctoparmelia* 也已被包括在《中国地衣志 第四卷 梅衣科（Ⅰ）》（陈健斌，2015）中，不再出现于本卷；而 *Brodoa* 和 *Pseudevernia* 研究尚不充分，本次未被收录；此外，原先概念的袋衣科还包括 *Menegazzia*，但该属地衣在子囊孢子特征上与现代意义的袋衣型地衣相差甚远，因此本卷未将其作为袋衣型地衣的相关类群收录。综上所述，本卷梅衣科（Ⅲ）限于梅衣科中的岛衣型地衣 11 属和袋衣型地衣 1 属（袋衣属）共计 12 属地衣。

一、研究简史

（一）梅衣科岛衣型和袋衣属地衣的研究简史

Acharius（1803）以 *Cetraria islandica*（L.）Ach. 为模式种建立了岛衣属，当时该属有 8 个种，即 *Cetraria cucullata*（Bell.）Ach.、*C. fallax*（L.）Ach.、*C. glauca*（L.）Ach.、*C. islandica*、*C. juniperina*（L.）Ach.、*C. lacunosa* Ach.、*C. nivalis*（L.）Ach. 和 *C. sepincola*（Ehrh.）Ach.。

Nylander（1855）对岛衣属中的宽叶型种类与枝状、具沟槽、狭叶型种类间的同源性提出质疑。他启用了 *Platisma* Hoffm.（1790）[=*Lichen* subsect. *Plastisma*（Hoffm.）Ach.（1794）]，并改变其拼法为 *Platysma* 来描述除 *Cetraria islandica* 以外的 *Cetraria*，有效地以 *C. islandica* 为模式种，进行了 *Cetraria* 属的模式标定。

Müller（1891）将具肾盘衣型子囊盘的种类，如 *Cetraria stracheyi*、*Platysma nephromoides* 等从岛衣属中分出，并以它们为基础建立了肾岛衣属（*Nephromopsis* Müller Arg.）。Zahlbruckner（1926）、Asahina（1935）、Räsänen（1952）都先后将具肾盘衣型子囊盘的种类组合到 *Nephromopsis* 中。

Gyelnik（1933）建立了土可曼衣属（*Tuckermanopsis* Gyeln.），用以描述肾岛衣属中下表面无假杯点的种。此属提出后长期不为地衣学家所接受，直到 Lai（1980b）将岛衣属中的几个种组合到该属后，才引起地衣学家的广泛注意。此后，Hale（见 Egan 1987）、Weber（见 Egan 1991）、Kurokawa 和 Lai（1991）及 Kärnefelt 等（1993）又陆续将一些种组合到该属中去。

Dahl（1950）发现，*Cetraria glauca*、*C. norvegica*（Lynge）Du Rietz、*C. collata*（Nyl.）Müll. Arg. 和 *C. chrysantha* Tuck. 等种的上皮层由假厚壁组织（prosoplectenchyma）构成，均含有大量的黑茶渍素（atranorin），而其他以 *C. islandica* 为模式种的岛衣属种类的上皮层均由假薄壁组织（paraplectenchyma）构成，且均含有大量的松萝酸（usnic acid）和高级脂肪酸。因此，Dahl 认为岛衣属是多起源的，并启用了 *Platisma* Hoffm. 属名来描述具假厚壁组织的种类。

在 Dahl 研究的基础上，Culberson 和 Culberson（1965）将地衣体为叶状、疏松地平贴于基物、上表面灰色或黄色、下表面黑色、无假根、皮层中主要含 atranorin、髓层中主要含 alectoronic acid 或 α-collatolic acid 的 3 个种从岛衣属中分出，建立了新属 *Asahinea* W.L. Culb. & C.F. Culb.，该属包括 *A. chrysantha*（Tuck.）W.L. Culb. & C.F. Culb.、*A. scholanderi*（Llano）W.L. Culb. & C.F. Culb. 和 *A. kurodakensis*（Asahina）W.L. Culb. & C.F.

Culb.。Gao(1991)将 *A. scholanderi* 和 *A. kurodakensis* 合并为 *A. scholanderi*。现在 *Asahinea* 属已广为地衣学家所接受。

同样，在 Dahl 研究的基础上，Culberson 和 Culberson(1968)又从岛衣属和梅衣属中分别分出了斑叶属(*Cetrelia*)和宽叶衣属(*Platismatia*)两属。该两属的上皮层均由假厚壁组织构成，下表面具假根，皮层含有黑茶渍素。宽叶衣属的髓层中只含脂肪酸(caperatic acid)，但不含芳香族化合物(仅一个种除外)；而斑叶属的髓层中含芳香族类化合物，如 β-地衣酚型缩酚酸类化合物(anziaic acid、imbricaric acid、microphyllinic acid、olivetoric acid 和 perlatolic acid)和 β-地衣酚型缩酚酸环醚类化合物(alectoronic acid 和 α-collatolic acid)，但不含脂肪酸类化合物。*Cetrelia* 属在建立时含 14 个种，*Platismatia* 属含 7 个种。*Cetrelia* 属和 *Platismatia* 属现均广为地衣学家所接受。

Kärnefelt 在他研究岛衣属褐色类群的过程中发现，*Cetraria richardsonii* Hook.与其他褐色种类的差异较为显著：其上皮层由较厚的假厚壁组织构成，下皮层有大面积的无皮层区。基于该种，Kärnefelt(1977)建立了新属 *Masonhalea* Kärnefelt。

Kärnefelt(1979)在 *The Brown Fruticose Species of Cetraria* 一书中指出：褐色枝状(应为狭叶型)种类的共同特征(直立、叶状，子囊盘和分生孢子器位于裂片边缘，裂片或多或少呈沟槽状，下表面具假杯点，裂片边缘具小刺且小刺上面常有分生孢子器，含褐色色素，假薄壁组织下面常常有一层平周排列的菌丝)表明该类群是一个很好的自然群。这个自然群就是我们现在常说的以 *Cetraria islandica* 为模式种的"真正"的岛衣属。Kärnefelt 在褐色岛衣型方面的出色工作为后来的岛衣属研究奠定了良好的基础。

Kurokawa(1980)把 *Cetraria wallichiana*(Taylor) Müll. Arg. 从岛衣属中分出，并建立了单型属类岛衣属(*Cetrariopsis* Kurok.)。此属的主要特征为地衣体宽叶状，上表面分布大量小子囊盘。Lai(1980b)建立新属 *Esslingeriana* Hale & M.J. Lai，该属仅包括一种：*Esslingeriana idahoensis* Hale & M.J. Lai，该种由 *Cetraria idahoensis* Essl. 组合而来。Esslinger(1971)在发表 *Cetraria idahoensis* Essl. 新种时指出，该种具有很多边缘生和表面生的分生孢子器和子囊盘，此性状未见于岛衣型其他属中。

Randlane 等(1995)指出 *Cetrariopsis* 与 *Nephromopsis* 除了子囊盘所处位置不同外，在形态、解剖和化学上并没有多大的区别，故 Randlane 等(1997)将 *Cetrariopsis* 并入 *Nephromopsis*。

Lai(1980b)在他的"东亚梅衣科岛衣型地衣研究"一文中发表了 *Ahtia* Lai、类斑叶属(*Cetreliopsis* Lai)和艾斯凌氏属(*Esslingeriana* Hale & M.J. Lai)三个新属，其中 *Ahtia* 为类岛衣属(*Cetrariopsis*)的异名。类斑叶属的主要特征为地衣体宽叶状；上下表面均具假杯点，子囊盘位于下表面边缘，强烈向上翻卷。艾斯凌氏属为一单型属，模式种为 *Esslingeriana idahoensis*(Essl.) Hale & M.J. Lai，其主要特征为：地衣体叶状；上表面灰绿色；皮层为假薄壁组织；无假杯点；髓层含 endocrocin；子囊盘边缘生或表面生；分生孢子器埋生。

Goward(1985)将 *Parmelia sphaerosporella* 从梅衣属中分出并建立了新属艾氏属(*Ahtiana* Goward)。该属的主要特征为：地衣体叶状，紧贴于基物；上表面淡黄绿色；皮层为假薄壁组织；无假杯点；子囊盘和分生孢子器叶面生；分生孢子器呈突起状；皮层中含松萝酸；髓层中含皱梅衣酸(caperatic acid)。

Awasthi(1987)将 *Platysma thomsonii* Stirton 转移到新属梅岛衣属(*Parmelaria* Awasthi)中。此属的主要特征为：地衣体类似梅衣型(parmelioid)地衣；子囊盘近边缘生或表面生，穿孔或不穿孔；分生孢子器边缘生，呈疣状突起；边缘具缘毛；上皮层为假薄壁组织；皮层含黑茶渍素；髓层中含树发酸(alectoronic acid)或领岛衣酸(α-collatolic acid)。

Kurokawa 和 Lai(1991)根据形态、皮层结构和化学成分将岛衣属中的裂片呈二叉或近二叉分枝、黄色、狭叶状、下皮层具亚线条状假杯点的类群分出，建立了新属厚枝衣属(*Allocetraria* Kurok. & M.J. Lai)。该属的主要特征为：上表面灰黄色至黄褐色；裂片狭叶状，二叉或近二叉分枝；下表面深黄色至红褐色，具点状或亚线条状假杯点；子囊盘边缘生或近边缘生；分生孢子器边缘或表面生，呈突起状，分生孢子丝状；上皮层或多或少为假栅栏状组织(palisade plectenchyma)；皮层含松萝酸，髓层有或无黑麦酮酸(secalonic acid)。

Kärnefelt 等(1992a)将岛衣型地衣的子囊分为 3 种类型，并认为这些类型很可能是岛衣型地衣进化线索的反映。随后 Kärnefelt 和 Thell(1992)、Kärnefelt 等(1994)又对岛衣型地衣子囊结构和分生孢子厚枝衣型地衣形态特征的相关性及子囊盘结构和分生孢子在分类上的价值进行了研究。Kärnefelt 等的研究一致认为子囊结构、囊间结构特征和分生孢子在地衣属科级分类上的价值远比地衣体形态特征高。Thell 等(1995b)对树发科(Alectoriaceae)和梅衣科(Parmeliaceae)的子囊结构进行了详细的总结，他们将其子囊分为 *Lecanora* 型和 *Cetraria* 型，其中 *Lecanora* 型分为 8 个小类：*Alectoria* 型、*Menegazzia* 型、*Parmelia* 型、*Melanelia* 型、*Pseudephebe* 型、*Hypogymnia* 型、*Tuckermanopsis* 型和 *Nephromopsis* 型。上述研究为 20 世纪 90 年代岛衣型地衣的分类研究奠定了理论基础。此后，许多主要以子囊结构和分生孢子为分类依据的属，如 *Arctocetraria*、*Cetrariella*、*Flavocetraria*、*Tuckneraria* 和 *Vulpicida* 等纷纷建立。

在对岛衣型地衣的子囊结构进行研究之后，Kärnefelt 等(1993)认为 *Cetraria andrejevii*、*C. nigricascens*、*C. inermis*、*C. subalpina*、*C. delisei* 和 *C. fastigata* 应从以 *Cetraria islandica* 为模式种的岛衣属中分出。他们同时发表了 *Arctocetraria* Kärnefelt & A. Thell 和 *Cetrariella* Kärnefelt & A. Thell 两个新属及两个新组合：*Tuckermanopsis inermis*(Nyl.) Kärnefelt 和 *T. subalpina*(Imshaug) Kärnefelt。*Arctocetraria* 属包括 *C. andrejevii*(Oxner) Kärnefelt & A. Thell 和 *C. nigricascens*(Nyl.) Kärnefelt & A. Thell，其区别于岛衣属的主要特征为该属的子囊轴体较大，分生孢子为哑铃状。*Cetrariella* 属包括 *C. delisei*(Bory ex Schaer.) Kärnefelt & A. Thell 和 *C. fastigata*(Delise ex Nyl.) Kärnefelt & A. Thell，与岛衣属的主要区别在于该属子囊宽棒状，轴体较大，无顶环结构；分生孢子近烧瓶状；髓层含 gyrophoric acid 和 hiascic acid。

Mattsson 和 Lai(1993)根据子囊结构和化学成分将岛衣属中几个具黄色髓层的种类分出，建立了新属 *Vulpicida* J.-E. Mattsson & M.J. Lai。此属的主要特征为：下表面无假杯点；子囊宽棍棒状；髓层含 vulpinic acid 和 pinastri acid。

Kärnefelt 等(1994)将 *Cetraria cucullata* 和 *C. nivalis* 从广义的岛衣属中分出，并建立了新属 *Flavocetraria* Kärnefelt & A. Thell。该属的主要特征为：上皮层由单层假薄壁组织

组成；双层果壳；子囊具较小轴体且有顶环结构；分生孢子为哑铃状；皮层含松萝酸。

Randlane 等（1994）将几个具缘毛的种从 *Nephromopsis* 中分出，建立了 *Tuckneraria* Randlane & A. Thell 属。此属区别于 *Nephromopsis* 的主要特征为：地衣体边缘具缘毛；裂片较肾岛衣属薄；下表面的假杯点较肾岛衣属小且不明显；分生孢子为球状或近球状。Thell 等（2005）通过 nrDNA ITS、β-tubulin 和 GAPDH 序列研究认为 *Tuckneraria* 属与 *Nephromopsis* 属构成了较好的单源进化枝，应为同一属。

Thell 和 Goward（1996）将 *Cetraria californica* 和 *C. merrillii* 从岛衣属中分出，同时建立了新属 *Kaernefeltia* Thell。该属的主要特征为：地衣体枝状或近枝状，葡生或簇生；上表面橄榄褐色或墨绿色；裂片具棱脊或扁平的裂芽状突起；假杯点稀少；缘毛稀少或无；子囊盘常见，位于叶面或边缘；子囊宽棒状，孢子椭圆形，侧丝顶端膨大；分生孢子器叶面生或顶端生，分生孢子哑铃形或勺把形；主要化学成分为 lichesterinic acid 和 protolichesterinic acid。

Esslinger（2003）建立新属 *Tuckermanella* Essl.，其中大部分种原属于 *Tuckermanopsis* 属，两者之间的主要区别在于 *Tuckermanella* 属具有裂片边缘生的假杯点，而 *Tuckermanopsis* 属无假杯点。

Lai 等（2007）建立新属 *Usnocetraria* M.J. Lai & J.C. Wei。该属与厚枝衣属（*Allocetraria*）最为相似，但在地衣体和裂片形态、分生孢子形状及化学成分上两属存在区别，该属建立时包括了岛衣型不同属来源（*Allocetraria*，*Cetraria*，*Nephromopsis*，*Tuckermanopsis*）的 11 种，模式种为 *Usnocetraria oakesiana*（Tuck.）M.J. Lai & J.C. Wei（=*Cetraria oakesiana* Tuck.）。但该属建立后并未得到大部分地衣学家的承认。Thell 等（2009）基于 5 个基因标记对岛衣型地衣的系统发育学分析结果显示，除模式种 *Usnocetraria oakesiana* 外，*Usnocetraria* 属中的其余 10 种均属于最初来源属；这一结果同时也得到了 Nelsen 等（2011）研究的支持。

一些地衣学家利用 nrDNA ITS 序列对岛衣型地衣的系统发育关系进行了分析，并取得许多有意义的结果。Thell（1998）利用 nrDNA ITS 序列对加拿大不列颠哥伦比亚省的岛衣型地衣的系统发育关系进行了研究，研究发现：*Tuckermanopsis* 属为一多系群；子囊性状在岛衣型地衣的分属上价值不大，但分生孢子在属科级分类单位上较有价值；*Cetraria* 和 *Vulpicida* 两属的关系可能十分密切。Thell 等（1998）利用 nrDNA ITS 对 *Platismatia* 属的系统发育关系进行了研究，研究表明 *Platismatia* 属是一个很好的单系群。Mattsson 和 Wedin（1998）从形态学和 nrDNA ITS 两个方面对梅衣科的系统发育关系进行了研究，他们发现：①来自 nrDNA ITS 方面的数据表明 *Cetraria* 属和 *Vulpicida* 属的关系非常接近，这同 Kärnefelt 等（1992a）从形态上得出的两属关系较远的结论相矛盾；②Kärnefelt 等的研究可能过于强调子囊结构和分生孢子在岛衣型地衣分类上的价值，而两者的分类学价值可能远没 Kärnefelt 等认为的那么大。Thell 等（2009）基于 5 个基因标记对岛衣型地衣的系统发育进行研究，结果显示，所选的岛衣型 14 个属的地衣可分为两个分支；一是 *Cetraria* 分支；二是 *Nephromopsis* 分支；虽然各属的系统发育与分生孢子的形状存在较明显的相关关系，但也存在例外情况。例如，在 *Arctocetraria andrejevii* 中发现两种类型的分生孢子；或者在 *Ahtiana pallidula* 的同一分生孢子器中也存在形状不同的分生孢子。总之，来自分子系统学的结果认为地衣学家应进一步审视子囊结构和分生孢子在岛衣型地衣分类上的分类学价值。

以上为梅衣科内岛衣型地衣的研究简史。将不同时期岛衣型地衣分属历史变化情况总结如表 1 所示。

表 1　岛衣型地衣分属历史变化表

作者	分类单位				
Linnaeus 1753	*Lichen fahlunensis*　*L. nivalis*　*L. glaucus*　*L. islandicus*　*L. juniperinus*				
Acharius 1803	*Cetraria*				
	C. islandica　*C. lacunosa*　*C. juniperina*　*C. cucullata*　*C. fallax*　*C. nivalis*　*C. sepincola*				
Koerber 1859	*Cetraria*				
	Sect. *Eucetraria*		Sect. *Platysma*		
	C. odontella　　*C. islandica*		*C. laureri*　*C. oakesiana*　*C. sepincola*		
	C. cucullata　　*C. nivalis*		*C. juniperina*　*C. fallax*　*C. pinastri*　*C. glauca*		
Nylander 1860	*Cetraria*		*Platysma*		
	C. islandica　*C. nigricans*　*C. aculeata*		*P. pinastri*　*P. nivalis*　*P. cucullatum* 等 25 种		
	C. odontella				
Vainio 1909	*Cetraria*				
	Subg. *Stigmatophora*		Subg. *Eucetraria*		
	C. islandica　*C. hiascens*　*C. richardsonii*		*C. hepatizon*　*C. cucullata*　*C. tenuissima*　*C. chrysantha*		
			C. nivalis		
Hillmann 1936	*Cetraria*				
	Sect. *Eucetrari*		Sect. *Platysma*		
	Subsect. *Obscuriores*	Subsect. *Flavidae*	Subsect. *Glaucescentes*	Subsect. *Flavescentes*	Subsect. *Fuscescentes*
	C. islandica	*C. cucullata*	*C. glauca*	*C. juniperina*	*C. commixta*
	C. tenuifolia	*C. nivalis*	*C. chlorophylla*	*C. pinastri*	*C. hepatizon*
			C. sepincola	*C. laureri*	
				C. oakesiana	
Rassadina 1950	*Cetraria*				
	Sect. *Eucetraria*		Sect. *Platysma*		Sect. *Nephromopsis*
	C. laevigata		*C. asahinae*　*C. collata*		*C. ciliaris*
	C. islandica		*C. glacua*　*C. hrysantha*		*C. ornata*
	C. nivalis　*C. tilesii* 等 12 种		*C. wallichiana* 等 22 种		
Rasanen 1952	*Nephromopsis*	*Cetraria*			
	N. ornata	Subg. *Fuscocetraria*			
	N. stracheyi	Sect. *Stigmatophora*		Sect. *Parmeliaeformis*	
	N. rugosa				
	N. endocrocea	*C. laevigata*　*C. islandica*		*C. hepatizon*　*C. orbata*	
	N. rhytidocarpa	*C. richardsonii*　*C. hiascens* 等 8 种		*C. sepincola*　*C. merrilli* 等 11 种	
	等 11 种	Subg. *Platysma*			
		Sect. *Flavidae*		Sect. *Cinereae*	
		Subsect. *cucullata*	Subsect. *pseudocyphellatae*	Subsect. *glaucae*	Subsect. *maculatae*

作者	分类单位			
Rasanen 1952	*Sulphureae*	*C. pallescens*	*C. glauca*	*C. japonica*
	C. tilesii	*C. laureri*	等 9 种	*C. collata*
	等 6 种	*C. yunnanensis*		*C. braunsiana*
	Albidae	*C. wallichiana*		等 6 种
	C. ambigua	等 13 种		
	等 12 种			
Culberson and	*Asahinea*			
Culberson 1965	*A. chrysantha*　*A. kurodakensis*　*A. scholanderi*			
Culberson and	*Cetrelia*		*Platismatia*	
Culberson 1968	*C. alaskana*　*C. olivetorum*　*C. braunsiana*		*P. erosa*　*P. formosana*	
	C. pseudolivetorum　*C. cetrarioides*		*P. glauca*　*P. herrei*	
	C. sanguinea　*C. chicitae*　*C. sinensis*		*P. interrupta*　*P. lacunosa*	
	C. collata　*C. davidiana*　*C. delavayana*		*P. norvegica*　*P. regenerans*	
	C. isidiata　*C. japonica*　*C. nuda*		*P. stenophylla*　*P. tuckermanii*	
Poelt 1969	*Cetraria*			
	Sect. *Cetraria*	Unnamed Sect.	Sect. *Nephromopsis*	
	C. nivalis	*C. pinastri*	*N. ciliaris*	
	C. cucullata	*C. juniperina*	*N. halei*	
	C. nigricans	*C. tilesii*		
	C. capitata	*C. laureri*		
	C. islandica	*C. oakesiana*		
	C. ericetorum	*C. sepincola*		
	C. laevigata	*C. chlorophylla*		
	C. delisei	*C. commixta*		
	Cetrelia	*Asahinea*	*Platismatia*	
	C. olivetorum	*A. chrysantha*	*P. norvegica*	
	C. chicitae		*P. glauca*	
	C. cetrarioides			
Kärnefelt 1977	*Masonhalea*			
	M. rechardsonii			
Kärnefelt 1979	*Cetraria*(褐色枝状种类)			
	C. andrejevii　*C. fastigiata*　*C. nepalensis*　*C. arenaria*　*C. inermis*　*C. nigricans*			
	C. australiensis　*C. islandica*　*C. nigricascens*　*C. delisei*　*C. kamczatica*　*C. subalpina*			
	C. ericetorum　*C. laevigata*			
Kurokawa 1980	*Cetrariopsis*			
	C. wallichiana			
Lai 1980b	*Ahtia*	*Esslingeriana*	*Cetreliopsis*	
	A. wallichiana	*E. idahoensis*	*C. rhytidocarpa*	
Goward 1985	*Ahtiana*			
	A. sphaerosporella　*A. pallidula*			
Awasthi 1987	*Parmelaria*			
	P. thomsonii　*P. subthomsonii*			
Brusse and Kärnefelt	*Coelopogon*			
1991	*C. epiphorellus*			

作者	分类单位	
Kurokawa 1991	*Allocetraria*	
	A. ambigua　*A. stracheyi*　*A. isidigera*	
Kärnefelt et al. 1993	*Arctocetraria*	*Cetrariella*
	A. andrejevii　*A. nigricascens*	*C. delisei*　*C. fastigiata*
Mattsson and Lai 1993	*Vulpicida*	
	V. pinastri　*V. juniperius*　*V. canadensis*　*V. tilesii*　*V. tubulosis*	
Kärnefelt et al. 1994	*Flavocetraria*	
	F. cucullata　*F. nivalis*	
Randlane et al. 1994	*Tuckneraria*	
	T. ahtii　*T. laureri*　*T. laxa*　*T. pseudocomplicata*	
Thell and Goward 1996	*Kaernefeltia*	
	K. merrillii　*K. californica*	
Esslinger 2003	*Tuckermanella*	
	T. arizonica　*T. coralligera*　*T. fendleri*　*T. pseudoweberi*　*T. subfendleri*　*T. weberi*	
Lai et al. 2007	*Usnocetraria*	
	U. denticulata　*U. flavonigrescens*　*U. globulans*　*U. kurokawae*　*U. leucostigma*	
	U. melaloma　*U. oakesiana*　*U. potaninii*　*U. sinensis*　*U. weii*　*U. xizangensis*	

　　按照原先的概念，并结合 Randlane 和 Saag（1993，2000）、Randlane 等（1997）、Thell 等（2009）、Nelsen 等（2011）、Randlane 等（2013）、Wang 等（2014）、Wang 等（2015a，2015b），目前世界已知岛衣型地衣 144 种，分布在 22 个属中。现分别统计如下：

Ahtiana Goward（1985）—3 种

Allocetraria Kurok. & M.J. Lai（1990）—12 种

Arctocetraria Kärnefelt & A. Thell（1993）—3 种

Asahinea W.L. Culb. & C.F. Culb.（1965）—2 种（现代概念非岛衣型）

Cetraria Ach.（1803）—23 种

Cetrariella Kärnefelt & A. Thell（1993）—4 种

Cetrelia W.L. Culb. & C.F. Culb.（1968）—18 种（现代概念非岛衣型）

Cetreliopsis M.J. Lai（1981）—7 种

Coelopogon Brusse & Kärnefelt（1991）—2 种（现代概念非岛衣型）

Cornicularia Hoffm.（1794）—1 种

Dactylina Nyl.（1860）—2 种

Esslingeriana Hale & M.J. Lai（1981）—1 种

Flavocetraria Kärnefelt & A. Thell（1994）—3 种

Kaernefeltia Thell & Goward（1996）—2 种

Masonhalea Kärnefelt（1977）—2 种

Melanelia Essl.（1978）—4 种（现代概念岛衣型）

Nephromopsis Mull. Arg.（1891）—21 种

Platismatia W.L. Culb. & C.F. Culb.（1968）—11 种

Tuckermanella Essl.（2003）—6 种

Tuckermanopsis Gyeln.（1934）—10 种

Usnocetraria M.J. Lai & J.C. Wei（2007）—1 种

Vulpicida J.-E. Mattsson & M.J. Lai（1993）—6 种

袋衣属在 1753 年林奈(Linnaeus)的《植物种志》(*Species Plantarum*)中，被记录了一种，也是本属的模式种，即 *Lichen physodes* L.(=*H. physodes*)(Zahlbruckner 1930a)。1791年，J. Schreber 在 *Genera Plantarum* 第八版第二卷中提出 *Physcia* 这个名称，当时是作为 *Lichen* 属下的一个组(section)，并将其定义为地衣体呈叶状、膜状，平伏、翘起或中空，子囊果无柄或具柄，但 Schreber 没有引证具体的种。从他的描述来看，*Physcia* 这个组的概念显然包括了现代的袋衣属。1795 年，Hoffmann 在其著作 *Deutschland Flora* 中将 *Physcia* 作为一个组转入肺衣属(*Lobaria*)下，当时引证的种中亦包括 *Lobaria physodes*(*Parmelia physodes*=*H. physodes*)。被誉为地衣学之父的 Acharius(1803)建立了 39 个属，将现代意义的袋衣属内的种置于梅衣属(*Parmelia*)中，发表了 *Parmelia physodes*(=*H. physodes*)(1803)、*P. physodes* var. *vittata*(=*H. vittata*)(1803)、*P. physodes* var. *platyphyll*(=*H. physodes*)(1803)、*P. enteromorpha*(=*H. enteromorpha*)(1803)、*P. lophyrea* (=*H. lophyrea*)(1803)和 *P. physodes* var. *labrosa*(=*H. physodes*)(1810)；Persoon 发表了 *Parmelia lugubris*(=*H. lugubris*)(1826)；Taylor 发表了 *Parmelia tubularis*(=*H. tubularis*) (1844)。

1881 年，Nylander 将袋衣属作为梅衣科(Parmeliaceae)梅衣属中的一个亚属：*Parmelia* subgen. *Hypogymnia* Nyl.建立。接下来的几年中，又有一些新分类单位发表：Krempelhuber 发表的 *Parmelia subphysodes*(=*H. subphysodes*)(1883)、Müller Argoviensis 发表的 *P. physodes* var. *mundata*(=*H. mundata*)和 *P. physodes* var. *pulverata*(=*H. pulverata*) (1883)、Hue 发表的 *P. delavayi*(=*H. delavayi*)(1887)、Nylander 发表的 *P. hypotrypa* f. *balteata* (1890)(=*H. hypotrypa*)、Müller Argoviensis 发表的 *P. thomsoniana*(=*H. thomsoniana*)和 *P. wattiana*(=*H. wattiana*)(1891)。

1896 年，Nylander 将袋衣亚属从梅衣属中独立出来，作为梅衣科中一个独立的属，*Hypogymnia*(Nyl.)Nyl.。之后 Nylander(1900)将 *Parmelia enteromorpha* 组合到袋衣属中。Zopf(1907)为第一位接受 Nylander 观点的地衣学家，发表 *H. farinacea*。Havaas(1918)将 *Parmelia tubulosa* 组合到袋衣属中。但在此阶段，袋衣属并未得到广泛的承认和接受，大多数地衣学家仍将其作为梅衣属的亚属。这一阶段最重要的工作是 Bitter(1901)发表的关于袋衣亚属的形态和系统学的研究，该文将袋衣亚属划分为两个组(group)：组 I 为 *Tubulosae*，组 II 为 *Solidae*。组 I 所包括的种类特点均为地衣体髓层中空，根据粉芽的有无和存在位置，该组又划分为四类：A. 粉芽弥散类型(2 种，3 分类单位)，B. 头状粉芽类型(2 种)，C. 唇形粉芽类型(2 种)，D.无粉芽类型(8 种，9 分类单位，其中包括 *P. hypotrypa*)；组 II 所包括的种类特点均为地衣体髓层中实(5 种，6 分类单位)。该文对每个分类单位的形态学、解剖学、化学、生态学和地理分布均作了详细的描述和记录，实为 20 世纪初关于袋衣属的一项重量级的专著性工作。Zahlbruckner（1922～1940 年）的"世界地衣名录"，根据他自己提出的地衣分类系统，将 Nylander（1896）新组合的袋衣属还原为梅衣属中的一个亚属，在该巨著中，共收录截至 20 世纪 40 年代发表的 144 个分类单位，隶属于 46 种。

Anders（1928）对中欧的枝状和叶状地衣进行了研究，该研究将袋衣属作为梅衣属中的亚属，记录并详细描述了 6 种：*Parmelia alpicola*（=*H. alpicola*）、*P. farinacea*（=*H. farinacea*）、*P. obscurata*（=*H. obscurata*）、*P. physodes*（=*H. physodes*）、*P. tubulosa*（=*H. tubulosa*）、*P. vittata*（=*H. vittata*）。

日本地衣此阶段由 Asahina（1950～1952 年）进行了研究。Asahina 发表新种 3 个：*Parmelia hypotrypella* Asahina（=*H. hypotrypa*）（1950）、*P. metaphysodes* Asahina（=*H. metaphysodes*）（1950）和 *P. pseudophysodes* Asahina（=*H. pseudophysodes*）（1951）；种下新变型 3 个：*P. pseudophysodes* f. *reagens* Asahina（=*H. pseudophysodes* f. *reagens*）（1951）、*P. submundata* f. *colorans* Asahina（=*H. submundata* f. *colorans*）（1951）和 *P. enteromorpha* f. *inactiva* Asahina（=*H. pseudoenteromorpha*）（1952）。其中 *P. hypotrypella* 与 *P. hypotrypa* Nyl.（1860）相关，两者均可与其他种明显区分，彼此特征相似，区别仅在于前者上表面具有粉芽，后者不具粉芽。

从 Räsänen（1943）将 *Parmelia austerodes* 组合到袋衣属中开始，先后有 Krog（1951）和 Rassadina（1956）支持 Nylander（1896）的观点，分别将 *Parmelia lophyrea* 和 *P. hypotrypa* 组合到袋衣属中。

Bertsch（1955）对德国西南部的地衣进行了研究，记录袋衣属地衣 4 种：*P. farinacea*（=*H. farinacea*）、*P. tubulosa*（=*H. tubulosa*）、*P. physodes*（=*H. physodes*）和 *P. vittata*（=*H. vittata*）。

Christiansen（1957）对德国西北部的地衣进行了研究，记录本属地衣 4 种：*Parmelia bitteriana*（=*H. farinacea*）、*P. tubulosa*（=*H. tubulosa*）、*P. physodes*（=*H. physodes*）和 *P. vittata*（=*H. vittata*）。

Awasthi（1957）对印度、尼泊尔、巴基斯坦和锡兰（斯里兰卡）的地衣进行研究，共记录本属地衣 9 种，10 个分类单位：*Parmelia enteromorpha*（=*H. enteromorpha*）、*P. hypotrypa*（=*H. hypotrypa*）、*P. mundata*（=*H. mundata*）、*P. physodes*（=*H. physodes*）、*P. physodes* f. *nigrovittata*（=*H. physodes* f. *nigrovittata*）、*P. pseudobitteriana*（=*H. pseudobitteriana*）、*P. thomsoniana*（=*H. thomsoniana*）、*P. tubulosa*（=*H. tubulosa*）、*P. wattiana*（=*H. wattiana*）、*P. zeylanica*（=*H. zeylanica*）。印度地衣学家 Awasthi（1957）发表新种 *Parmelia pseudobitteriana*（=*H. pseudobitteriana*）（1957）。Dodge（1959）发表 *H. deserti* 和 *H. kiboensis*。

以 20 世纪 30 年代为界，之前发表的袋衣属分类单位名称大部分置于 *Parmelia* 属中，之后一直到 50 年代末，袋衣属才日益得到地衣学家们的承认。60 年代以后，地衣系统分类进入了表型特征综合分析阶段，即形态–化学–地理结合的现代时期，此阶段地衣学家依据表型特征综合分析对袋衣属研究如火如荼。以 Rassadina（1960）将 *Parmelia hypotrypella* 组合到 *Hypogymia* 属中为代表，先后有一大批地衣学家做了类似的组合工作。

Lamb(1963)在其《地衣名称索引》(*Index Nominum Lichenum*)中，将该属划分为 4 个亚属(subgenus)，6 个组(section)，共收录 27 种，43 个分类单位。

Fink(1963)进行了美国地衣志的研究,将本属置于 *Parmelia* 属下,记录 2 种: *Parmelia physodes*(=*H. physodes*)和 *P. lophyrea*(=*H. lophyrea*)。

Singh(1964)在"印度地衣"(*Lichens of India*)中，将 *Hypogymnia* 属置于 Parmeliaceae 科中，记录 6 种: *Parmelia hypotrypa*(=*H. hypotrypa*)、*P. physodes*(=*H. physodes*)、*P. pseudobitteriana*(=*H. pseudobitteriana*)、*P. thomsoniana*(=*H. thomsoniana*)、*P. vittata*(=*H. vittata*)、*P. wattiana*(=*H. wattiana*)。

Kopaczevskaja 等(1971)在《俄罗斯地衣手册》(*Handbook of the Lichens of the U.S.S.R.*)中收录 Parmeliaceae 科 *Hypogymnia* 属共 27 种，并对每种的形态进行了描述。

Ahti(1964)、Krog(1974)和 Santesson(1984)、布万里子(Nuno 1964)和吉村庸(1974)、Ohlsson(1973)和 Goward(1988)、Elix(1979)、Elix 和 Jenkins(1989)，分别对欧洲、日本、北美洲、大洋洲的本属地衣进行了综合研究。Krog(1974)对欧洲的 *H. intestiformis* 复合种(complex)进行了分类学研究，该复合种包含 3 个具中实髓层的种: *H. atrofusca* (Schaer.)Räs.、*H. intestiniformis*(Vill.)Räs. s. str.、*H. oroarctica* Krog，该作者将三个种的形态特征与化学和地理分布相联系，得出的结论为: 含有 fumarprotocetraric acid 的 *H. intestiniformis* 广泛分布于欧洲，基物遍及高山至沿海地区；含有 physodic acid 的标本包括了两个形态完全不同的种，一为 *H. atrofusca*，该种髓层 P+反应，广泛分布于阿尔卑斯山脉的高海拔地区，并零星分布于斯堪的纳维亚山脉和比利牛斯山脉中部；另一种为 *H. oroarctica*，该种髓层 P-反应，属于北极高山种，是该复合种中唯一在欧洲以外的国家亦有分布的种。

Duncan 和 James(1970)对英国地衣进行了研究，将本属作为 *Parmelia* 属中的亚属，记录 5 个分类单位，隶属于 3 种: *Parmelia physodes*(=*H. physodes*)、*P. physodes* var. *platyphylla*(=*H. physodes* var. *platyphylla*)、*P. physodes* f. *vittatoides*(=*H. physodes* f. *vittatoides*)、*P. tubulosa*(=*H. tubulosa*)、*P. intestiformis*(=*H. intestiformis*)

Dodge(1973)对南极大陆的地衣区系进行了研究，将本属作为 Parmeliaceae 中一独立的属，描述了一组合: *H. lugubris* var. *compacta*。

Henssen 和 Jahns(1974)基于子囊果的个体发生学提出了著名的子囊菌系统，主要包括地衣型子囊菌的 9 个目，并同时提出了科的现代概念，认为科的概念应该范围更广(大科概念)。

Poelt(1974)也提出了科的现代概念，但与 Henssen 和 Jahns(1974)相反，他认为科的范围应该缩小(小科概念)，在该文中他描述了一新科: 袋衣科(Hypogymniaceae)，该科含有包括 *Hypogymnia* 属在内的四个属，另外三个属是 *Cavernularia* Degel.、*Menegazzia* A. Massal.和 *Pseudevernia* Zopf。但对于该新科既无拉丁文描述，又未指明模式属。

Elix(1979)认为 Poelt(1974)发表的 Hypogymniaceae 科不合法,对其修改后重新发表,该科与 Parmeliaceae 科的区别在于下表面无假根，裂片具髓层空腔，该文中 Hypogymniaceae 科只包括了 *Hypogymnia* 一属。Elix(1979)除了发表 Hypogymniaceae 科，还对大洋洲的 *Hypogymnia* 属进行了分类学的修订工作，发现新种 2 个，新变种 1 个，处理了 6 个新组合，共收录 11 种，6 变种，对本属内种的划分、种的分布进行了讨论，并绘制了分布图，为此时期的代表性工作。

Eriksson 和 Hawksworth（1986）认为 Hypogymniaceae 科不能作为独立的科，又将其重新合并到 Parmeliaceae 科中。

Awasthi（1988）对印度和尼泊尔的大型地衣进行了研究，将本属作为独立属置于 Parmeliaceae 科中，共记录了生长于印度和尼泊尔的本属地衣 13 种：*H. alpina*、*H. delavayi*、*H. fragillima*、*H. enteromorpha*、*H. hypotrypa*、*H. physodes*、*H. pseudobitteriana*、*H. pseudohypotrypa*、*H. thomsoniana*、*H. tubulosa*、*H. vittata*、*H. wattiana* 和 *H. zeylanica*，并给出了检索表。

20 世纪末，分子生物学为地衣分类学的研究提供了更多的特征和更客观的分析方法。Bruns 等（1991）、Carbone 和 Kohn（1993）、Hills 和 Dixon（1991）报道 nrDNA ITS [nuclear ribosomal internal transcribed spacers（ITS1 and ITS2）and 5.8subunit（5.8S）]区间（region）序列分析可用于真菌种及属水平的系统学研究。在地衣型真菌中，nrDNA 数据包括 ITS 序列分析亦开始在种及属水平应用（Gargas et al. 1995a，1995b；Lutzoni 1997；Groner and LaGreca 1997；Crespo et al. 1999）。Tehler（1995a，1995b）证明利用分子生物学和形态学数据相结合的方法研究系统发育关系具有更大的优势。在该时期，仍有一些地衣学家接受 Hypogymniaceae 科为一独立科：Alder（1990）对 Parmeliaceae 科进行分属研究，未将 *Hypogymnia* 属包括其中；James 和 Galloway（1992）在《澳大利亚区系》（*Flora of Australia*）中把 *Menegazzia* 属补加到 Elix（1979）发表的 Hypogymniaceae 科中；Elix（1993）对 Parmeliaceae 科中分属界限（形态、化学、分布和生态性状）的研究进展进行了综述，该科亦不包括 *Hypogymnia* 属。但 Kärnefelt 等（1992b）、Kärnefelt（1998）和 Kärnefelt 等（1998）认为 Elix（1979）提到的 *Hypogymnia* 属的子囊结构只单纯指其个体小，而实际上 *Hypogymnia* 属和 *Menegazzia* 属的子囊和囊间组织差异非常明显，所以该两属之间不可能存在密切的亲缘关系，他们接受 Henssen 和 Jahns（1974）的大科概念，将 *Hypogymnia* 属和 *Menegazzia* 属仍置于 Parmeliaceae 科中。Hawksworth 等（1995）支持将 *Hypogymnia* 属归于 Parmeliaceae 等。Thell 等（1995b）将 Parmeliaceae 科的子囊类型分为包括 *Parmelia* 型、*Hypogymnia* 型和 *Menegazzia* 型等 8 种类型，支持：*Hypogymnia* 属为 Parmeliaceae 科中的一独立属。

Mattsson 和 Wedin（1998）利用 nrDNA ITS 序列对包括 *H. physodes* 在内的 Parmeliaceae 科中 11 个分类单位进行了分析，该工作为本时期利用分子生物学方法对 *Hypogymnia* 属进行的首次研究。研究结果与前人基于形态学、解剖学及化学的系统发育分析存在微小的矛盾，即暗示以前的表型研究过于夸大子囊结构在分属中的作用，但由于该研究所包括的分类单位较少，且每个分类单位的数据亦不充足，所以并不能否定前人结果，况且在有些类群中也反映出根据子囊结构划分的科内属间关系与分子生物学结果的一致性，故子囊结构在分属中的作用尚需更多的分子数据予以检验。该研究另一方面清晰显示出 *H. physodes* 为 Parmeliaceae 科内独立于 *Parmelia* 属外的分类单位。Crespo 和 Cubero（1998）基于 nrDNA ITS 序列对包括 *H. tubulosa* 在内的 Parmeliaceae 科中 29 种进行了分子生物学研究，研究结果完好支持 Eriksson 和 Hawksworth（1986）以及 Hawksworth 等（1995）的观点，即 *Hypogymnia* 属应归于 Parmeliaceae 科中。Crespo 等(1999)支持在系统发育关系研究中使用形态学和分子生物学相结合的整体生物学方法，对 Parmeliaceae 科内 64 属(*Hypogymnia* 属的代表为 *H. tubulosa*)进行了形态学、化学(依据 Elix 1993)和分子生物学的比较研究，结果显示表型和基因型数据一致，也支持 *Hypogymnia* 属为 Parmeliaceae 科内一独立属。

该时期以 McCune 为代表的地衣学家们(Goward and McCune 1993；McCune and Obermayer 2001；McCune and Tchabanenko 2001；McCune 2002；McCune et al. 2003；Sinha and Elix 2003)对袋衣属继续进行研究，主要集中于新分类单位的发表和分类学名称的处理。虽尚有一些地衣学家接受 Hypogymniaceae 科，但大量研究结果表明该科不能成立；*Hypogymnia* 属为 Parmeliaceae 科内的一独立属，已得到了绝大多数地衣学家的认同。近几年对 *Hypogymnia* 属的研究多集中于表型研究，而 20 世纪末袋衣属的分子系统学工作中也只涉及本属中单一种的数据。Divakar 等(2019)应用多基因片段对世界范围近 70%的袋衣属物种进行了系统发育及生物地理学分析，这也是对袋衣属地衣最全面的一次分子系统学研究，其结果有力地支持了袋衣属为梅衣科内的单系类群。

自 Linnaeus 的《植物种志》以来，地衣学家提出了多个分类系统，其中重要的有 Nylander(1896)、Bitter(1901)、Zahlbruckner(1922~1940 年)、Lamb(1963)、Poelt(1974)、Elix(1979)、Hale(1983)、Hawksworth 等(1995)和 *Dictionary of Fungi*(9th ed.)(Kirk et al. 2001)。袋衣属的系统学位置在不同的分类系统中略有不同(表 2)。本卷采用 *Dictionary of Fungi*(9th ed.)系统，即袋衣属为梅衣科下一独立属，如上所述，该系统也得到最新袋衣属分子系统学研究结果的支持(Divakar et al. 2019)。

表 2 袋衣属(*Hypogymnia*)在各分类系统中的地位

分类系统	分类阶元						
	纲	亚纲	目	亚目	科	属	亚属
Nylander 1896					Parmeliaceae	*Hypogymnia*	
Bitter 1901					Parmeliaceae	*Parmelia*	*Hypogymnia*
Zahlbruckner 1922~1940 年	Ascolichenes		Lecanorales		Parmeliaceae	*Parmelia*	*Hypogymnia*
Lamb 1963	Hypocenomyces				Parmeliaceae	*Hypogymnia*	
Poelt 1974	Ascolichenes		Lecanorales	Lecanorineae	Hypogymni-aceae	*Hypogymnia*	
Elix 1979	Ascomycetes		Lecanorales	Lecanorineae	Hypogymni-aceae	*Hypogymnia*	
Hale 1983	Ascomycetes		Lecanorales	Lecanorineae	Hypogymni-aceae	*Hypogymnia*	
Hawksworth et al. 1995	Ascomycetes		Lecanorales		Parmeliaceae	*Hypogymnia*	
Dictionary of Fungi (9th ed.) Kirk et al. 2001	Ascomycetes	Lecanoromy-cetidae	Lecanorales		Parmeliaceae	*Hypogymnia*	

（二）中国梅衣科岛衣型和袋衣属地衣的研究简史

最早中国岛衣型地衣的报道来自 Nylander（1860），报道了采自西藏的 *Platysma ambigua*（C. Bab.）Nyl.。之后，1888 年他从采自云南的地衣中描述了一个新种 *Platysma yunnanensis* Nyl.（Nylander 1888）。

20 世纪 60 年代以前，中国岛衣型地衣的研究主要由外国学者进行，主要学者及他们的工作如下：

Hue（1887，1889，1899，1900）对 Abbe Delavay 采自中国云南的地衣进行了研究，共报道了 *Cetraria ericetorum*、*C. wallichiana*、*C. denticulata*、*C. yunnanensis*、*Cetrelia collata*、*C. nuda*、*C. olivetorum*、*Nephromopsis stracheyi*、*N. globulans*、*N. ornata*、*Dactylina madreporiformis*、*Tuckermanopsis ciliaris*、*Platismatia glauca* 和 *Platysma pachysperma* 14 个种（标本保存于 PC）。

Jatta（1902）对 G. Giraldi 采自中国陕西的标本进行了研究，报道了 *Platismatia glauca*、*Cetraria islandica* f. *angustifolia*、*C. melaloma*、*Cetrelia olivetorum*、*C. sanguinea* 和 *Nephromopsis stracheyi* f. *ectocarpisma* 共 4 个种和 2 个变型（标本保存于 FI）。

Paulson（1928）报道了云南的 5 种岛衣型地衣：*Cetraria cucullata*、*C. ericetorum*、*C. wallichiana*、*Cetrelia collata* 和 *Tuckermanopsis ciliaris*（标本保存于 BM）。

Zahlbruckner（1930b）报道了中国岛衣型地衣 17 种 3 个变型共 20 个分类单位（标本保存于 BRSL）：*Cetraria cucullata*、*C. ericetorum*、*C. everniella* f. *everniella*、*C. islandica* f. *thysophora*、*C. melaloma*、*C. pachysperma*、*C. wallichiana*、*C. yunnanensis*、*Cetrelia cetrarioides*、*C. collata*、*C. nuda*、*C. olivetorum*、*C. sanguinea*、*Dactylina madreporiformis*、*Nephromopsis globulans*、*N. ornata*、*N. stracheyi*、*N. stracheyi* f. *ectocarpisma*、*Platismatia glauca* 和 *Tuckermanopsis ciliaris*。此外，Zahlbruckner 还于 1933 年和 1934 年报道了 9 种和 1 变型（标本分别保存于 W 和 E）：*Cetraria pallescens*、*Cetrelia cetrarioides*、*C. nuda*、*C. cetrarioides*、*Dactylina endochrysea*、*Nephromopsis laxa*、*N. ornata*、*N. stracheyi* f. *ectocarpisma*、*Platismatia lacunoca* 和 *Tuckermanopsis ciliaris*（Zahlbruckner 1933，1934）。

Asahina 1934～1939 年报道了中国台湾的岛衣型地衣 6 种：*Nephromopsis asahinae*、*N. laxa*、*Cetrelia collata*、*Platismatia formosana*、*Cetraria pallescens* 和 *C. rhytidocarpa*（Asahina 1934，1935）。

Sato 于 1938 年在"中国地衣的文献"一文中报道了中国台湾的岛衣型地衣 6 种 2 变型（Sato1938a，1938b），它们是：*Cetraria islandica* f. *angustifolia*、*Nephromopsis asahinae*、*N. pseudocomplicata*、*N. laxa*、*N. stracheyi* f. *ectocarpisma*、*Tuckermanopsis ciliaris*、*Platismatia erosa* 和 *P. formosana*。Sato（1939）报道了中国台湾、四川、云南和黑龙江的岛衣型地衣 13 种 4 变型，它们分别是：*Asahinea chrysantha* f. *cinerascens*、*Cetraria cucullata*、*C. islandica* f. *angustifolia*、*C. islandica* f. *orientalis*、*C. laevigata*、*C. pallenscens*、*C. wallichiana*、*Cetrelia collata*、*C. isidiata*、*Cetreliopsis rhytidocarpa*、*Nephromopsis asahinae*、*N. laxa*、*N. ornata*、*N. pseudocomplicata*、*N. stracheyi* f. *ectocarpisma*、*Platismatia erosa* 和 *Tuckermanopsis ciliaris*。此外 Sato（1952，1959）还报道了中国大兴安岭和台湾的

岛衣型地衣 6 种 1 变型：*Nephromopsis asahinae*、*Asahinea chrysantha*、*Cetraria cucullata*、*C. delisei*、*C. laevigata*、*C. nivalis* 和 *Nephromopsis stracheyi* f. *ectocarpisma*。

Moreau 和 Moreau（1951）报道了采自中国河北、西藏和新疆的岛衣型地衣 4 种 1 变型：*Cetraria ericetorum*、*Cetrelia cetrarioides*、*Dactylina madreporiformis*、*Nephromopsis stracheyi* f. *ectocarpisma* 和 *Platismatia tuckermanii*。

Culberson 和 Culberson（1968）在"The Lichen Genera *Cetrelia* and *Platismatia*（Parmeliaceae）"中报道了中国的斑叶属（*Cetrelia*）13 个种：*Cetrelia braunsiana*、*C. cetrarioides*、*C. chicitae*、*C. collata*、*C.collata*、*C. davidiana*、*C. delavayana*、*C. isidiata*、*C. nuda*、*C. olivetorum*、*C. pseudolivetorum*、*C. sanguinea* 和 *C. sinensis*，其中 *C. davidiana* 和 *C. sinensis* 为新种。

此外，涉及中国岛衣型地衣的零星报道还有：Elenkin（1901，1904）、Harmand（1928）、Räsänen（1940，1952）、Lamb（1963）、Follmann 等（1968）、Ikoma（1983）等。

中国人自己研究地衣标本并发表研究论文的第一位学者当属朱彦丞（1935），在他的"中国地衣初步研究报告"中记录岛衣型地衣 2 种：*Parmelia perlata* 和 *Cetraria islandica*，其中 *Parmelia perlata* 为 *Cetrelia braunsiana* 的错误鉴定（魏江春 1991）。

自 20 世纪 60 年代始，中国学者发表的有关地衣的论文逐渐增多。

赵继鼎（1964）在"中国梅花衣属的初步研究"中涉及 5 种岛衣型地衣，隶属于斑叶属（*Cetrelia*）。

Wang-Yang 和 Lai（1973）总结了前人对中国台湾地衣的研究工作，发表了"台湾地衣名录"，其中涉及岛衣型地衣 16 种 3 变型：*Asahinea chrysantha* f. *cinerascens*、*Cetraria islandica* f. *angustifolia*、*C. laevigata*、*C. laureri*、*C. pallescens*、*C. togashii*、*Cetrelia cetrarioides*、*C. isidiata*、*C. nuda*、*Cetreliopsis rhytidocarpa*、*Nephromopsis asahinae*、*N. laxa*、*N. ornata*、*N. pseudocomplicata*、*N. stracheyi* f. *ectocarpisma*、*Platismatia erosa*、*P. formosana*、*P. lacunoca* 和 *Tuckermanopsis ciliaris*。Wang-Yang 和 Lai（1976b）又增补了两种：*Cetrelia chicitae* 和 *C. olivetorum*。

我国台湾学者 Lai（1980b）发表的"东亚梅衣科岛衣型地衣研究（I）"在岛衣型地衣的研究史上占有重要地位。这篇论文将世界许多地衣学家的目光吸引到分布中心位于东亚的宽叶状岛衣上，对岛衣型地衣的研究具有重大的推动作用（Lai 1980b）。在这篇论文中，赖明洲发表了三个新属和一个新种：*Cetreliopsis*、*Ahtia*、*Esslingeriana* 和 *Nephromopsis morrisonicola*；该文共报道了东亚岛衣型地衣 18 种，其中含中国岛衣型地衣 11 种：*Ahtia wallichiana*、*Cetraria everniella*、*C. laevigata*、*Cetreliopsis rhytidocarpa*、*Nephromopsis globulans*、*N. laxa*、*N. morrisonicola*、*N. ornata*、*N. pseudocomplicata*、*N. stracheyi* 和 *Platismatia formosana*。

陈锡龄等（1981a，1981b）发表了"东北地衣名录"，其中涉及岛衣型地衣 12 种，一个变型：*Cetraria ericetorum*、*C. islandica*、*C. laevigata*、*Cetrelia cetrarioides*、*C. olivetorum*、*C. pseudolivetorum*、*Nephromopsis endocrocea*、*N. komarovii*、*N. ornata*、*N. stracheyi* f. *ectocarpisma*、*Tuckermanopsis ciliaris*、*T. juniperina* 和 *T. pinastri*。

魏江春等（魏江春和陈健斌 1974；魏江春和姜玉梅 1980，1981，1986）对中国西藏地衣区系进行了研究，共报道岛衣型地衣 21 种 2 变型，它们是：*Cetraria ambigua*、*C. cucullata*、*C. everniella*、*C. everniella* f. *subteres*、*C. hepatizon*、*C. laevigata*、*C. laureri*、*C. nigricans*、*C. odontella*、*C. pallescens*、*C. pallida*、*C. wallichiana*、*C. xizangensis*、*Cetrelia braunsiana*、*C. braunsiana*、*C. cetrarioides*、*C. olivetorum*、*C. pseudolivetorum*、*C. sinensis*、*Nephromopsis asahinae*、*N. stracheyi* f. *ectocarpisma*、*Platismatia erosa* 和 *Tuckermanopsis pinastri* 其中 *C. xizangensis* 为新种，*C. everniella* f. *substeres* 和 *C. pallida* 为中国新记录种。

吴金陵(1985)报道了中国新疆的岛衣型地衣 3 种：*Cetraria islandica*、*C. nivalis* 和 *Dactylina madreporiformis*，但并未引证标本。

陈健斌(1986)对中国的斑叶属进行了全面的研究，共报道中国斑叶衣 13 种：*Cetrelia braunsiana*、*C. cetrarioides*、*C. chicitae*、*C. collata*、*C. davidiana*、*C. delavayana*、*C. isidiata*、*C. monachorum*、*C. nuda*、*C. olivetorum*、*C. pseudolivetorum*、*C. sanguinea* 和 *C. sinensis*；并对该属在中国的分布进行了规律性分析。

陈健斌等(1989)对湖北神农架的地衣区系进行了研究，报道了岛衣型地衣 14 种：*Cetraria ericetorum*、*C. islandica*、*C. oakesiana*、*C. pallescens*、*C. togashii*、*Cetrelia braunsiana*、*C. cetrarioides*、*C. chicitae*、*C. collata*、*C. olivetorum*、*C. pseudolivetorum*、*C. sanguinea*、*Nephromoposis stracheyi* 和 *Platismatia erosa*。

吴继农和钱之广(1989)报道了中国长江三角洲地区的岛衣型地衣 6 种：*Cetraria pallescens*、*C. togashii*、*Cetrelia braunsiana*、*C. chicitae*、*C. collata* 和 *C. pseudolivetorum*。

Randlane 等(1994)报道了中国岛衣型地衣一新种 *Tuckneraria ahtii*。Thell 等(1995c)报道了中国一新种 *Allocetraria sinensis*。Randlane 等(2001)对中国西藏地区含松萝酸的岛衣型地衣进行了研究，报道了 7 属 25 种。

Gao(1991)研究报道了 *Asahinea* 属，最终确定该属包括 2 种：*Asahinea chrysantha* 和 *A. scholanderi*，且该两种均在中国有分布。

赖明洲等(2007)对在中国报道过的岛衣型地衣进行了统计，共 15 属 71 种，其中包括新属一个：*Usnocetraria*，但在该文中作者除了指定 *Usnocetraria* 属的模式种 *U. oakesiana*(= *Cetraria oakesina* Tuck.)外，对其他所有种并未进行研究，仅是收录性质，且未引证任何标本，所以中国岛衣型地衣 71 种的准确性无从考究。在赖明洲等(2007)建立的 *Usnocetraria* 属中包括岛衣型不同属来源的共 11 种。Thell 等(2009)基于 5 个基因片段对岛衣型地衣进行分析的结果仅支持该属模式种 *U. oakesiana* 可能确为该属成员，其他种均应归至原来属中。Nelsen 等(2011)也支持了该结果。Lai 等(2009)对中国东北的岛衣型地衣进行了研究，排除 1 种在中国分布，报道 2 个中国新记录种。Wang 等(2014)对中国厚枝衣属(*Allocetraria*)进行了分类学研究，发表新种 1 个 *Allocetraria capitata* R.F. Wang, L.S. Wang, J.C. Wei，研究过程中未见 *Allocetraria denticulata*(Hue)A. Thell & Randlane。Wang 等(2015a, 2015b)报道中国厚枝衣属 2 个新种：*Allocetraria corrugata* R.F. Wang, X.L. Wei, J.C. Wei 和 *A. yunnanensis* R.F. Wang, X.L. Wei, J.C. Wei，因此最新研究中国分布该属 11 种。按照最新分类系统，中国分布岛衣型地衣 11 属 54 种，但本卷按照原先概念将新近被排除出的岛衣型地衣 3 属 *Asahinea*、*Cetrelia* 和 *Platismatia*(Randlane et al. 2013)仍然包括在内，而新近被包括在岛衣型地衣中的

Melanelia 属(Randlane et al. 2013)因已被包括在《中国地衣志 第四卷 梅衣科（Ⅰ）》（陈健斌，2015)中编写，不再出现于本卷。所以，中国已报道岛衣型地衣 13 属 69 种 71 分类单位，名称见表 3。

表 3　中国已报道有分布的岛衣型地衣物种名录

种名	种名
Allocetraria ambigua(C. Bab.) Kurok. & M.J.Lai 1991	*Cetrelia pseudocollata* Randlane & Saag1991
Allocetraria capitata R.F. Wang，Li S. Wang & J.C. Wei 2014	*Cetrelia pseudolivetorum*(Asahina) W.L.Culb. & C.F. Culb. 1968
Allocetraria corrugata R.F. Wang，X.L. Wei & J.C. Wei 2015	*Cetrelia sanguinea*(Schaer.) W.L. Culb. & C.F. Culb. 1968
Allocetraria denticulata(Hue) A. Thell & Randlane 1995	*Cetrelia sinensis* W.L. Culb. & C.F. Culb. 1968
Allocetraria endochrysea(Lynge) Kärnefelt & A. Thell 1996	*Cetreliopsis asahinae*(M. Satô) Randlane & A. Thell 1995
Allocetraria flavonigrescens A. Thell & Randlane 1995	*Cetreliopsis endoxanthoides*(D.D. Awasthi) Randlane & Saag 1995
Allocetraria globulans(Nyl.) A. Thell & Randlane 1995	*Cetreliopsis laeteflava*(Zahlbr.) Randlane & Saag 1995
Allocetraria madreporiformis(Ach.) Kärnefelt & A. Thell 1996	*Cetreliopsis rhytidocarpa*(Mont. & Bosch) Randlane & Saag 1980
Allocetraria isidiigera Kurok. & M.J. Lai 1991	*Dactylina arctica* ssp. *chinensis*(Follmann) Kärnefelt & A. Thell 1996
Allocetraria sinensis X.Q. Gao 1995	*Flavocetraria cucullata*(Bellardi) Kärnefelt& A. Thell 1994
Allocetraria stracheyi(C. Bab.) Kurok. & M.J.Lai 1991	*Flavocetraria nivalis*(L.) Kärnefelt & A. Thell 1994
Allocetraria yunnanensis R.F. Wang, X.L. Wei & J.C. Wei 2015	*Nephromopsis ahtii*(Randlane & Saag) Randlane & Saag 2005
Asahinea chrysantha(Tuck.) W.L. Culb. & C.F. Culb. 1965	*Nephromopsis hengduanensis* X.Q. Gao & L.H. Chen 2001
Asahinea scholanderi(Llano) W.L. Culb. & C.F. Culb. 1965	*Nephromopsis komarovii*(Elenkin) J.C. Wei 1991
Cetraria ericetorum Opiz 1852	*Nephromopsis laii*(A. Thell & Randlane) Saag & A. Thell 1997
Cetraria hepatizon(Ach.) Vain. 1899	*Nephromopsis laureri*(Kremp.) Kurok. 1991
Cetraria islandica(L.) Ach. 1803	*Nephromopsis morrisonicola* M.J.Lai 1980
Cetraria islandica f. *orientalis* Asahina	*Nephromopsis nephromoides*(Nyl.) Ahti & Randlane 1998
Cetraria laevigata Rass. 1943	*Nephromopsis ornata*(Müll. Arg.) Hue 1900
Cetraria melaloma(Nyl.) Kremp. 1868	*Nephromopsis pallescens*(Schaer.) Y.S. Park 1990
Cetraria microphyllica W.L. Culb. & C.F. Culb. 1967	*Nephromopsis stracheyi*(C. Bab.) Müll. Arg. 1891
Cetraria nigricans Nyl. 1859	*Nephromopsis togashii*(Asahina) A. Thell & Kärnefelt 2005
Cetraria odontella(Ach.) Ach. 1814	*Nephromopsis weii* X.Q. Gao & L.H. Chen 2001
Cetraria pallida D.D. Awasthi 1957	*Nephromopsis yunnanensis*(Nyl.) Randlane & Saag 1992
Cetraria xizangensis J.C. Wei & Y.M. Jiang 1980	*Platismatia erosa* W.L. Culb. & C.F. Culb. 1968
Cetrariella delisei(Bory ex Schaer.) Kärnefelt & A. Thell 1993	*Platismatia formosana*(Zahlbr.) W.L. Culb. & C.F. Culb. 1968
Cetrelia braunsiana(Müll. Arg.) W.L. Culb. &C.F. Culb. 1968	*Platismatia glauca*(L.) W.L. Culb. & C.F. Culb. 1968
Cetrelia cetrarioides(Delise) W.L. Culb. & C.F. Culb. 1968	*Platismatia glauca* f. *coralliodea*(Wallr.) J.C. Wei 1991
Cetrelia chicitae(W.L. Culb.) W.L. Culb. & C.F. Culb. 1968	*Platismatia tuckermanii*(Oakes) W.L. Culb. & C.F. Culb. 1968
Cetrelia collata(Nyl.) W.L. Culb. & C.F. Culb. 1968	*Tuckermanopsis americana*(Spreng.) Hale 1987
Cetrelia davidiana W.L. Culb. & C.F.Culb. 1968	*Usnocetraria oakesiana*(Tuck.) M.J. Lai & J.C. Wei 2007
Cetrelia delavayana W.L. Culb. & C.F. Culb. 1968	*Vulpicida juniperinus*(L.) J.-E. Mattsson & M.J. Lai 1993
Cetrelia isidiata(Asahina) W.L. Culb. & C.F. Culb. 1968	*Vulpicida pinastri*(Scop.) J.-E. Mattsson & M.J. Lai 1993
Cetrelia japonica(Zahlbr.) W.L. Culb. & C.F. Culb. 1968	*Vulpicida tilesii*(Ach.) J.-E. Mattsson & M.J. Lai 1993
Cetrelia monachorum(Zahlbr.) W.L. Culb. & C.F. Culb. 1977	
Cetrelia nuda(Hue) W.L. Culb. & C.F.Culb. 1968	
Cetrelia olivetorum(Nyl.) W.L. Culb. &C.F. Culb. 1968	

在所有报道过的中国岛衣型地衣中，以中国标本为模式的种有 20 个：*Allocetraria capitata*、*Allocetraria corrugata*、*Allocetraria denticulata*、*Allocetraria sinensis*、*Allocetraria yunnanensis*、*Cetraria xizangensis*、*Cetrelia collata*、*Cetrelia davidiana*、*Cetrelia delavayana*、*Cetrelia minachorum*、*Cetrelia nuda*、*Cetrelia sanguinea*、*Cetrelia sinensis*、*Cetreliopsis rhytidocarpa*、*Nephromopsis globulans*、*Nephromopsis morrisonicola*、*Nephromopsis ornata*、*Platismatia erosa*、*Tuckneraria ahtii* 和 *Tuckneraria laxa*。

在中国，唐代甄泉的《药性本草》和明代李时珍的《本草纲目》已经有对石蕊和松萝的记载。与西方相比，我国地衣的研究起步较晚。早期对 *Hypogymnia* 属地衣的研究是由外国人来进行的。

最早记录我国 *Hypogymnia* 属地衣的学者是 Hue (1887，1889，1890，1899)，报道了来自云南和不明省份的本属地衣 4 种 1 变型，即 *Parmelia delavayi* (=*H. delavayi*)、*P. hypotrypa* f. *hypotrypa* (=*H. hypotrypa*)、*P. hypotrypa* f. *balteata* (=*H. hypotrypa*)、*P. physodes* (=*H. physodes*)、*P. vittata* (=*H. vittata*) 和 *P. vittata* f. *hypotropodes* (=*H. vittata* f. *hypotropodes*)。

Nylander (1888) 报道了产自云南的 1 种：*Parmelia hypotrypa* (=*H. hypotrypa*)。

Elenk (1901) 报道了四川 1 种，*Parmelia hypotrypella* (=*H. hypotrypa*)。

Jatta (1902) 对秦岭的地衣进行研究，报道了来自陕西的本属地衣 5 种 2 变型，即 *Parmelia hypotrypa* f. *hypotrypa* (=*H. hypotrypa*)、*P. lugubris* (=*H. lugubris*)、*P. physodes* (=*H. physodes*)、*P. physodes* f. *labrosa* (=*H. physodes* f. *labrosa*)、*P. enteromorpha* (=*H. pseudoenteromorpha*)、*P. vittata* (=*H. vittata*) 和 *P. vittata* f. *hypotropodes* (=*H. vittata* f. *hypotropodes*)。

在 1930~1940 年，对中国 *Hypogymnia* 属的分类学研究较为全面的地衣学家当属 Zahlbrukner (1930a，1930b，1933，1934)，他研究了来自陕西、四川、云南和台湾 4 省的本属地衣，共报道了 6 种 2 变型，即 *Parmelia delavayi* (=*H. delavayi*)、*P. enteromorpha* (=*H. pseudoenteromorpha*)、*P. hypotrypa* f. *hypotrypa* (=*H. hypotrypa*)、*P. hypotrypa* f. *balteata* (=*H. hypotrypa*)、*P. lugubris* (=*H. lugubris*)、*P. physodes* (=*H. physodes*)、*P. physodes* f. *labrosa* (=*H. physodes* f. *labrosa*)、*P. vittata* (=*H. vittata*) 和 *Parmelia vittata* f. *hypotropodes* (=*H. vittata* f. *hypotropodes*)。

Asahina (1951，1952) 对中国地衣进行了补充研究，从黑龙江和台湾两省报道 4 种：*Parmelia bitteri* (=*H. bitteri*)、*P. hypotrypella* (=*H. hypotrypa*)、*P. pseudophysodes* (=*H. pseudophysodes*) 和 *P. vittata* (=*H. vittata*)。

Lamb (1963) 在其《地衣名称索引》(*Index Nominum Lichenum*) 中，收录了采集自中国的本属地衣 1 种：*H. pseudophysodes*。

Nuno (1964) 对中国台湾和不明省份地区进行了研究，报道了 3 个分类单位：*Parmelia hypotrypa* f. *hypotrypa* (=*H. hypotrypa*)、*P. hypotrypa* f. *balteata* (=*H. hypotrypa*)、*P. hypotrypella* (=*H. hypotrypa*)、*P. vittata* f. *hypotrypanea* (=*H. vittata* f. *hypotrypanea*) 和 *P. vittata* f. *stricta* (=*H. vittata* f. *stricta*)。

朱彦承为中国第一位亲自研究我国地衣并撰写研究论文的学者，在他的"中国地衣初步研究报告"中，记录 *Hypogymnia* 属 1 种：*Parmelia physodes*（=*H. physodes*）（Tchou 1935）。

赵继鼎（1964）记载了来自四川、云南、安徽和陕西 4 省的本属地衣共 7 个分类单位，其中新种 2 个：*Parmelia macrospora*（=*H. macrospora*）和 *P. subvittata*（=*H. subvittata*），此两种的标志性特征为大子囊孢子；其他 5 个分类单位为：*Parmelia delavayi*（=*H. delavayi*）、*P. enteromorpha*（=*H. pseudoenteromorpha*）、*P. hypotrypa* f. *hypotrypa*（=*H. hypotrypa*）、*P. hypotrypa* f. *balteata*（=*H. hypotrypa*）、*P. hypotrypella*（=*H. hypotrypa*）、*P. vittata*（=*H. vittata*）和 *P. submundata*（=*H. submundata* f. *baculosorediosa*）。

Wang-Yang 和 Lai（1973）对中国台湾地衣进行系统研究，其中记载了本属地衣 3 种 1 变型：*H. hypotrypella*（=*H. hypotrypa*）、*H. physodes*、*H. pseudophysodes* 和 *H. vittata* f. *stricta*。

魏江春和陈健斌（1974）对珠穆朗玛峰地区的地衣区系进行研究，记录本属地衣 5 种：*Parmelia obscurata*（=*H. bitteri*）、*P. hypotrypella*（=*H. hypotrypa*）、*P. enteromorpha*（=*H. pseudoenteromorpha*）、*P. physodes*（=*H. physodes*）和 *P. vittata*（=*H. vittata*）。

Wang-Yang 和 Lai（1976a）对中国台湾地衣 *Sphaerophorus* Pers. 进行系统研究时，报道 *Hypogymnia* 属地衣 4 种：*H. hypotrypella*（=*H. hypotrypa*）、*H. physodes*、*H. pseudophysodes* 和 *H. vittata*。

赵继鼎等（1978）报道中国梅花衣属新种，其中包括了本属一新变种：*Parmelia vittata* var. *subarticulata*（=*H. subarticulata*）。

Lai（1980a）对东亚 *Hypogymnia* 属进行研究，记录中国云南、湖北和台湾产本属地衣 7 种，其中新种 2 个：*H. pseudoenteromorpha* 和 *H. taiwanalpina*，其余 5 种为：*H. hypotrypa* f. *hypotrypa*（=*H. hypotrypa*）、*H. hypotrypella*（=*H. hypotrypa*）、*H. metaphysodes*、*H. physodes*、*H. pseudobitteriana* 和 *H. vittata*，认为以前在亚洲报道的 *H. enteromorpha* 为错误鉴定，将 *H. enteromorpha* f. *inactiva* 处理为 *H. pseudoenteromorpha* 的异名。

魏江春和姜玉梅（1980，1981，1986）对中国西藏的地衣区系及梅衣科地衣进行研究，共报道本属地衣 8 种，其中包括新种 3 个：*H. austerodes*、*H. bitteri*、*H. hypotrypella*（=*H. hypotrypa*）、*H. laccata*（sp. nov.）、*H. pruinosa*（sp. nov.）、*H. pseudohypotrypa*、*H. sinica*（sp. nov.）和 *H. vittata*。

陈锡龄等（1981b）对中国东北地衣进行研究，发表了"东北地衣名录（二）"，其中记录了本属地衣 6 种 1 变型：*H. bitteri*、*H. fragillima*、*H. hypotrypella*（=*H. hypotrypa*）、*H. nikkoensis*、*H. physodes*、*H. submundata* f. *baculosorediosa* 和 *H. vittata*。

Wei（1981）在《中国地衣标本集》（*Lichenes sinenses exsiccati*）（Fasc. I：1-50）中记录了 5 种 1 变型：*H. delavayi*、*H. fragillima*、*H. hypotrypella*（=*H. hypotrypa*）、*H. physodes* f. *labrosa*、*H. pruinosa* 和 *H. pseudoenteromorpha*。

赵继鼎等（1982）的《中国地衣初编》（*Prodromus Lichenum Sinicorum*），记录了产自云南、四川、安徽和陕西的本属地衣 7 种 1 变型：*H. delavayi*、*H. hypotrypa*、*H. hypotrypella*（=*H. hypotrypa*）、*H. hypotrypa* f. *balteata*（=*H. hypotrypa*）、*H. macrospora*、*H.*

pseudoenteromorpha、*H. subarticulata*、*H. submundata* f. *baculosorediosa*、*H. subvitata* 和 *H. vittata*。

吴继农等(1982)对武夷山地衣进行研究，记录了本属 1 种：*H. delavayi*。

魏江春等(1982)在《中国药用地衣》一书中记录了产地为陕西的本属地衣 3 种：*H. hypotrypa*、*H. hypotrypella*(=*H. hypotrypa*)、*H. physodes* 和 *H. pseudoenteromorpha*。

罗光裕(1984，1986)对中国东北地衣进行了全面研究，共记录本属地衣 12 种 10 变型 2 个变种,其中新变种 2 个,新记录 13 个：*H. bitteri*、*H. bitteri* f. *erumpens*(new to China)、*H. bitteri* f. *obscura*(new to China)、*H. bitteriana*(=*H. farinacea*，new to China)、*H. bullata*(new to China)、*H. delavayi*、*H. fragillima*、*H. hypotrypa*、*H. metaphysodes*(new to China)、*H. physodes*、*H. physodes* f. *labrosa*、*H. physodes* f. *maculans*(new to China)、*H. physodes* f. *platyphylla*(new to China)、*H. physodes* f. *subtubulosa*(new to China)、*H. pseudophysodes*、*H. subdupicata*(new to China)、*H. subdupicata* var. *rugosa* var. nov.、*H. subdupicata* var. *suberecta* var. nov.、*H. tubulosa* f. *farinosa*(new to China)、*H. vittata*、*H. vittata* f. *hypotrypanea*(new to China)、*H. vittata* f. *physodioides*(new to China)和 *H. vittata* f. *pinicola*(new to China)。

Wei(1984，1986)对具裂芽的本属地衣进行研究，报道 4 种 1 变种 1 变型，其中，新种 1 个，中国新记录 3 个：*H. austerodes*、*H. duplicatoides*(new to China)、*H. hengduanensis* sp. nov.、*H. hengduanensis* ssp. *kangdingensis* ssp. nov.、*H. mundata* f. *sorediosa*(new to China)和 *H. subcrustacea*(new to China)。

陈健斌等(1989)报道了湖北神农架地衣区系，包括本属 6 种：*H. delavayi*、*H. hypotrypa*、*H. hypotrypella*(=*H. hypotrypa*)、*H. kangdingensis*(=*H. hengduanensis* ssp. *kangdingensis*)、*H. pseudoenteromorpha*、*H. subarticulata* 和 *H. subduplicata*。

Xu(1989)报道产自安徽和浙江的本属地衣 1 种：*H. delavayi*。

姜玉梅和魏江春(1990)报道产自云南的本属 1 新种：*H. yunnanensis*。

Wei(1991)收录了之前报道的中国本属地衣共 42 个分类单位，隶属于 31 种，即 *H. austerodes*、*H. bitteri*、*H. bitteri* f. *erumpens*、*H. bitteri* f. *obscura*、*H. bullata*、*H. delavayi*、*H. duplicatoides*、*H. farinacea*、*H. fragillima*、*H. hengduanensis* ssp. *hengduanensis*、*H. hengduanensis* ssp. *kangdingensis*、*H. hypotrypa*、*H. hypotrypa* f. *balteata*、*H. hypotrypella*、*H. laccata*、*H. lugubris*、*H. macrospora*、*H. metaphysodes*、*H. mundata* f. *sorediosa*(=*H. pulverata*)、*H. nikkoensis*、*H. physodes*、*H. physodes* f. *maculans*、*H. pruinosa*、*H. pseudobitteriana*、*H. pseudoenteromorpha*、*H. pseudohypotrypa*、*H. pseudophysodes*、*H. subarticulata*、*H. subcrustacea*、*H. subduplicata*、*H. subduplicata* var. *suberecta*、*H. subduplicata* var. *rugosa*、*H. submundata* f. *baculosorediosa*、*H. subvittata*、*H. taiwanalpina*、*H. tubulosa* f. *farinosa*、*H. vittata*、*H. vittata* f. *hypotropodes*、*H. vittata* f. *hypotrypanea*、*H. vittata* f. *stricta*、*H. vittata* f. *physodioides*、*H. vittata* f. *pinicola*、*H. vittata* f. *Reagens* 和 *H. yunnanensis*。文中将 *H. sinica* 处理为 *H. pseudohypotrypa* 的异名。该文是迄今关于中国袋衣属记录最完整的文献。

此后，陈健斌(1994)进行云南大型地衣区系与分类研究，发现本属新种 2 个：*H. lijiangensis* 和 *H. subpruinosa*，该两种与 *H. pruinosa* 相似，具粉霜，但粉霜层薄，且主要位于近边缘处，化学成分亦与 *H. pruinosa* 迥然不同。

Wei 和 Bi(1998)利用 TLC 和 HPLC 法对 Wei(1984)发表的 *H. henduanensis* 的化学成分进行了修正。

McCune 和 Obermayer(2001)对 *H. pseudohypotrypa* 和 *H. sinica* 的模式(isotype，保藏于 HMAS-L)进行了研究，认为两者为不同的种，故否定了 Wei(1991)的观点，将 *H. sinica* 正名。

McCune 和 Tchabanenko(2001)以俄罗斯标本为主模式发表 *H. arcuata*，认为魏江春标本集(Lich. Siensis Exs. 11)的一份定名为 *H. enteromorpha* f. *inactiva*(Wei J.C. 2496，保藏于 LE 和 US)的标本即为该种，并作为副模式予以引证。

McCune 等(2003)对中国本属地衣进行标本采集和分类研究，共发表新种 5 个，即 *H. bulbosa*、*H. congesta*、*H. diffractaica*、*H. laxa* 和 *H. pseudocyphellata*，主模式保藏于 OSC 或 KUN，无等模式，副模式保藏于 OSC 或 KUN。该文基于形态学、解剖学和化学特征，将 *H. subvittata* 处理为 *H. macrospora* 的异名。

近几年，McCune(2009，2011，2012)、Wei 等(2010)、McCune 和 Wang(2014)通过对中国袋衣属，尤其是对中国西南地区本属标本进行研究，发表了一系列新种。尤其是 McCune 和 Wang(2014)对中国西南袋衣属所做的研究是迄今对中国西南袋衣属开展的最为完整和系统的一项工作。Wei 等(2016)基于表型及基因型的综合研究，结果显示袋衣属内含有松萝酸的两种：*Hypogymnia flavida* 和 *H. hypotrypa*，在系统发育树中未形成两个彼此独立的分支。Wei(2019)综合考虑表型和基因型结果，将 *H. flavida* 处理为 *H. hypotrypa* 的异名，结束了该两种长期仅据粉芽有无的单一性状进行种类划分的争论。

截至目前，国内外学者在中国共报道袋衣属地衣 52 种 62 分类单位，名称见表4。共分布于 13 个省或地区；其中，以中国东北、横断山地区和台湾省研究得最为充分，而其他各省份的研究较少或者为空白。

表 4　中国已报道有分布的袋衣属物种名录

种名	种名
H. alpina D.D. Awasthi 1985	*H. fragillima* (Hillmann ex Sato) Rass. 1956
H. arcuate Tchaban. & McCune 2001	*H. hengduanensis* ssp. *hengduanensis* J.C. Wei 1984
H. austerodes (Nyl.) Räsänen 1943	*H. hengduanensis* ssp. *kangdingensis* J.C. Wei 1984
H. bitteri (Lynge) Ahti 1964	*H. hypotrypa* (Nyl.) Rass.
H. bitteri f. *erumpens* (Hillmann) Rass. 1967	*H. incurvoides* Rass. 1967
H. bitteri f. *obscurata* (Bitter) Rass. 1967	*H. irregularis* McCune 2011
H. bulbosa McCune & Li S. Wang 2003	*H. laccata* J.C. Wei & Y.M. Jiang. 1971
H. bullata Rass. 1967	*H. laxa* McCune 2003
H. capitata McCune 2014	*H. lijiangensis* J.B. Chen 1994
H. congesta McCune & C.F. Culb. 2003	*H. lugubris* (Pers.) Krog 1968
H. delavayi (Hue) Rass. 1956	*H. macrospora* (J.D. Zhao) J.C. Wei 1991
H. diffractaica McCune 2003	*H. magnifica* X.L. Wei & McCune 2010
H. duplicatoides (Oxner) Rass. 1956	*H. metaphysodes* (Asahina) Räsänen 1967
H. farinacea Zopf 1907	*H. nikkoensis* (Zahlbr.) Rass. 1967

种名	种名
H. nitida McCune & Li S. Wang 2014	*H. subarticulata* (J.D. Zhao，L.W. Hsu & Z.M. Sun) J.C. Wei & Y.M. Jiang 1986
H. papilliformis McCune，Tchabanenko. & X.L. Wei 2015	*H. subcrustacea* (Flot.) Kurok. 1971
H. pendula McCune & Li S. Wang 2014	*H. subduplicata* (Rass.) Rass. 1973
H. physodes (L.) Nyl. 1896	*H. subduplicata* var. *rugosa* G.Y. Luo 1986
H. physodes f. *maculans* (H. Olivier) Rass. 1967	*H. subduplicata* var. *suberecta* G.Y. Luo 1986
H. pruinoidea X.L. Wei & J.C. Wei 2012	*H. subfarinacea* X.L. Wei & J.C. Wei 2006
H. pruinosa J.C. Wei & Y.M. Jiang 1980	*H. submundata* f. *baculosorediosa* Rass. 1967
H. pseudobitteriana (D.D. Awasthi) D.D. Awasthi 1971	*H. subpruinosa* J.B. Chen 1994
H. pseudocyphellata McCune & E.P. Martin 2003	*H. taiwanalpina* M.J. Lai 1980
H. pseudoenteromorpha M.J. Lai 1980	*H. tenuispora* McCune & Li S. Wang 2014
H. pseudohypotrypa (Asahina) Ajay Singh 1980	*H. tubulosa* f. *farinosa* (Hillmann) Rass. 1967
H. pseudophysodes (Asahina) Rass. 1967	*H. vittata* (Ach.) Parrique 1898
H. pseudopruinosa X.L. Wei & J.C. Wei 2006	*H. vittata* f. *hypotropodes* (Nyl.) J.C. Wei 1991
H. pulverata (Nyl.) Elix 1980	*H. vittata* f. *hypotrypanea* (Nyl.) Kurok. 1971
H. saxicola McCune & Li S. Wang 2014	*H. vittata* f. *physodioides* Rass. 1973
H. sinica J.C. Wei & Y.M. Jiang 1980	*H. vittata* f. *stricta* (Hillmann) Kurok. 1971
H. stricta (Hillmann) K. Yoshida 2001	*H. yunnanensis* Y.M. Jiang & J.C. Wei 1990

二、材料和方法

(一)研究标本

本卷中岛衣型地衣所用的研究标本采自全国 21 个省(自治区、直辖市),共 1000 余份,本卷地衣志引用岛衣型地衣标本 580 份,这些标本绝大部分保存在中国科学院微生物研究所菌物标本馆地衣标本室(HMAS-L),其中下列标本用于皮层结构、子囊结构和分生孢子形状的观察:

Allocetraria stracheyi 西藏聂拉木,海拔 4150 m,魏江春和陈健斌 1533。

Allocetraia endochrysea 云南省德钦县梅丽石村高山木屋至索拉垭口,王瑞芳 YK12010。

Allocetraria sinensis 云南丽江玉龙雪山,王先业等 7076。

Cetraria laevigata 内蒙古额尔左旗,海拔 1500 m,高向群 1588。

Cetraria laevigata 黑龙江大兴安岭潮中林场,海拔 750m,高向群 224-3。

Cetraria laevigata 内蒙古大兴安岭满归,海拔 800 m,魏江春 3374。

Cetrelia collata 贵州樊净山,海拔 1470 m,魏江春 453。

Cetreliopsis asahinae 吉林长白山,海拔 1000 m,1988.8.10,高向群 3310。

Nephromopsis hengduanensis 云南丽江碧落雪山,海拔 3350 m,王先业等 4507。

Nephromopsis stracheyi 云南贡山,海拔 2000 m,1982.9.3,苏京军 3901。

Tuckermanopsis americana 内蒙古额尔左旗阿乌尼林场,高向群 1494。

Vulpicida juniperinus 内蒙古额尔左旗阿乌尼林场，高向群 1435。

袋衣属研究所用的地衣标本 2000 余号，分别采自全国 15 个省(自治区、直辖市)，主要来自：保存于中国科学院微生物研究所菌物标本馆地衣标本室(HMAS-L)的有关标本；作者于 2004 年和 2005 年于西藏和陕西采集的标本 500 余份；保存于中国科学院昆明植物研究所植物标本馆(KUN)的有关标本；奥地利 Graz 大学的 Dr. Walter Obermayer 于 1994 年和 2000 年在四川和西藏采集的本属未定名的标本。此外，研究过程中从国外 12 个标本馆共借阅模式标本 27 种：美国亚利桑那州立大学标本馆(ASU)、英国自然历史博物馆(BM)、澳大利亚国立标本馆(CANB)、美国 FH 标本馆，芬兰赫尔辛基大学植物博物馆(H)、俄罗斯圣彼得堡标本馆(LE)、美国密歇根州立大学标本馆(MSU)、澳大利亚皇家植物园新南威尔士国立标本馆(NSW)、美国俄勒冈州立大学标本馆(OSC)、芬兰土尔库大学标本馆(TUR)、美国国立标本馆(US)和奥地利维也纳自然历史博物馆(W)。本卷地衣志引用袋衣属标本 720 份，绝大多数保藏于中国科学院微生物研究所菌物标本馆地衣标本室(HMAS-L)。

所有未经前人鉴定的标本，在作者鉴定的同时，皆对其进行规范的清理、整理、压制及副份标本分离。

下列标本进行地衣体、分生孢子器与子囊盘切片与显微观察：

陈健斌和胡光荣 21590，黑龙江呼中小白山，海拔 1225 m，2002.7.25。

姜玉梅，赵遵田等 S134-1，四川松潘县黄龙，海拔 3180 m，2001.9.23。

卢效德 0123，吉林长白山，海拔 1100 m，1985.6.24。

卢效德 0164-1，吉林长白山，海拔 1100 m，1985.6.24。

桑志华 309，陕西太白山。

王汉臣 1065a，云南。

王汉臣 1068，云南大理。

王先业 01103，新疆天山夏塔温泉，海拔 2700 m，1978.8.3。

王先业和肖翲 11181，黑龙江穆稜三新山林场，海拔 3100 m，1983.6.28。

王先业和肖翲 11464，四川马尔康梦笔山，海拔 3700 m，1983.7.4。

王先业和肖翲 11462，四川马尔康梦笔山，海拔 3700 m，1983.7.4。

王先业和肖翲 11478，四川马尔康梦笔山，海拔 3700 m，1983.7.4。

王先业和肖翲 11459，四川马尔康梦笔山，海拔 3700 m，1983.7.4。

王先业和肖翲 11175，四川下阿坝，海拔 3100 m，1983.6.28。

王先业和肖翲 10582，四川南坪县九寨沟，海拔 2151 m，1983.6.10。

王先业，肖翲，李斌 7958，四川木里县，海拔 3800 m，1982.6.5。

王先业，肖翲，苏京军 6798，云南丽江玉龙雪山，海拔 3750 m，1981.7.27。

王先业，肖翲，苏京军 7781，云南丽江后山，海拔 2600 m，1981.8.11。

王先业，肖翲，苏京军 2710，云南泸水县北 68 km，海拔 3000 m，1981.6.7。

王先业，肖翲，苏京军 6698，云南中甸大雪山下白水河岸，海拔 3000 m，1981.8.8。

王先业，肖翲，苏京军 7606，云南德钦县，海拔 4100 m，1981.8.29。

王先业等 6991，云南丽江，海拔 3050 m，1981.8.8。

魏江春 2409，黑龙江带岭凉水林场旁，海拔 400 m，1975.10.16。

魏江春 2537，黑龙江穆稜三新山林场，海拔 620 m，1977.7.20。

魏江春 2577，黑龙江穆稜三新山林场，1977.7.22。

魏江春 3022，吉林长白山冰场，海拔 800 m，1977.8.16。

魏江春 9196，云南丽江干河坝，1987.8.22。

魏江春和陈健斌 1849，西藏聂拉木，海拔 3880 m，1966.6.22。

魏鑫丽 1969，陕西太白山明星寺以上，海拔 2950 m，2005.8.4。

魏鑫丽 795，西藏波密松宗集镇，海拔 3120 m，2004.7.16。

魏鑫丽 1728，陕西太白山，海拔 2800 m，2005.8.3。

魏鑫丽 1799，陕西太白山，海拔 3620 m，2005.8.5。

魏鑫丽 1823，陕西太白山，海拔 3620 m，2005.8.5。

魏鑫丽 1858，陕西太白山，海拔 3630 m，2005.8.5。

无 330，陕西，1916.9.7。

(二)研究方法

1. 形态学与解剖学研究

(1)在形态学与解剖学研究中使用德国 ZEISS Stemi SV11 体式显微镜和 Axioskop 2 plus 显微镜。

(2)地衣体、子囊盘、子囊、子囊孢子、分生孢子器与分生孢子的观察方法如下所述。①取材：选取成熟、发育良好的地衣体裂片(长有成熟分生孢子器)与子囊盘。②浸泡：放在盛有蒸馏水的培养皿中，使地衣体裂片与子囊盘浸透，变软。③干燥：用干净滤纸吸去沾在裂片与子囊盘上的水分。④切片：徒手切片或冷冻切片。⑤水封片的制作：在解剖镜下选取较薄的切片置于载玻片水滴中，加盖玻片。⑥显微结构观察：在显微镜下观察并记录观察到的结构；将子囊盘切片和带有分生孢子器的地衣体裂片切片轻压，使子囊和分生孢子器压散并破裂，以便观察与记录孢子特征。

2. 地衣化学

1)显色反应

根据某些地衣物质能与某些试剂发生显色反应的特征，分别将 10%KOH 水溶液(K)、漂白粉饱和水溶液(C)以及 5%对苯二胺(PD)、乙醇溶液与地衣体的皮层和髓层反应，在解剖镜下观察地衣体皮层与髓层有无颜色变化。

2)薄层层析法

采用地衣化学物质标准薄层层析法(Culberson and Kristinsson 1970；Culberson 1972；White and James 1985)。研究中主要采用 C 溶剂系统展层，并以含有 atranorin 和 norstictic acid 的金丝刷(*Lethariella cladoioides*)作为分区参照标准。展层后，在波长 365 nm 和 254 nm 的紫外光下观察有无荧光物质，记录，然后喷淋 10%的硫酸，对光观察有无脂肪酸，随后 110℃烘箱中烘烤约 10 min，取出，记录显色物质。

3. 生物地理学分析

生物地理学分析中每个种在中国的分布只以作者观察并鉴定的标本为基础，所引地名依据 1994 年出版的《中国地名录》（国家测绘局地名研究所）。并参考有关文献提供的地衣种分布资料将本卷所研究的中国种类初步划分地理成分。

三、结果与讨论

（一）形态和解剖特征

1. 形态特征

岛衣型地衣的地衣体为枝状、近枝状或叶状。枝状和近枝状的种类直立或半直立，一般呈二叉或近二叉分枝；叶状种类裂片狭长或宽圆，大多数种类裂片边缘上翘。

地衣体淡黄色至深黄色或淡褐色至黑色。某些种，如 *Cetraria islandica*、*Cetrariella delisei* 等的基部为红色。

岛衣型地衣的大部分种类具假杯点。假杯点位于地衣体的下表面（*Nephromopsis* 属、*Cetraria* 属等）或上表面（*Cetrelia* 属），或上表面和下表面俱有（*Cetreliopsis* 属）；颜色为白色、黄色或深褐色；形状为点状、斑块状或线状（*Cetraria laevigata*）等（图版 1.1～图版 1.3）。

Nephromopsis 属裂片边缘常具缘毛（图版 1.4、图版 1.5）。

岛衣型地衣的某些属，如 *Cetraria* 属和 *Nephromopsis* 属等的边缘常具小刺，小刺淡褐色或黑色，顶端常具分生孢子器（图版 2.1、图版 2.2）。

分生孢子器常见，位于裂片边缘，着生于小刺顶端或突起状或埋生，形状为刺状、瘤状或头状（图版 2.1～图版 2.4）。岛衣型地衣的子囊盘常位于边缘或近边缘，一般无柄。*Allocetraria stracheyi* 子囊盘位于裂片下表面边缘，且强烈向上翻卷（图版 2.5）。*Nephromopsis pallescens* 的子囊盘位于地衣体上表面，小且极多（图版 2.6）。

1）地衣体

袋衣属的地衣体一般大型叶状，深裂，颜色多变，肿胀如袋。但不同种的地衣体大小区别较为明显，因袋衣属绝大多数种地衣体均为平铺于基物的叶状体，圆形或不规则形，所以地衣体大小均以地衣体直径表示。

（1）大型：此类型地衣体直径大于 10 cm，一般 11～15 cm，最大可达 30 cm。中国袋衣属地衣体大型的种类均为叶状体，共 10 分类单位地衣体大型，隶属于 8 种，包括：*H. arcuata*、*H. diffractaica*、*H. hengduanensis* ssp. *hengduanensis*、*H. hengduanensis* ssp. *kangdingensis*、*H. hypotrypa*、*H. irregularis*、*H. magnifica*、*H. pendula* 和 *H. stricta*。另有 5 种，地衣体小型至大型，包括：*H. austerodes*、*H. duplicatoides*、*H. pseudoenteromorpha*、*H. pulverata* 和 *H. subduplicata*。

(2) 中型：此类型地衣体直径 5～10 cm。中国袋衣属地衣体中型的种类均为叶状体。共 14 分类单位地衣体中型，隶属于 14 种，包括：*H. bitteri*、*H. bulbosa*、*H. congesta*、*H. laxa*、*H. lijiangensis*、*H. macrospora*、*H. nitida*、*H. papilliformis*、*H. pseudobitteriana*、*H. saxicola*、*H. subpruinosa*、*H. tenuispora*、*H. vittata* 和 *H. yunnanensis*。另有 4 种，地衣体小型至中型，包括：*H. fragillima*、*H. incurvoides*、*H. laccata* 和 *H. pseudopruinosa*。

(3) 小型：此类型地衣体直径或高度小于 5 cm。中国袋衣属地衣体小型的种类为叶状体或指状体。共 15 分类单位地衣体中型，隶属于 15 种，包括：*H. alpina*、*H. capitata*、*H. delavayi*、*H. metaphysodes*、*H. physodes*、*H. pruinosa*、*H. pseudocyphellata*、*H. pseudohypotrypa*、*H. sinica*、*H. subarticulata*、*H. subcrustacea*、*H. subfarinacea*、*H. submundata* f. *baculosorediosa*、*H. taiwanalpina* 和 *H. tubulosa* f. *farinosa*。

2) 质地

袋衣属大多数种地衣体软骨质，具韧性；少数种地衣体易碎。本卷引入了坚硬型 (rigid) 及介于软骨质 (cartilaginous) 和易碎型 (fragile) 之间的过渡类型。

(1) 软骨质：此类型地衣体软，但具韧性，不易破碎。共 38 分类单位地衣体软骨质，隶属于 38 种，包括：*H. alpina*、*H. arcuata*、*H. austerodes*、*H. bitteri*、*H. bulbosa*、*H. capitata*、*H. congesta*、*H. delavayi*、*H. diffractaica*、*H. duplicatoides*、*H. hypotrypa*、*H. incurvoides*、*H. irregularis*、*H. lijiangensis*、*H. macrospora*、*H. magnifica*、*H. metaphysodes*、*H. nitida*、*H. papilliformis*、*H. pendula*、*H. physodes*、*H. pruinosa*、*H. pseudobitteriana*、*H. pseudocyphellata*、*H. pseudoenteromorpha*、*H. pseudopruinosa*、*H. pulverata*、*H. stricta*、*H. subarticulata*、*H. subcrustacea*、*H. subfarinacea*、*H. submundata* f. *baculosorediosa*、*H. subpruinosa*、*H. taiwanalpina*、*H. tenuispora*、*H. tubulosa* f. *farinosa*、*H. vittata* 和 *H. yunnanensis*。

(2) 易碎型：此类型地衣体脆弱，易破碎。共 5 分类单位地衣体属于易碎型质，隶属于 4 种，包括：*H. fragillima*、*H. saxicola*、*H. sinica*、*H. subduplicata* var. *subduplicata* 和 *H. subduplicata* var. *suberecta*。

(3) 坚硬型：此类型地衣体坚硬，具极强韧性。共 1 种属于该类型，即 *H. laccata*。

(4) 中间类型：此类型地衣体介于软骨质和易碎型之间，总体软骨质，但皮层易破碎。共 4 分类单位地衣体属于该类型，隶属于 3 种，包括：*H. hengduanensis* ssp. *hengduanensis*、*H. hengduanensis* ssp. *kangdingensis*、*H. laxa* 和 *H. pseudohypotrypa*。

3) 裂片

袋衣属的裂片类型多样。中空 (hollow) 或中实 (solid)，密集至稀疏，羽状至不规则分枝，缢缩的有无，细长至宽短，裂腋角度，有无黑色镶边，在本属不同类群中变化较大，具有重要的分类意义。本属裂片有髓层中空和中实之分，但有时髓层中空和中实也并非绝对；因为如果菌丝以疏松的网状交织，或多或少仍属于中空；如果菌丝密集排列，则主要为实心；另外，地衣体不同部位中空程度亦不相同，故可能地衣体主体裂片部分中空，而小裂片中实 (Elix 1979)。本卷讨论中空或中实的对象为主体裂片。

(1)中空：本属大部分种髓层中空，将裂片横切，即可见髓层的空腔(图版 3.1)。

(2)中实：中国袋衣属中仅有 1 种髓层中实，即 *Hypogymnia pulverata*。将裂片横切，即可见其髓层菌丝密集排列(图版 3.2)。

4)横向连接(lateral contacts)

横向连接指地衣体裂片之间的汇合。具此横向连接的，裂片毗邻(contiguous)(图版 3.3)；无此横向连接的，裂片分散(extended)(图版 3.4)。

5)分枝类型(branching type)

本属地衣体裂片分枝类型几乎全部为二叉分枝，但不同种类分枝程度不同，可分为三种类型：羽状分枝(imbricate branching)、明显二叉分枝(obviously dichotomous branching)和不明显二叉分枝(inapparently dichotomous branching)。

(1)羽状分枝：此类型裂片重复二分叉，且方向一致，似流水冲刷状(图版 3.5)。属于该类型的有如下 3 种：*Hypogymnia incurvoides*、*H. magnifica* 和 *H. physodes*。

(2)明显二叉分枝：此类型裂片全部二叉分枝(图版 3.6)。共有 22 分类单位，隶属于 21 种，包括：*Hypogymnia arcuata*、*H. delavayi*、*H. duplicatoides*、*H. fragillima*、*H. hypotrypa*、*H. macrospora*、*H. metaphysodes*、*H. pendula*、*H. pseudoenteromorpha*、*H. pseudohypotrypa*、*H. pseudopruinosa*、*H. sinica*、*H. stricta*、*H. subarticulata*、*H. subduplicata* var. *subduplicata*、*H. subduplicata* var. *suberecta*、*H. subfarinacea*、*H. submundata* f. *baculosorediosa*、*H. taiwanalpina*、*H. tubulosa* f. *farinosa*、*H. vittata* 和 *H. yunnanensis*。

(3)不明显二叉分枝：此类型裂片有的二叉分枝，有的分枝不规则(图版 3.7)。属于该类型的有如下 23 分类单位，隶属于 22 种：*Hypogymnia alpina*、*H. austerodes*、*H. bitteri*、*H. bulbosa*、*H. capitata*、*H. congesta*、*H. diffractaica*、*H. irregularis*、*H. hengduanensis* subsp. *hengduanensis*、*H. hengduanensis* subsp. *kangdingensis*、*H. laccata*、*H. laxa*、*H. lijiangensis*、*H. nitida*、*H. papilliformis*、*H. pruinosa*、*H. pseudobitteriana*、*H. pseudocyphellata*、*H. pulverata*、*H. saxicola*、*H. subcrustacea*、*H. subpruinosa* 和 *H. tenuispora*。

6)顶端

本属裂片顶端分三种类型：尖细、钝圆和平截。

(1)尖细型：此类型裂片顶端尖细如牛角，一般向上翘起(图版 3.8)。属于该类型的有如下 10 种：*Hypogymnia arcuata*、*H. diffractaica*、*H. fragillima*、*H. irregularis*、*H. pendula*、*H. pseudocyphellata*、*H. pseudoenteromorpha*、*H. saxicola*、*H. stricta*、*H. taiwanalpina*。

(2)钝圆型：此类型裂片顶端平展至上翘(图版 3.9)。中国袋衣属中大部分种(共 32 分类单位，隶属于 30 种)裂片属于该类型：*Hypogymnia alpina*、*H. austerodes*、*H. bitteri*、*H. bulbosa*、*H. capitata*、*H. congesta*、*H. hengduanensis* subsp. *hengduanensis*、*H. hengduanensis* subsp. *kangdingensis*、*H. incurvoides*、*H. laccata*、*H. laxa*、*H. lijiangensis*、*H. magnifica*、*H. metaphysodes*、*H. nitida*、*H. papilliformis*、*H. physodes*、*H. pruinosa*、*H. pseudobitteriana*、*H. pseudopruinosa*、*H. pulverata*、*H. subarticulata*、*H. subcrustacea*、*H. subduplicata* var. *subduplicata*、*H. subduplicata* var. *suberecta*、*H. subfarinacea*、*H. submundata* f. *baculosorediosa*、*H. subpruinosa*、*H. tenuispora*、*H. tubulosa* f. *farinosa*、*H.*

vittata 和 *H. yunnanensis*。

(3)平截型：此类型裂片顶端一般浅裂，扁平(图版 3.10)。属于该类型的有如下 6 种：*Hypogymnia delavayi*、*H. duplicatoides*、*H. hypotrypa*、*H. macrospora*、*H. pseudohypotrypa* 和 *H. sinica*。

7)缢缩

缢缩是指裂片两侧同时向中央凹陷。裂片缢缩的种在本属中并不多见，中国袋衣属中有 5 分类单位属于该类型，其中 *Hypogymnia subarticulata* 裂片明显缢缩(图版 4.1)；*H. hengduanensis* subsp. *hengduanensis* 和 *H. hengduanensis* subsp. *kangdingensis* 裂片微缢缩；*H. arcuata* 和 *H. bulbosa* 局部缢缩。

8)裂腋角度

裂腋是指裂片的分叉处。不同种类裂腋角度不尽相同。该性状与裂片横向连接具相关关系，裂片具横向连接的，裂片毗邻和挨挤，裂腋角度小；反之，裂片离散，裂腋角度较大，后者中 3 分类单位裂腋角度特殊，属宽圆型：*Hypogymnia incurvoides*、*H. subduplicata* var. *subduplicata* 和 *H. subduplicata* var. *suberecta*。

9)黑色镶边

黑色镶边是指裂片两侧边缘黑色(图版 4.2)。其形成是由于下表面发育好于上表面，致使黑色的下表面较宽，而从上表面观之即似有黑色镶边。中国袋衣属共有 12 分类单位裂片明显具黑色镶边：*Hypogymnia arcuata*、*H. hengduanensis* subsp. *hengduanensis*、*H. hengduanensis* subsp. *kangdingensis*、*H. irregularis*、*H. incurvoides*、*H. laccata*、*H. lijiangensis*、*H. pendula*、*H. pseudopruinosa*、*H. sinica*、*H. taiwanalpina* 和 *H. vittata*。另外，2 种微具黑色镶边：*H. bitteri* 和 *H. delavayi*；6 种偶具黑色镶边：*H. bulbosa*、*H. flavida*、*H. hypotrypa*、*H. laxa*、*H. pseudohypotrypa* 和 *H. subarticulata*。

10)上表面(upper surface)

以下性状具有较大的分类意义。

(1)颜色：本属地衣体新鲜时以绿色和灰绿色居多，储藏时间久后以黄褐色色调为主。本属中有 1 种上表面颜色特殊，为黄绿色，即 *Hypogymnia hypotrypa*。

(2)平坦度：平坦度是指地衣体上表面的光滑程度。中国袋衣属中大部分种上表面较平坦，只有少数种上表面具明显皱褶。上表面皱褶，隆起似腊肠状的有 4 种：*Hypogymnia austerodes*、*H. laccata*、*H. pruinosa* 和 *H. subpruinosa*。

(3)光泽：本属按光泽的有无可分为三种类型：地衣体上表面具一般光泽的有 21 个分类单位，即 *Hypogymnia arcuata*、*H. austerodes*、*H. bitteri*、*H. bulbosa*、*H. capitata*、*H. congesta*、*H. diffractaica*、*H. duplicatoides*、*H. fragillima*、*H. hengduanensis* subsp. *hengduanensis*、*H. hengduanensis* subsp. *kangdingensis*、*H. irregularis*、*H. magnifica*、*H. papilliformis*、*H. pseudocyphellata*、*H. pseudoenteromorpha*、*H. saxicola*、*H. subduplicata* var. *subduplicata*、*H. subduplicata* var. *suberecta*、*H. tubulosa* f. *farinosa* 和 *H. vittata*；具强烈光泽的有 1 种：*H. laccata*；上表面具一般光泽，老裂片上表面具强烈光泽的有 1 种：*H. nitida*；

上表面晦暗，无光泽的有 24 种：*H. delavayi*、*H. hypotrypa*、*H. incurvoides*、*H. laxa*、*H. lijiangensis*、*H. macrospora*、*H. metaphysodes*、*H. pendula*、*H. physodes*、*H. pruinosa*、*H. pseudobitteriana*、*H. pseudohypotrypa*、*H. pseudopruinosa*、*H. pulverata*、*H. sinica*、*H. stricta*、*H. subarticulata*、*H. subcrustacea*、*H. subfarinacea*、*H. submundata* f. *baculosorediosa*、*H. subpruinosa*、*H. taiwanalpina*、*H. tenuispora* 和 *H. yunnanensis*。

11）穿孔（perforation）

上表面具穿孔在本属中并不常见，该性状属于 Parmeliaceae 科内 *Menegazzia* 属的典型特征。Elix（1979）报道 *Hypogymnia pulchrilobata* 上表面偶具穿孔。本研究发现中国袋衣属中有 1 种具此性状（图版 4.3），即 *H. magnifica*。

12）粉芽和粉芽堆（soredia and soralia）

粉芽是地衣体上的一种营养性繁殖体，多形成于髓层菌丝。在叶状或枝状地衣中，某些髓层菌丝在特定部位断裂，形成短的薄壁细胞群，邻近的藻细胞接收此信息后，受到刺激开始分裂，最终，断裂的髓层菌丝网罗一些分裂出来的藻细胞形成粉芽（无皮层结构），之后幼小的粉芽从髓层中不断产生，导致皮层破裂形成粉芽堆（Jahns 1973；Hale 1983）。粉芽堆的有无、位置和形状等常结合其他性状应用于地衣分种。中国袋衣属中有 31 分类单位（隶属于 30 种）不具粉芽：*Hypogymnia alpina*、*H. arcuata*、*H. bulbosa*、*H. congesta*、*H. delavayi*、*H. diffractaica*、*H. duplicatoides*、*H. fragillima*、*H. hengduanensis* subsp. *hengduanensis*、*H. hengduanensis* subsp. *kangdingensis*、*H. irregularis*、*H. laccata*、*H. lijiangensis*、*H. macrospora*、*H. magnifica*、*H. nitida*、*H. papilliformis*、*H. pendula*、*H. pruinoidea*、*H. pruinosa*、*H. pseudocyphellata*、*H. pseudoenteromorpha*、*H. pseudohypotrypa*、*H. pseudopruinosa*、*H. saxicola*、*H. stricta*、*H. subcrustacea*、*H. subpruinosa*、*H. taiwanalpina*、*H. tenuispora* 和 *H. yunnanensis*。具粉芽或粉芽堆的分类单位见如下讨论。

界限明显的粉芽堆常分为 7 大类型（Jahns 1973）。

（1）斑点状粉芽堆（maculiform soralia）：地衣体上表面的一种圆形或椭圆形的斑块状粉芽堆。中国袋衣属无此类型粉芽堆。

（2）裂缝状粉芽堆（rimiform soralia）：地衣体上表面的一种长形的、有时分叉的粉芽堆。中国袋衣属中无此类型粉芽堆。

（3）凸球形粉芽堆（convex-globular soralia）：位于地衣体顶端的一种球形粉芽堆，如果位于叶状地衣体的裂片顶端或枝状地衣体的分枝顶端亦称为头状粉芽堆（capitiform soralia）。中国袋衣属中有 3 种具头状粉芽堆（图版 4.4），即 *H. bitteri*、*H. capitata* 和 *H. tubulosa* f. *farinosa*。

（4）袖口状粉芽堆（maniciform soralia）：突起于地衣体上表面，为一种环形的粉芽堆，中央具穿孔。中国袋衣属中无此类型粉芽堆。

（5）唇形粉芽堆（labriform soralia）：位于地衣体裂片顶端，将顶端分成两瓣唇形结构，上唇通常上卷，暴露出其上的部分粉芽堆。中国袋衣属中 7 个分类单位种具该类型粉芽堆（图版 4.5），即 *Hypogymnia incurvoides*、*H. metaphysodes*、*H. physodes*、*H. subarticulata*、*H. subduplicata* var. *subduplicata*、*H. subduplicata* var. *suberecta* 和 *H. vittata*。

(6)表面生粉芽堆(laminal soralia)：生长于地衣体表面。中国袋衣属中9种具该类型粉芽堆(图版4.6)，即 *Hypogymnia austerodes*、*H. bitteri*、*H. hypotrypa*、*H. laxa*、*H. pseudobitteriana*、*H. pulverata*、*H. sinica*、*H. subfarinacea* 和 *H. submundata* f. *baculosorediosa*。

(7)腔型粉芽堆(parietal soralia)：位于地衣体深处，表面胀起并形成泡囊状结构。中国袋衣属中无此类型粉芽堆。

发生原因：

粉芽大部分形成于髓层(见上述粉芽和粉芽堆的描述)。但有时其他营养性繁殖体的形成也能够改变粉芽堆，如一些粉芽堆的形成源于裂芽的破裂，在中国袋衣属中，*Hypogymnia austerodes* 地衣体上表面的粉芽即是由此而来。

粉芽堆的形成有时也依赖于地衣体的年龄。例如，*Peltigera spuria* 地衣体幼时具粉芽，但成熟后随着子实体的形成粉芽慢慢减少直至消失，因此有可能发现同一个种：①仅具粉芽；②仅具子实体；③同时具粉芽和子实体；④无粉芽但具丰富的子实体。但该现象发现之前，以上4种不同的表型很可能被描述为4个独立的种(Jahns 1973)。以上4种表型实际上体现了两种性状(粉芽和子实体)在同一种内出现的连续性，而该现象也从侧面支持了 Kärnefelt(1998)的观点：不同种之间性状缺乏连续性。

13) 裂芽(isidia)

裂芽由髓层菌丝和藻细胞共同组成，其具有非地衣体皮层的新皮层，突起于地衣体上，其亦为地衣体的一种营养性繁殖体，不过很少发现裂芽从地衣体上脱落，在大型地衣体中裂芽可能只是起到增加表面积和地衣体同化能力(assimilative capacity)的作用，但该推论并未验证，且并无证据表明具裂芽的种比缺乏裂芽的种有任何优势之处(Jahns 1973)。中国袋衣属中5分类单位具裂芽，即 *Hypogymnia austerodes*、*H. duplicatoides*、*H. hengduanensis* subsp. *hengduanensis*、*H. hengduanensis* subsp. *kangdingensis* 和 *H. subcrustacea*。裂芽的位置和形状具有重要的分类学意义。

(1)位置：中国袋衣属中具裂芽的5分类单位其裂芽均位于地衣体上表面。

(2)形状：中国袋衣属中具裂芽的5分类单位其裂芽形状分为两类：①小疣状裂芽(图版4.7)，包括2种：*Hypogymnia austerodes* 和 *H. subcrustacea*；②同时具多种形状裂芽，球状、棒状至珊瑚状(图版4.8)，包括3分类单位：*Hypogymnia duplicatoides*、*H. hengduanensis* subsp. *hengduanensis* 和 *H. hengduanensis* subsp. *kangdingensis*。

14) 乳突(papillae)

乳突为地衣体上表面的一种瘤状结构。中国袋衣属中6种具有该性状：*Hypogymnia magnifica*、*H. papilliformis*、*H. pendula*、*H. subduplicata* var. *suberecta*、*H. taiwanalpina* 和 *H. yunnanensis*。

15) 粉霜(pruina)

粉霜为地衣体代谢产生的草酸钙(calcium oxalate)结晶，其覆盖于地衣体表面，似冻霜层(Hale 1983)。截至目前具有粉霜的本属种类仅见于中国，共5种，即 *Hypogymnia lijiangensis*、*H. pruinosa*、*H. pseudopruinosa*、*H. subfarinacea* 和 *H. subpruinosa*。但不同种粉霜的位置、厚度及界限不尽相同，具体情况如下所述。

(1) 位置：中国袋衣属中粉霜的位置包括三种类型。①仅位于地衣体上表面(图版5.3)，属于该类型的种为 *Hypogymnia pruinosa*；②仅位于裂片近顶端处(图版5.1、图版5.4、图版5.5)，属于该类型的种为：*H. lijiangensis*、*H. pseudopruinosa* 和 *H. subfarinacea*；③上表面和裂片近顶端处均有分布(图版5.2、图版5.6)，属于该类型的种为：*H. pruinoidea* 和 *H. subpruinosa*。

(2) 厚度：中国袋衣属 5 种中覆盖粉霜的厚度不同，*Hypogymnia pruinosa* 和 *H. pseudopruinosa* 的粉霜层厚；而 *H. lijiangensis*、*H. subfarinacea* 和 *H. subpruinosa* 的粉霜层较薄。

(3) 界限：该界限是指粉霜层覆盖处和裸露处的分界区域，包括两种类型。①界限明显而平齐(图版5.2、图版5.3)，具该类型粉霜的种包括：*Hypogymnia pruinoidea* 和 *H. pruinosa*；②无界限，粉霜只是稀疏地覆盖于地衣体上表面或裂片顶端(图版5.1、图版5.4～图版5.6)，属于该类型的种有：*H. lijiangensis*、*H. pseudopruinosa*、*H. subfarinacea* 和 *H. subpruinosa*。

16) 分生孢子器(pycnidium，pycnidia)

分生孢子器最初起始于藻层中一直径大约为 50 μm 的菌丝团(与子囊果无关)，该菌丝团后分化出一具壁的瓶形腔室，以小孔开口于表面，绝大多数沉埋于地衣体中(Hale 1983)。中国袋衣属中除 8 分类单位外，其余种类均具分生孢子器，未见分生孢子器的 8 分类单位为：*Hypogymnia laxa*、*H. pseudobitteriana*、*H. saxicola*、*H. subduplicata* var. *subduplicata*、*H. subduplicata* var. *suberecta*、*H. subfarinacea*、*H. submundata* f. *baculosorediosa* 和 *H. taiwanalpina*。本属中的分生孢子器幼时褐色，成熟后黑色；幼时凹陷于地衣体内，针点状；成熟后呈球形，鼓起，突出于地衣体上表面。种类之间未见差异。

17) 小裂片(lobules)

小裂片经常发生于裂片边缘，常见于叶状地衣，为一种有效的营养性繁殖体，其与裂芽相似，区别在于小裂片具明显的背腹性。中国袋衣属中只有 8 种不具小裂片，为 *Hypogymnia alpina*、*H. lijiangensis*、*H. physodes*、*H. pruinosa*、*H. pseudopruinosa*、*H. sinica*、*H. subfarinacea* 和 *H. subpruinosa*。

18) 下表面(lower surface)

世界及中国袋衣属地衣体下表面几乎全部为黑色，或只有近顶端处呈浅褐色，在本属分种中具有意义的性状如下所述。

(1) 光滑度：中国袋衣属地衣体下表面均皱褶，较平滑至粗糙，有 1 种较特殊：*H. yunnanensis*，其下表面呈网格状皱褶，其他种均无此性状。

(2) 穿孔：下表面具穿孔是本属的一标志性特征。中国袋衣属中除 5 种外，地衣体下表面均具穿孔，该 5 种为：*Hypogymnia bitteri*、*H. metaphysodes*、*H. nitida*、*H. physodes* 和 *H. pulverata*。另外，有 4 种下表面的穿孔极少，即 *H. magnifica*、*H. pseudopruinosa*、*H. subcrustacea* 和 *H. subpruinosa*。

存在方式：中国袋衣属地衣体下表面的穿孔存在方式包括两种类型，即成串存在（图版 6.1）和分散存在。穿孔成串存在的种有 2 种，为 *Hypogymnia arcuata* 和 *H. Fragillima*，其中 *H. fragillima* 的孔绝大多数汇合，而另一种极少汇合。其余具穿孔的种中孔均分散存在。

位置：中国袋衣属地衣体下表面的穿孔位置不同种不尽相同，穿孔位置包括 5 种类型。①近顶端、下腋间和下表面均具穿孔，16 分类单位具此性状：*Hypogymnia arcuata*、*H. bulbosa*、*H. congesta*、*H. diffractaica*、*H. hengduanensis* subsp. *hengduanensis*、*H. hengduanensis* subsp. *kangdingensis*、*H. hypotrypa*、*H. irregularis*、*H. macrospora*、*H. pendula*、*H. pseudocyphellata*、*H. pseudohypotrypa*、*H. saxicola*、*H. sinica*，*H. subduplicata* var. *subduplicata* 和 *H. subduplicata* var. *suberecta*；②穿孔位于下腋间和下表面，15 种具此性状：*Hypogymnia delavayi*、*H. fragillima*、*H. incurvoides*、*H. laccata*、*H. laxa*、*H. lijiangensis*、*H. pseudoenteromorpha*、*H. pseudopruinosa*、*H. stricta*、*H. subarticulata*、*H. subfarinacea*、*H. taiwanalpina*、*H. tubulosa* f. *farinosa*、*H. vittata* 和 *H. yunnanensis*；③穿孔位于近顶端和下腋间，4 种具此性状：*H. alpina*、*H. papilliformis*、*H. Pruinosa* 和 *H. tenuispora*；④穿孔仅位于下表面，5 种具此性状：*H. austerodes*、*H. capitata*、*H. duplicatoides*、*H. subcrustacea* 和 *H. submundata* f. *baculosorediosa*；⑤穿孔仅位于近顶端处，2 种具此性状：*H. magnifica* 和 *H. subpruinosa*。

大小：中国袋衣属地衣体下表面的穿孔直径大多为 0.5～1.0 mm，只有 1 种的穿孔直径较大，一般可达 2.0 mm，该种为 *H. hypotrypa*。

边缘（rim）：中国袋衣属地衣体下表面的穿孔绝大多数不具边缘，14 分类单位穿孔具边缘（图版 6.2），即 *Hypogymnia bulbosa*、*H. congesta*、*H. delavayi*、*H. diffractaica*、*H. hengduanensis* subsp. *hengduanensis*、*H. hengduanensis* subsp. *kangdingensis*、*H. laxa*、*H. macrospora*、*H. pendula*、*H. pseudocyphellata*、*H. pseudoenteromorpha*、*H. sinica*、*H. subarticulata* 和 *H. subfarinacea*。

19）假根（rhizine）

袋衣属一直被认为地衣体下表面裸露，无假根。本研究证实袋衣属地衣体下表面生长有假根（图版 6.3～图版 6.8）（Wei et al. 2015），中国袋衣属共 25 种具此特征：*Hypogymnia bitteri*、*H. delavayi*、*H. diffractaica*、*H. duplicatoides*、*H. fragillima*、*H. hengduanensis*、*H. hypotrypa*、*H. incurvoides*、*H. irregularis*、*H. laccata*、*H. lijiangensis*、*H. magnifica*、*H. physodes*、*H. pruinodea*、*H. pruinosa*、*H. pseudobitteriana*、*H. pseudohypotrypa*、*H. subarticulata*、*H. subcrustacea*、*H. subduplicata*、*H. subfarinacea*、*H. submundata*、*H. subpruinosa*、*H. tubulosa* 和 *H. yunnanensis*。但目前尚未发现假根的存在与袋衣属各种的系统发育关系是否存在相关性。

20）子囊盘

中国袋衣属子囊盘的类型均为茶渍型；盘缘幼时厚实，成熟后变薄；生长于地衣体上表面；具中空的柄；盘面凹陷，黄褐色至红褐色，一般皱褶，不平坦，但具光泽；成熟子囊盘直径一般大于 1 cm。中国袋衣属种中绝大多数子囊盘未知。子囊盘的形态学特征各种间变异不大，故分种意义较小。

2. 解剖特征

地衣体按解剖结构的不同可分为两种类型：同层型 (homomerous) 和异层型 (heteromerous)，前者是指藻层与髓层菌丝混合在一起，分层界限模糊；后者是指藻层明显与髓层分开，其单独形成一层，位于上皮层和髓层之间，构成"三明治"式结构。本卷所有类群的地衣体结构属于异层型，包括 4 层：上皮层、藻层、髓层和下皮层。地衣的皮层是由一面分裂的菌丝交织在一起的菌丝组织，因而不同于高等植物所特有的真组织，故称假组织。地衣的皮层实际上就是假皮层。但是通常则称为"皮层"。

岛衣型地衣大多数属的皮层为假薄壁组织(paraplectenchyma)，该组织由短而无一定方向的薄壁细胞菌丝交织在一起构成(图版 7.1)。*Cetrelia*、*Platismatia*、*Asahinea* 和 *Masonhalea* 四个属的皮层为假厚壁组织(prosoplectenchyma)，该组织由短而无一定排列方向的厚壁细胞菌丝构成(图版 7.2)。*Allocetraria* 属的皮层或多或少呈假栅栏组织(palisade plectenchyma)，该组织的皮层由或多或少沿垂周方向平行排列的菌丝构成(图版 7.3)。岛衣型地衣的分生孢子一般为哑铃状(图版 8.1)，还有像 *Allocetraria* 属，如 *A. ambigua*、*A. globulans* 等的分生孢子为丝状(图版 8.2)，*Vulpicida* 属中的种类，如 *Vulpicida pinastri* 等的分生孢子为亚囊状(图版 8.3)，*Cetraria* 属中的种类，如 *Cetraria islandica*、*C. laevigata* 等的分生孢子为杆状(图版 8.4)。子囊孢子为单胞，球状、近球状或椭球状。

Bitter(1901)绘制袋衣属模式种 *H. physodes* 的地衣体解剖结构图，显示上皮层为假厚壁组织。早期国外报道本属新分类单位时一般并不描述地衣体的解剖结构。20 世纪末期以来，国内外的地衣学家渐渐对其关注，国内的地衣学家认为其为假厚壁组织(描述中常称为假厚壁组织)，以 McCune 为代表的国外地衣学家认为其为假薄壁组织(paraplectenchymous)。本研究对中国袋衣属标本进行地衣体解剖结构观察，发现所有种的上皮层均由假厚壁组织组成(图版 7.4)，下皮层均由假薄壁组织组成(图版 7.5)。袋衣属的分生孢子均为无色小棒状至微双纺锤形。中国袋衣属分生孢子大小为 0.5～1.0×5.0～7.5 μm，不同种类之间未见明显差异。子囊孢子绝大多数为椭圆形，只有 5 种较特殊：*H. bulbosa*、*H. congesta*、*H. diffractaica*、*H. hypotrypa* 和 *H. irregularis*，此 6 种的子囊孢子近球形；除 *H. macrospora* 的子囊孢子个体较大(12.5～14×14～17.5 μm)外，其余种的子囊孢子大小无明显差异。

（二）地衣化学

自芬兰地衣学家 Nylander(1865，1866)开创化学显色法以来，地衣化学已成为地衣分类的重要工具。特别是 20 世纪 70 年代后灵敏而又简便的薄层色谱法(TLC)在地衣分类上的应用，更使地衣次生代谢产物分析成为地衣分类不可缺少的手段。Culberson 和 Kristinsson(1970)以及 Culberson(1972)在用薄层色谱法测定地衣化学成分的标准化以及有关资料的积累方面作出了巨大贡献。

中国岛衣型地衣中能够用 TLC 快速而方便确定的地衣次生代谢产物有 22 种（表5）。此外尚有一些虽在文献中有报道，但用 TLC 难以检测的成分未在表中列出。

表5　中国岛衣型地衣各种中的次生代谢产物

种名	化学成分	
	皮层	髓层
Asahinea chrysantha	atranorin	alectoronic acid
A. scholanderi	atranorin	alectoronic acid，α-collatolic acid
Allocetraria ambigua	usnic acid	lichesterinic acid，protolichesterinic acid；少数标本含 secalonic acid
A. capitata	usnic acid	fumarprotocetraric acid，protocetraric acid，secalonic acid
A. corrugata	usnic acid	fumarprotocetraric acid，protocetraric acid
A. endochrysea	usnic acid	lichesterinic acid，protolichesterinic acid
A. flavonigrescens	usnic acid	fumarprotocetraric acid，protocetraric acid
A. globulans	usnic acid	lichesterinic acid，protolichesterinic acid，secalonic acid
A. isidiigera	usnic acid	fumarprotocetraric acid，protocetraric acid
A. madreporiformis	usnic acid	lichesterinic acid，protolichesterinic acid
A. sinensis	usnic acid	lichesterinic acid，protolichesterinic acid
A. stracheyi	usnic acid	lichesterinic acid，protolichesterinic acid，secalonic acid
A. yunnanensis	usnic acid	lichesterinic acid，protolichesterinic acid，secalonicacid
Cetraria hepatizon	—	norstictic acid，stictic acid
C. laevigata	—	lichesterinic acid，protolichesterinic acid，fumarprotocetraric acid
C. nigricans	—	lichesterinic acid，protolichesterinic acid
C. odontella	—	lichesterinic acid，protolichesterinic acid
C. islandica	—	lichesterinic acid，protolichesterinic acid，fumarprotocetraric acid
C. xizangensis	usnic acid	fumarprotocetraric acid
Cetrariella delisei	—	gyrophoric acid，hiascic acid
Flavocetraria cucullata	usnic acid	lichesterinic acid，protolichesterinic acid，parietin
F. nivalis	usnic acid	—
Cetrelia braunsiana	atranorin	alectoronic acid，α-collatolic acid
C. cetrarioides	atranorin	perlatolic acid 或 imbricaric acid
C. chicitae	atranorin	alectoronic acid，α-collatolic acid
C. collata	atranorin	imbricaric acid
C.davidiana	atranorin	olivetorum acid
C. delavayana	atranorin	perlatolic acid
C. isidiata	atranorina	anziaic acid
C. japonica	atranorin	microphyllic acid
C. nuda	atranorin	alectoronic acid，α-collatolic acid
C. olivetorum	atranorin	olivetorum
C. pseudocollata	atranorin	microphyllinic acid
C. pseudolivetorum	atranorin	olivetorum acid
C. sanguinea	atranorin	anziaic acid
C. sinensis	atranorin	imbricaric acid

种名	化学成分	
	皮层	髓层
Cetreliopsis endoxanthoides	—	fumarprotocetraric acid，protocetraric acid
Nephromopsis ahtii	usnic acid	lichesterinic acid，protolichesterinic acid，+/-caperatic acid
N. hengduanensis	usnic acid	lichesterinic acid，protolichesterinic acid，olivetorum acid，caperatic acid
N. komarovii	usnic acid	lichesterinic acid，protolichesterinic acid
N. laureri	usnic acid	lichesterinic acid，protolichesterinic acid
N. laii	usnic acid	lichesterinic acid，protolichesterinic acid
N. melaloma	usnic acid	lichesterinic acid，protolichesterinic acid
N. morrisonicola	usnic acid（+/−）	lichesterinic acid，protolichesterinic acid
N. nephromoides	usnic acid	lichesterinic acid，protolichesterinic acid，caperatic acid
N. ornata	usnic acid	secalonic acid，fumarprotocetraric acid
N. pallescens	usnic acid	chemotype I 型 lichesterinic acid，protolichesterinic acid；chemotype II 型 alectoronic acid
N. stracheyi	usnic acid	chemotype I 型 olivetorum acid；chemotype II 型 anziaic acid
N. togashii	usnic acid	protolichesterinic acid
N. weii	—	caperatic acid，lichesterinic acid，protolichesterinic acid
N. yunnanensis	usnic acid	lichesterinic acid，protolichesterinic acid
Platismatia erosa	atranorin	caperatic acid
P. glauca	atranorin	caperatic acid
Tuckermanopsis americana	atranorin	alectoronic acid，α-collatolic acid
T. microphyllica	atranorin	microphyllic acid
Vulpicida juniperinus	usnic acid	pinastric acid，vulpinic acid
V. pinastri	usnic acid	pinastric acid，vulpinic acid
V. tilesii	usnic acid	pinastric acid，vulpinic acid

注：—代表皮层中未检测到化学物质。

1. atranorin

atranorin 位于地衣的皮层之中。中国岛衣型地衣中皮层含 atranorin 的有斑叶属的 *Cetrelia braunsiana*、*C. chicitae*、*C. collata*、*C. cetrarioides*、*C. davidiana*、*C. delavayana*、*C. isidiata*、*C. nuda*、*C. olivetorum*、*C. pseduolivetorum*、*C. sanguinea* 和 *C. sinensis*；宽叶衣属的 *Platismatia erosa*；土可曼衣属的 *Tuckermanopsis ameircana* 和 *T. microphyllica*。

2. anziaic acid

含该物质的岛衣型地衣有 *Cetrelia isidiata*、*C. sanguinea* 和 *Nephromopsis stracheyi* 的化学 II 型。

3-4. alectoronic acid 和 α-collatolic acid

两种物质往往伴生，含这两种物质的岛衣型地衣有斑叶属的 *Cetrelia braunsiana*、*C. chicitae* 和 *C. nuda*，土可曼衣属的 *Tuckermanopsis ameircana*。只含 alectoronic acid 的岛衣型

地衣有裸腹叶属的 *Asahinea chrysantha*，肾岛衣属的 *Nephromopsis pallescens* 化学 II 型。

5. caperatic acid

caperatic acid 是宽叶衣属（*Platismatia*）髓层的特征性物质。其他含该物质的岛衣型地衣还有 *Nephromopsis ahtii*、*N. hengduanensis* 和 *N. weii*。

6-7. dufourin 和 endochrysin

杏黄厚枝衣（*Allocetraria endochrysea*）中的特征性物质。

8. fumarprotocetraric acid

藏岛衣（*Cetraria xizangensis*）、黄类斑叶（*Cetreliopsis endoxanthoides*）、粉头厚枝衣（*Allocetraria capitata*）、皱厚枝衣（*Allocetraria corrugata*）、黄黑厚枝衣（*Allocetraria flavonigrescens*）和裂芽厚枝衣（*Allocetraria isidiigera*）的髓层含有该物质。*Cetraria laevigata* 和 *Cetraria islandica* 的绝大多数标本亦含有该物质。

9-10. gyrophoric acid 和 hiascic acid

髓层含该两种物质的岛衣型地衣只有一个种：*Cetrariella delisei*。

11. imbricaric acid

含该物质的岛衣型地衣有 *Cetrelia cetrarioides*、*C. collata* 和 *C. sinensis* 三个种。

12-13. lichesterinic acid 和 protolichesterinic acid

该两种物质常常伴生，并且在大多数除 *Cetrelia* 属、*Platismatia* 属和 *Asahinea* 属外的岛衣型地衣的髓层中存在(有些地衣标本该两种物质的含量较低，难以用 TLC 检测，但当加大点样量时，的确能检测到)。含该两种物质的岛衣型地衣有 *Allocetraria ambigua*、*A. endochrysea*、*A. globulans*、*A. madreporiformis*、*A. sinensis*、*A. stracheyi*、*A. yunnanensis*、*Cetraria laevigata*、*C. nigricans*、*C. odontella*、*C. islandica*、*Flavocetraria cucullata*、*Nephromopsis ahtii*、*N. hengduanensis*、*N. komarovii*、*N. laii*、*N. laureri*、*N. melaloma*、*N. morrisonicola*、*N. nephromoides*、*N. pallescens*、*N. weii* 和 *N. yunnanensis*，只含 protolichesterinic acid 的种类有 *Nephromopsis togashii*。lichesterinic acid 和 protolichesterinic acid 在岛衣型地衣中广泛存在，使它们成为岛衣型地衣的特征性物质。

14. microphyllic acid

中国含该物质的岛衣型地衣有两种：*Cetrelia pseudocollata* 和 *Tuckermanopsis microphyllica*。

15-16. norstictic acid 和 stictic acid

该两种物质仅在 *Cetraria hepatizon* 中存在。

17. olivetorum acid

含该物质的岛衣型地衣有斑叶属的 *Cetrelia davidiana*、*C. olivetorum* 和 *C. pseudolivetorum*；肾岛衣属的 *Nephromopsis hengduanensis* 和 *N. stracheyi*。

18. parietin

该物质仅在 *Flavocetraria cucullata* 中存在。

19. protocetraric acid

该物质为类斑叶属（*Cetreliopsis*）髓层的特征性物质之一。中国岛衣型地衣中含该物质的种类有 *Cetreliopsis endoxanthoides*。另外，厚枝衣属中部分种也含有该酸：粉头厚枝衣（*Allocetraria capitata*）、黄黑厚枝衣（*Allocetraria flavonigrescens*）和裂芽厚枝衣（*Allocetraria isidiigera*）。

20. perlatolic acid

含该物质的岛衣型地衣仅有斑叶属的 *Cetrelia cetrarioides* 和 *C. delavayana* 两个种。

21. usnic acid

该物质存在于所有颜色为黄色、淡黄枯草黄色或鲜黄色的岛衣型地衣的皮层之中。

22. secalonic acid

含该物质的种类有厚枝衣属的 *Allocetraria ambigua*（少数标本）、*A. capitata*、*A. globulans*、*A. sinensis*、*A. stracheyi* 和肾岛衣属的 *Nephromopsis ornata*。含该物质的种类髓层往往为黄色或淡黄色。

23-24. pinastric acid 和 vulpinic acid

此两种物质在黄髓衣属的 *Vulpicida juniperinus*、*V. pinastric* 和 *V. tilesii* 中存在。

截至目前，根据已有的文献统计，袋衣属地衣体所含有的化学物质共 17 种：atranorin、chloroatranorin、alectoronic acid、barbatic acid、conphysodic acid（3-hydroxyphysodic acid）、4-*O*-demethylbarbatic acid、diffractaic acid、fumarprotocetraric acid、2'-*O*-methylphysodic acid、olivetoric acid、oxyphysodic acid、physodalic acid、physodic acid、protocetraric acid、usnic acid、virensic acid 和 vittatolic acid。本卷报道中国袋衣属地衣中含有的化学物质共 13 种：atranorin、barbatic acid、4-*O*-demethylbarbatic acid、diffractaic acid、olivetoric acid、physodalic acid、protocetraric acid、usnic acid、physodic acid、conphysodic acid、2'-*O*-methylphysodic acid、vittatolic acid 和 virensic acid，中国袋衣属各种含有的化学物质见表 6，其结构图见图 1～图 13。袋衣属中，髓层的 P+反应常和 physodalic acid 的存在呈正相关，髓层的 P+或 P-（即 physodalic acid 存在与否）常作为种类划分的重要依据之一。

表 6　中国袋衣属各种含有的化学物质

	atranorin	barbatic acid	conphysodic acid	4-O-demethyl barbartic acid	diffractaic acid	olivetoric acid	physodalic acid	physodic acid	protocetraric acid	usnic acid	virensic acid	vitattolic acid	2'-O-methylphyso-dic acid
H. alpina	+	−	−	−	−	−	+	−	+	−	−	−	−
H. arcuata	+	−	±	−	−	−	−	+	−	−	−	−	−
H. austerodes	+	−	±	−	−	−	−	+	−	−	−	−	−
H. bitteri	+	−	−	−	−	−	−	+	−	−	−	−	−
H. bulbosa	+	−	−	−	−	+	±	+	+	−	−	−	+
H. capitata	+	−	−	−	−	−	+	+	+	−	−	−	−
H. congesta	+	−	−	−	−	−	−	+	−	−	−	−	+
H. delavayi	+	−	±	−	−	−	−	+	+	−	+	−	−
H. diffractaica	+	−	−	−	−	−	−	+	+	−	−	−	−
H. duplicatoides	+	−	+	−	+	−	+	+	+	−	−	−	−
H. fragillima	+	−	+	−	−	−	−	+	+	−	−	−	−
H. hengduanensis ssp. hengduanensis	+	+	−	−	+	−	−	+	−	−	−	−	−
H. hengduanensis ssp. kangdingensis	+	+	−	−	+	−	−	+	−	−	−	−	−
H. hypotrypa	−	−	±	−	−	−	+	+	+	+	−	−	−
H. incurvoides	+	−	±	−	−	−	+	+	+	−	−	−	−
H. irregularis	+	−	±	−	−	−	−	+	−	−	−	±	−
H. laccata	+	−	+	−	−	−	+	+	+	−	−	−	−
H. laxa	+	−	+	−	−	−	+	+	+	−	−	−	−
H. lijiangensis	+	−	−	−	−	−	−	+	+	−	−	−	−
H. macrospora	+	−	−	−	−	−	−	+	+	−	−	−	−
H. magnifica	+	−	−	−	−	−	+	+	+	−	−	−	−
H. metaphysodes	+	−	+	−	−	−	−	+	−	−	−	−	−
H. nitida	+	−	−	−	−	−	−	+	−	−	−	+	+
H. papilliformis	+	−	−	−	−	−	+	+	−	−	−	+	+
H. pendula	+	−	−	−	−	−	+	+	+	−	−	−	−
H. physodes	+	−	−	−	−	−	+	+	+	−	−	−	−
H. pruinoidea	+	−	+	−	−	−	+	+	+	−	−	+	−

	atranorin	barbatic acid	conphysodic acid	4-O-demethyl barbartic acid	diffractaic acid	olivetoric acid	physodalic acid	physodic acid	protocetraric acid	usnic acid	virensic acid	vitattolic acid	2'-O-methylphyso-dic acid
H. pruinosa	+	−	−	−	−	−	−	−	−	−	−	−	−
H. pseudobitteriana	+	−	+	−	−	−	−	+	−	−	−	−	−
H. pseudocyphellata	+	+	−	−	−	−	−	−	−	−	−	−	−
H. pseudoenteromorpha	+	−	+	−	−	−	−	+	−	−	−	−	−
H. pseudohypotrypa	+	−	−	−	−	−	+	+	−	−	−	−	−
H. pseudopruinosa	+	−	−	−	−	−	+	+	−	−	−	−	−
H. pulverata	+	−	−	−	−	−	−	+	−	−	−	−	−
H. saxicola	+	−	−	−	−	−	−	+	−	−	−	+	−
H. sinica	+	−	−	−	−	−	−	+	−	−	−	−	−
H. stricta	+	−	+	−	−	−	−	+	+	−	−	−	+
H. subarticulata	+	−	−	−	−	−	+	+	−	−	−	−	−
H. subcrustacea	+	−	+	−	−	−	+	+	−	−	−	−	−
H.subduplicata var. *subduplicata*	+	−	±	−	−	−	−	+	−	−	−	−	−
H.subduplicata var. *suberecta*	+	−	±	−	−	−	−	+	−	−	−	−	−
H. subfarinacea	+	−	+	−	−	−	+	+	+	−	−	−	−
H. submundata	+	−	+	−	−	−	−	+	−	−	−	−	−
f. *baculosorediosa*													
H. subpruinosa	+	−	−	−	−	−	+	+	+	−	−	−	−
H. taiwanalpina	+	−	±	−	−	−	+	+	+	−	−	−	−
H. tenuispora	+	−	+	−	−	−	−	+	−	−	−	−	+
H. tubulosa f. *farinosa*	+	−	+	−	−	−	−	+	−	−	−	+	−
H. vittata	+	−	±	−	−	−	−	+	−	−	−	−	−
H. yunnanensis	+	−	+	−	−	−	−	+	−	−	−	−	−

"+"表示含有该物质; "—"表示不含该物质; "±"表示有时含有该物质。

图 1 atranorin 的结构式

图 2 barbatic acid 的结构式

图 3 4-O-demethylbarbatic acid 的结构式

图 4 diffractaic acid 的结构式

图 5 olivetoric acid 的结构式

图 6 physodalic acid 的结构式

图 7 protocetraric acid 的结构式

图 8 usnic acid 的结构式

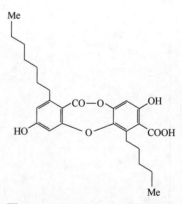

图 9 physodic acid 的结构式

图 10 conphysodic acid 的结构式

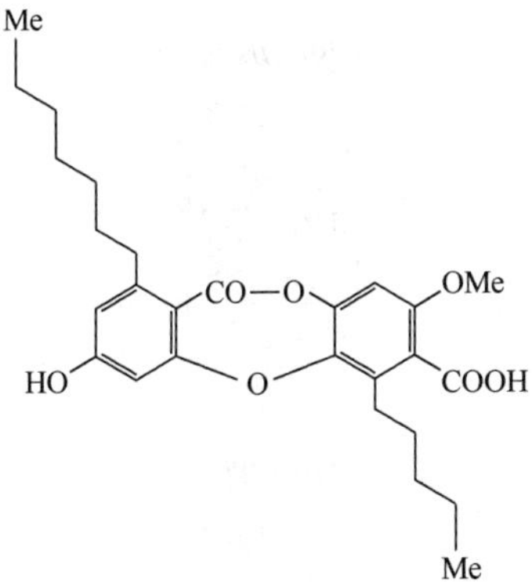

图 11　2'-O-methylphysodic acid 的结构式

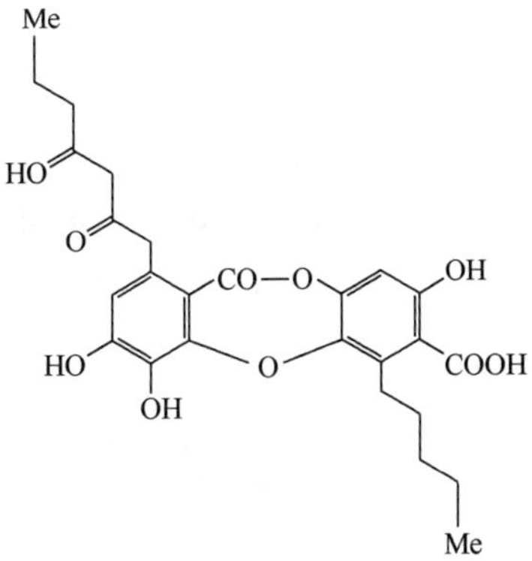

图 12　vittatolic acid 的结构式

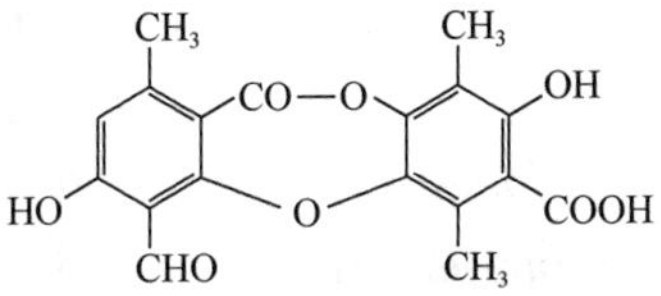

图 13　virensic acid 的结构式

1. atranorin

世界及中国袋衣属中，绝大多数种地衣体皮层内均含有该色素物质。中国袋衣属中仅 1 种不含 atranorin，即 *H. hypotrypa*。

2. barbatic acid

barbatic acid 在本属中较罕见。中国袋衣属中仅 3 种含有该物质，即 *H. hengduanensis* ssp. *Hengduanensis*、*H. hengduanensis* ssp. *kangdingensis*、*H. diffractaica* 和 *H. pseudocyphellata*。

3. 4-*O*-demethylbarbatic acid

该物质在本属中极罕见，目前已知仅大量存在于 *H. macrospora* 中。

4. diffractaic acid

中国袋衣属中仅 2 种含有该物质，即 *H. diffractaica*、*H. hengduanensis* ssp. *hengduanensis* 和 *H. hengduanensis* ssp. *kangdingensis*。

5. olivetoric acid

中国袋衣属中仅 1 种含有该物质，即 *H. capitata*。

6. physodalic acid

该物质的存在常与髓层 P+反应呈正相关。中国袋衣属中含 physodalic acid 的共 18 种，即 *H. alpina*、*H. bulbosa*、*H. capitata*、*H. duplicatoides*、*H. hypotrypa*、*H. incurvoides*、*H. laccata*、*H. laxa*、*H. lijiangensis*、*H.magnifica*、*H. pendula*、*H. physodes*、*H. pulverata*、

H. subarticulata、*H. subcrustacea*、*H. subfarinacea*、*H. subpruinosa* 和 *H. taiwanalpina*。

7. protocetraric acid

该物质大部分情况与 physodalic acid 伴生，有时单独存在。中国袋衣属中含有 physodalic acid 的 19 种中均同时含有 protocetraric acid，无独立存在情况。

8. usnic acid

中国袋衣属中仅 1 种皮层中含有该色素物质，即 *H. hypotrypa*。含有该物质使得地衣体上表面呈现黄绿色。

9. physodic acid

该物质在本属中最为常见。中国袋衣属 38 种含有该物质，即 *H. arcuata*、*H. austerodes*、*H. bitteri*、*H. bulbosa*、*H. congesta*、*H. delavayi*、*H. duplicatoides*、*H. fragillima*、*H. incurvoides*、*H. irregularis*、*H. laccata*、*H. laxa*、*H. lijiangensis*、*H. metaphysodes*、*H. nitida*、*H. papilliformis*、*H. pendula*、*H. physodes*、*H. pruinoidea*、*H. pseudobitteriana*、*H. pseudoenteromorpha*、*H. pseudohypotrypa*、*H. pseudopruinosa*、*H. pulverata*、*H. saxicola*、*H. sinica*、*H. stricta*、*H. subarticulata*、*H. subcrustacea*、*H. subduplicata* var. *subduplicata*、*H. subduplicata* var. *suberecta*、*H. subfarinacea*、*H. submundata* f. *baculosorediosa*、*H. subpruinosa*、*H. taiwanalpina*、*H. tenuispora*、*H. tubulosa* f. *farinosa*、*H. vittata* 和 *H. yunnanensis*。

10. conphysodic acid

本属中该物质大部分情况下与 physodic acid 同时存在，极少单独存在。中国袋衣属中有 1 种：*H. hypotrypa*，地衣体中无 physodic acid，但 conphysodic acid 有时存在。

11. 2′-*O*-methylphysodic acid

中国袋衣属中 3 种含有该物质，即 *H. papilliformis*、*H. tenuispora*、*H. stricta*。

12. virensic acid

中国袋衣属中仅 1 种含有该物质，即 *H. congesta*。

13. vittatolic acid

中国袋衣属中有 6 种含有该物质，即 *H. irregularis*、*H. nitida*、*H. papilliformis*、*H. pruinoidea*、*H. saxicola* 和 *H. tenuispora*。

（三）基物

多数岛衣型地衣树生或土生，少数种类石生，如 *Asahinea chrysantha* 和 *A. scholanderi*。中国袋衣属以树生为主，岩石表面和地上亦有分布，除 *Hypogymnia saxicola* 外所有种类均有树生类型，*H. saxicola* 生长于岩石和地上苔藓层。因袋衣属地衣采集记录中对基物描述较为详细，故本卷着重对其进行总结如下。

本卷研究的 2000 余份袋衣属标本中有 1500 份基物为树皮，对其中 800 余份明确标注有树种的标本进行统计，结果表明基物为针叶树（包括松、杉和柏）的标本为 558 份，约占已知标本的 70%，而基物为阔叶树（包括桦、杨、柳、李、栎、杜鹃、花楸、忍冬等）的标本占已知标本的 30%，说明本属对基物的选择具有一定的特异性，且在树种的选择上更加倾向于针叶树。

如基物记录仅树皮为专性树生：中国袋衣属中专性树生共 31 种，即 *H. bulbosa*、*H. capitata*、*H. congesta*、*H. diffractaica*、*H. duplicatoides*、*H. hengduanenesis* subsp. *kangdingensis*、*H. irregularis*、*H. laxa*、*H. lijiangensis*、*H. macrospora*、*H. magnifica*、*H. nitida*、*H. papilliformis*、*H. pendula*、*H. pruinoidea*、*H. pruinosa*、*H. pseudobitteriana*、*H. pseudocyphellata*、*H. pseudoypotrypa*、*H. pseudopruinosa*、*H. pulverata*、*H. sinica*、*H. stricta*、*H. subcrustacea*、*H. subduplicata* var. *subduplicata*、*H. subduplicata* var. *suberecta*、*H. submundata* f. *baculosorediosa*、*H. subpruinosa*、*H. taiwanalpina*、*H. tenuispora*、*H. tubulosa* f. *farinosa* 和 *H. yunnanensis*，占国内该属总种数的 66%；除树生外，有时亦生长于岩石表面，称之为兼性石生：中国袋衣属 6 种属于兼性石生，即 *H. austerodes*、*H. bitteri*、*H. hengduanenesis* subsp. *hengduanenesis*、*H. physodes*、*H. pseudoernteromorpha* 和 *H. subarticulata*，约占国内该属总种数的 12.8%；除树生外，有时亦生长于地上，称之为兼性土生：中国袋衣属中兼性土生共 3 种，即 *H. incurvoides*、*H. metaphysodes* 和 *H. subfarinacea*，约占国内该属总种数的 6.4%；此外，中国袋衣属中还有 7 种属于混生，即树生、石生和土生兼有，此 7 种为 *H. alpina*、*H. arcuata*、*H. delavayi*、*H. fragillima*、*H. hypotrypa*、*H. laccata* 和 *H. vittata*，占国内该属总种数的 14.9%。

Brodo（1973）阐述了基物的物理性质对地衣的定殖具有重要作用，其中基物的粗糙度、保湿能力、化学性质和表面温度是影响地衣体选择基物的重要因素。首先，基物的粗糙度越高，越有利于叶状地衣最初传播体（diaspores，如粉芽、裂芽，小裂片等）的定殖，而树干表面的粗糙度优于地面和岩表。其次，基物的保湿能力越强，越有利于地衣体的光合作用和呼吸作用。一般情况下树干的保湿能力亦强于其他基物，不过因不同的树种具有不同的性质，如密度、多孔性、质地、内部结构等，因此所具有的吸水和保水能力均不相同，另外，树龄的不同亦会产生不同的影响。再次，由于地衣体不仅能够吸收矿物质，而且还能高效地积累矿物质，能够利用多种有机氮源和碳源，故降水量好的环境中，树干的茎流量（stem flow）高，其携带的营养物质，如矿物质（K、Ca、Mg、Na）、有机物质及可溶性碳水化合物的含量也高，而树干中含有的这些化学物质比岩石和地面明显丰富得多。最后，基物的表面温度（surface tempreture）越高，就会使得水分消耗增加，不利于地衣的生存。

作为呈现叶状生长型的袋衣属地衣，最初传播体定殖的首选基物看来应是树干，且因树干的良好保湿能力，为其提供了充足的水分供应，致使该属地衣体发育良好，个体较大。Brodo（1973）指出 *Parmela physodes*（=*H. physodes*）和 *P. tubulosa*（=*H. tubulosa*）适合于相对贫营养（oligotrophic）的树种（如 *Picea* 属和 *Abies* 属）上生长。这些都能较好地解释为什么中国袋衣属所有种类均有树生类型，且在树种的选择上更加偏爱针叶树种（松、杉和柏）。

就地衣与树干基物相互作用而言，叶状地衣一般依赖于假根与基物相连，本属地衣部分种类下表面无假根，故其与基物相连的方式除了假根可能还有其他方式。Brodo（1973）研究发现 *H. physodes* 依赖于其髓层菌丝与基物相连，故作者认为本属地衣除了假根外，地衣体下表面具穿孔这一性状绝非偶然，而很可能是长期自然选择的结果，原因有二：①下表面具穿孔更有利于髓层菌丝与基物的直接接触；②弥补假根缺失，穿孔的出现为水分的吸收和运输提供了便利条件。不过此仅属于作者的直接推断，目前并无相关实验证据。

(四)种类组成和地理分布

本卷共报道岛衣型地衣 11 属 59 种(表 7)，其中 *Allocetraria* 属、*Asahinea* 属、*Cetrelia* 属、*Cetreliopsis* 属、*Flavocetraria* 属、*Nephromopsis* 属和 *Vulpicida* 属分别占世界同属中种类总数的 100%、100%、78%、57%、67%、66.7%和 50%，说明中国是该 7 属的主要产地，充分显示出中国(主要是中国西南地区)是世界岛衣型地衣物种分布与分化的重要地区，在世界该类群地衣区系中占有十分重要的地位。中国岛衣型地衣各属种的详细组成及分布见表 8。岛衣型地衣主要分布在北温带高山至北极，罕见于热带湿地。中国岛衣型地衣主要分布在我国的东北、西北、西南和其他地区的一些高山地区，它们的详细分布见专论中对每个种的描述。

表 7 中国岛衣型地衣的种类组成同世界种类组成比较表

属名	种数			
	中国		世界	中国/世界
	本卷	文献报道		
Allocetraria	11	12	12	100%
Asahinea	2	2	2	100%
Cetraria	6	9	23	39%
Cetrariella	1	1	4	25%
Cetrelia	14	14	18	78%
Cetreliopsis	2	4	7	57%
Flavocetraria	2	2	3	67%
Nephromopsis	14	14	21	66.7%
Platismatia	2	4	11	36%
Tuckermanopsis	2	2	10	20%
Vulpicida	3	3	6	50%

表 8 中国岛衣型地衣的种类组成及分布表

属名	种名	分布
	A. ambigua	甘肃，陕西，西藏，四川
	A. capitata	四川
	A.corrugata	云南
	A.endochrysea	四川，云南
	A. flavonigrescens	四川，云南，西藏，陕西，青海
Allocetraria	*A.globulans*	云南
	A.isidiigera	西藏
	A. madreporiformis	新疆，西藏，陕西
	A.sinensis	四川，云南
	A. stracheyi	新疆，陕西，西藏，四川，云南，台湾
	A.yunnanensis	云南
小计		11 个种

属名	种名	分布
Asahinea	*A. chrysantha*	吉林，内蒙古，台湾
	A. scholanderi	内蒙古
小计		2个种
Cetraria	*C. hepatizon*	吉林，西藏，陕西
	C. islandica	新疆，陕西，四川，吉林，湖北
	C. laevigata	黑龙江，吉林，陕西，四川，湖北，云南，西藏，台湾
	C. nigricans	西藏
	C. odontella	西藏
	C. xizangensis	西藏
小计		6个种
Cetrariella	*C. delisei*	内蒙古，黑龙江
小计		1个种
Cetrelia	*C. braunsiana*	黑龙江，吉林，西藏，四川，湖北，湖南，安徽，广西，浙江，江西，河北，云南，贵州
	C. cetrarioides	吉林，四川，湖北，云南，河北，黑龙江，西藏，台湾
	C. chicitae	黑龙江，吉林，西藏，四川，湖北，云南，安徽，浙江，陕西
	C. collata	四川，贵州，湖北，安徽，云南，浙江，台湾
	C. davidiana	西藏，贵州，四川，云南
	C. delavayana	西藏，云南，湖北，四川
	C. isidiata	四川，台湾，河北，西藏，贵州
	C. japonica	辽宁，西藏
	C. nuda	云南
	C. olivetorum	黑龙江，吉林，湖北，四川，云南，西藏，陕西
	C. pseudocollata	安徽
	C. pseudolivetorum	吉林，西藏，四川，湖北，湖南，河北，辽宁，黑龙江，安徽，江西，浙江，台湾
	C. sanguinea	湖北，陕西，四川，云南
	C. sinensis	西藏，安徽，四川，台湾
小计		14个种
Cetreliopsis	*C. asahinae*	吉林，四川，云南，西藏
	C. endoxanthoides	云南
小计		2个种
Flavocetraria	*F. cucullata*	黑龙江，河北，西藏，内蒙古，云南
	F. nivalis	黑龙江，新疆，西藏
小计		2个种
Nephromopsis	*N. ahtii*	西藏，四川，云南
	N. hengduanensis	云南
	N. komarovii	吉林，内蒙古，河北，陕西，浙江，云南
	N. laii	吉林，西藏，云南，湖北，台湾
	N. laureri	内蒙古，黑龙江，陕西，西藏，四川，云南，贵州，湖北，江西

属名	种名	分布
Nephromopsis	*N. melaloma*	西藏
	N. morrisonicola	陕西，西藏，四川，云南，湖北，台湾
	N. nephromoides	西藏，湖北，河北，黑龙江，陕西，台湾
	N. ornata	黑龙江，吉林，云南，四川，台湾
	N. pallescens	陕西，西藏，四川，云南，西藏，台湾
	N. stracheyi	西藏，云南，湖北，台湾
	N. togashii	西藏，湖北，浙江，台湾
	N. weii	福建，广西
	N. yunnanensis	西藏，四川，云南
小计		14 个种
Platismatia	*P. erosa*	西藏，四川，云南，湖北
	P. glauca	云南
小计		2 个种
Tuckermanopsis	*T. americana*	内蒙古，黑龙江
	T. microphyllica	内蒙古
小计		2 个种
Vulpicida	*V. juniperinus*	黑龙江，内蒙古
	V. pinastri	内蒙古，黑龙江，吉林，新疆，西藏，云南
	V. tilesii	新疆
小计		3 个种
总计 11 个属		59 个种

本卷参照陈健斌等(1989)、Goward 和 Ahti(1992)、郭守玉(2000)以及其他文献，将中国岛衣型地衣分为 8 个地理成分，每个成分下再分为若干分布型(表9)。

表9　中国岛衣型地衣的地理成分和分布区类型

地理成分	分布区型	种数	占总数百分比/%
世界广布成分	世界广布	1	1.7
环北极分布	北极-北方	12	20.3
	北极-温带	2	3.4
	北方温带	1	1.7
小计	15	15	25.4
欧亚成分	只在欧亚大陆分布	2	3.4
小计	1	1	1.7
东亚-北美成分	东亚和北美间断分布	1	1.7
小计	1	1	1.7
海洋性成分	北太平洋及大西洋沿岸	2	3.4
小计	2	2	3.4

地理成分	分布区型	种数	占总数百分比/%
东亚成分	东北亚分布	1	1.7
	东亚分布	9	15.3
	东南亚分布	7	11.9
	中国-日本分布型	4	6.8
小计	21	21	35.6
喜马拉雅成分	中国喜马拉雅地区	5	8.5
小计	5	5	8.5
中国特有成分	中国特有种	13	22.0
小计	13	13	22.0

1. 世界广布成分

属于这一成分的种类世界广布，中国岛衣型地衣中有一种属于该地理成分：*Platismatia glauca*。

2. 东亚-北美成分

属于这一成分的种类只分布于欧亚大陆的东部和北美大陆。属于这一成分的中国岛衣型地衣有一种：*Cetrelia chicitae*。

3. 东亚成分

这一成分的种类只分布在欧亚大陆的东部以及临近的太平洋岛屿上。属于这一成分的中国岛衣型地衣有 21 种。

(1)东北亚分布型：只分布在亚洲东北部(俄罗斯远东，蒙古，中国东北、西北、华北)，属于这一分布型的中国岛衣型地衣有 *Nephromopsis komarovii*。

(2)东南亚分布型：以东亚分布为主，扩展到南亚(泰国、越南、菲律宾、印度尼西亚、巴布亚新几内亚)。属于这一分布型的中国岛衣型地衣包括 *Nephromopsis pallescens*、*N. morrisonicola*、*Cetrelia braunsiana*、*C. japonica*、*C. sanguinea*、*Cetreliopsis asahinae* 和 *Platismatia erosa*。

(3)东亚分布型：分布在东亚。属于这一分布型的中国岛衣型地衣有 9 种：*Allocetraria stracheyi*、*Cetrelia collata*、*C. pseudolivetorum*、*Cetreliopsis endoxanthoides*、*Nephromopsis ahtii*、*N. laii*、*N. melaloma*、*N. nephromoides* 和 *N. togashii*。

(4)中国-日本分布型：只分布在中国和日本。属于这一分布型的岛衣型地衣有 *Cetrelia isidiata*、*C. nuda*、*Nephromopsis ornata* 和 *Tuckermanopsis microphyllica*。

4. 海洋性成分

此成分只分布在北太平洋和大西洋沿岸。属于此成分的中国岛衣型地衣有 *Cetrelia cetrarioides* 和 *C. olivetorum*。

5. 环北极成分

属于这一成分的种类在欧亚大陆和北美洲及北极地区连续分布，但在南半球不存在或尚未发现。属于这一分布的中国岛衣型地衣有 15 种。

（1）北方温带型：属于这一分布型的中国岛衣型地衣有 *Tuckermanopsis americana*。

（2）北极-北方型：属于这一分布型的中国岛衣型地衣共 12 种：*Allocetraria madreporiformis*、*Asahinea chrysantha*、*A. scholanderi*、*Cetraria hepatizon*、*C. laevigata*、*C. nigricans*、*C. odontella*、*Cetrariella delisei*、*Flavocetraria cucullata*、*F. nivalis*、*Vulpicida juniperinus* 和 *V. tilesii*。

（3）北极-温带型：属于这一分布型的中国岛衣型地衣有 *Cetraria islandica* 和 *Vulpicida pinastri*。

6. 欧亚成分

这一成分的种类只分布于欧亚大陆。属于这一成分的中国岛衣型地衣有两种：*Nephromopsis laureri* 和 *Cetraria odontella*。

7. 喜马拉雅成分

该类群只分布于中国西南地区及喜马拉雅山脉。中国属于该成分的种类有 5 种：*Allocetraria ambigua*、*A. flavonigrescens*、*A. globulans*、*A. sinensis* 和 *Nephromopsis stracheyi*。

8. 中国特有种

该类群主要包括一些目前仅在中国发现的物种，属于该成分的中国岛衣型地衣有 13 种：*Allocetraria capitata*、*A. corrugata*、*A. endochrysea*、*A. isidiigera*、*A. yunnanensis*、*Cetraria xizangensis*、*Cetrelia davidiana*、*C. delavayana*、*C. pseudocollata*、*C. sinensis*、*Nephromopsis hengduanensis*、*N. weii*、*N. yunnanensis*。

本卷报道中国袋衣属地衣 47 种共 49 个分类单位，约占世界袋衣属总种数（约 110 个）的 43%，其中包括作者发表的新种 5 个，即 *Hypogymnia magnifica*、*H. papilliformis*、*H. pruinoidea*、*H. psudopruinosa* 和 *H. subfarinacea*；中国新记录种 1 个：*H. incurvoides*。

前人报道的中国本属地衣，除赵继鼎（1964）、魏江春和陈健斌（1974）、赵继鼎等（1978）、魏江春和姜玉梅（1980，1981，1986）、Wei（1984）、陈健斌等（1989）、姜玉梅和魏江春（1990）、陈健斌（1994）、Wei 和 Wei（2005）、Wei 等（2010）、McCune 等（2003）和 McCune（2011）引用的全部或部分标本为作者所检查或订正外，其他学者引用的标本未能复查。因此，前人（Jatta 1902；Zahlbruckner 1930b；Wang-Yang and Lai 1973；Lai 1980a；陈锡龄等 1981b；赵继鼎等 1982；罗光裕 1986）报道的 12 个分类单位（隶属于 9 种）有待进一步证实，未包括在本卷之中：*H. bitteri* f. *erumpens*、*H. bitteri* f. *obscurata*、*H. bullata*、*H. farinacea*、*H. lugubris*、*H. nikkoensis*、*H. physodes* f. *maculans*、*H. pseudophysodes*、*H. subduplicata* var. *rugosa*、*H. vittata* f. *hypotropodes*、*H. vittata* f. *hypotrypanea* 和 *H. vittata* f. *physodioides*。

中国袋衣属的分布全部以作者检查到的标本为基础。本卷讨论的 47 种，主要分布于我国 16 个省、自治区、直辖市(表 10)。它们的详细分布见专论中对每个种的描述。

由表 10 可知,中国袋衣属绝大多数种类(共 40 种)分布于中国西南地区,占总种数的 85%。就种数而论,云南物种多样性最大(35 种,74.5%),随种数递减依次为四川(31种,66%)、西藏(24 种,51%)、陕西(16 种,34%)、吉林(15 种,32%)、黑龙江(14种,30%)、台湾(8 种,17%)、湖北(7 种,15%)、甘肃(6 种,13%)、内蒙古(5 种,11%)、安徽(3 种,6%)、新疆(3 种,6%)、福建(2 种,4%)、重庆(2 种,4%)、贵州(2 种,4%)、河北(1 种,2%)。

本卷报道的袋衣属地衣划归 6 类地理成分,有些成分下面分若干分布区型。

1. 世界广布成分(cosmopolitan element)

属于本成分的种类在世界范围内广泛分布。中国袋衣属有 3 个分类单位属于此成分,约占总种数的 6%: *H. bitteri*、*H. physodes* 和 *H. vittata*。

2. 环北极成分(circumpolar element)

属于此成分的种类在欧亚大陆和北美洲及北极地区连续分布,但在南半球不存在或尚未发现。属于这一成分的中国袋衣属地衣有 2 个分类单位,占总种数的 4%: *H. austerodes* 和 *H. tubulosa* f. *farinosa*。

3. 东亚-北美间断分布成分(East Asian-North American disjunctive element)

此成分种类主要间断分布于亚洲大陆东部与北美大陆。属于此成分的中国袋衣属地衣有 1 种,即 *H. metaphysodes*,约占总种数的 2%。

表 10　袋衣属地衣在中国各省(自治区)的分布

	安徽	重庆	福建	甘肃	河北	黑龙江	湖北	吉林	内蒙古	陕西	四川	台湾	西藏	新疆	贵州	云南	总计
H. alpina	—	—	—	—	—	—	—	—	—	13	5	—	3	—	—	9	30/4
H. arcuata	1	—	—	—	—	—	1	—	—	23	—	—	5	—	—	9	39/5
H. austerodes	—	—	—	2	—	—	—	—	—	1	5	—	12	4	—	—	24/4
H. bitteri	—	—	—	—	—	50	—	11	25	—	8	—	31	1	—	6	132/7
H. bulbosa	—	—	—	—	—	—	—	—	—	—	3	+	—	—	—	12	15/2
H. capitata	—	—	—	—	—	—	—	—	—	—	3	—	—	—	—	—	3/1
H. congesta	—	—	—	—	—	—	—	—	—	—	1	—	—	—	—	2	3/2
H. delavayi	—	—	—	—	—	22	4	8	—	—	6	—	6	—	—	11	57/6
H. diffractaica	—	—	—	—	—	—	—	—	—	—	2	—	—	—	—	4	6/2
H. duplicatoides	—	—	—	—	—	1	—	2	—	—	—	—	—	—	—	—	3/2
H. fragillima	—	—	—	1	3	10	—	33	1	9	11	—	1	—	—	9	78/9
H. hengduanen-esis ssp. *Heng-duanenesis*	—	—	—	2	—	—	18	—	—	3	18	1	26	—	—	12	80/7

	安徽	重庆	福建	甘肃	河北	黑龙江	湖北	吉林	内蒙古	陕西	四川	台湾	西藏	新疆	贵州	云南	总计
H. hengduanensis ssp. *kangdingensis*	—	—	—	—	—	—	—	—	—	—	1	—	—	—	—	—	1/1
H. hypotrypa	—	1	—	5	—	—	32	14	—	73	40	+	90	—	—	39	294/8
H. incurvoides	—	—	—	—	—	3	—	2	3	2	—	—	3	—	—	—	13/5
H. irregularis	—	—	—	—	—	—	—	—	—	—	6	+	—	—	—	9	15/2
H. laccata	—	—	—	1	—	—	—	1	—	2	12	—	9	—	—	6	31/6
H. laxa	—	—	—	—	—	—	—	—	—	—	2	—	—	—	—	5	7/12
H. lijiangensis	—	—	—	—	—	—	—	—	—	—	5	—	13	—	—	13	31/3
H. macrospora	—	—	—	—	—	—	—	—	—	—	—	—	1	—	—	1	2/3
H. magnifica	—	—	—	—	—	—	—	—	—	—	2	—	2	—	—	4	8/3
H. metaphysodes	—	—	—	—	—	11	—	5	5	—	—	—	—	—	—	—	21/3
H. nitida	—	—	—	—	—	—	—	—	—	—	2	—	—	—	—	2	4/2
H. papilliformis	—	—	—	—	—	—	—	—	—	1	—	—	—	—	—	—	1/1
H. pendula	—	—	—	—	—	—	—	—	—	—	—	—	—	—	—	2	2/1
H. physodes	—	1	1	—	—	68	—	29	10	—	4	—	20	—	—	1	134/8
H. pruinoidea	—	—	—	—	—	—	—	—	—	6	—	—	—	—	—	—	—
H. pruinosa	—	—	—	—	—	—	—	—	—	—	18	—	17	—	1	11	47/4
H. pseudobitteriana	—	—	—	—	—	—	—	—	—	—	—	+	—	—	—	7	8/2
H. pseudocyphellata	—	—	—	—	—	—	—	—	—	—	—	—	—	—	—	2	2/1
H. pseudoenteromorpha	—	—	—	—	—	1	6	3	—	2	2	—	4	—	—	6	24/7
H. pseudohypotrypa	1	—	—	—	—	—	—	—	—	26	—	—	—	—	—	2	29/3
H. pseudopruinosa	—	—	—	—	—	—	—	—	—	4	3	—	—	—	—	—	7/2
H. pulverata	—	—	—	—	—	—	—	3	—	—	—	—	—	—	—	—	3/1
H. saxicola	—	—	—	—	—	—	—	—	—	—	1	—	—	—	—	2	3/2
H. sinica	—	—	—	—	—	—	—	—	—	—	1	—	1	—	—	3	5/3
H. stricta	—	—	—	—	—	—	—	—	—	—	2	+	—	—	—	2	4/2
H. subarticulata	—	—	—	—	—	—	4	—	—	2	6	+	14	—	—	21	45/4
H. subcrustacea	—	—	—	—	—	1	—	1	—	—	—	—	—	—	—	—	2/2
H. subduplicata var. *subduplicata*	—	—	—	4	—	6	6	24	—	28	31	—	69	—	—	12	180/8
H. subduplicata var. *suberecta*	—	—	—	—	—	—	—	1	—	—	—	—	—	—	—	—	1/1
H. subfarinacea	—	—	—	—	—	—	—	—	—	—	1	—	1	—	—	4	6/3
H. submundata f. *baculosorediosa*	7	—	—	—	—	2	—	11	—	—	—	—	—	—	1	4	25/5

	安徽	重庆	福建	甘肃	河北	黑龙江	湖北	吉林	内蒙古	陕西	四川	台湾	西藏	新疆	贵州	云南	总计
H. subpruinosa	—	—	—	—	—	1	—	—	—	—	11	—	9	—	—	4	25/4
H. taiwanalpina	—	—	—	—	—	—	—	—	—	—	—	1	—	—	—	—	1/1
H. tenuispora	—	—	—	—	—	—	—	—	—	—	—	—	—	—	—	1	1/1
H. tubulosa f. *farinosa*	—	—	—	2	—	—	—	—	—	—	—	—	1	—	—	—	3/2
H. vittata	—	—	—	3	—	5	—	24	1	2	69	+	221	1	—	44	370/9
H. yunnanensis	—	—	—	—	—	1	—	—	—	—	—	—	2	—	—	16	19/3
标本总数	9	2	3	17	3	184	71	172	45	197	280	1	561	6	2	297	
种数总计	3	2	2	7	1	14	7	5	5	16	31	8	24	3	2	35	
分类群数总计	3	2	2	7	1	14	7	5	5	16	31	8	24	3	2	35	
标本数/种数	3	1	1	2	3	13	10	11	14	9			23	2	1	8	

注：分类群各行的数字表示作者在对应省(自治区)检查的该分类群的标本数量，标本总数行的数字表示作者检查的对应省(自治区)的袋衣属地衣标本总数，种数和分类群数行数字表示在对应省(自治区)发现的种数量和分类群数量，标本数/种数行数字则表示在对应省(自治区)标本数与总数的对应关系。

"—"表示无分布，"+"表示文献报道有分布，未见标本。

4. 东亚–大洋洲间断分布成分(East Asian-Oceanian disjunctive element)

此成分种类主要间断分布于亚洲大陆东部与大洋洲及其邻近的太平洋岛屿上。属于此成分的中国袋衣属地衣有 2 种：*H. delavayi* 和 *H. pulverata*，占总种数的 4%。

5. 东亚成分(East Asian element)

此成分只分布于亚洲东部及邻近太平洋岛屿上；属于此成分的中国袋衣属地衣有 15 种，占总种数的 32%。

(1)东亚分布型：分布于东亚。属于这一分布型的中国袋衣属地衣有 5 种：*H. arcuata*、*H. fragillima*、*H. hypotrypa*、*H. irregularis* 和 *H. pseudobitteriana*。

(2)中国-日本分布型：只分布于中国和日本。属于此分布型的中国袋衣属地衣有 4 分类单位：*H. pseudoenteromorpha*、*H. stricta*、*H. subcrustacea* 和 *H. submundata* f. *baculosorediosa*。

(3)中国-远东分布型：只分布于中国和俄罗斯远东。属于此分布型的中国袋衣属地衣有 4 种：*H. duplicatoides*、*H. incurvoides*、*H. papilliformis* 和 *H. subduplicata*。

(4)中国-喜马拉雅分布型：属于此分布型的中国袋衣属地衣有 2 种：*H. alpina* 和 *H. pseudohypotrypa*。

6. 中国特有成分(element endemic to China)

属于此成分的种目前只发现于中国，包括下列 26 个分类单位，隶属于 25 种，占总种数的 53%：*H. bulbosa*、*H. capitata*、*H. congesta*、*H. diffractaica*、*H. hengduanensis* subsp. *hengduanensis*、*H. hengduanensis* subsp. *kangdingensis*、*H. laccata*、*H. laxa*、*H. lijiangensis*、

H. macrospora、*H. magnifica*、*H. nitida*、*H. pendula*、*H. pruinoidea*、*H. pruinosa*、*H. pseudocyphellata*、*H. pseudopruinosa*、*H. saxicola*、*H. sinica*、*H. subarticulata*、*H. subduplicata* var. *suberecta*、*H. subfarinacea*、*H. subpruinosa*、*H. taiwanalpina*、*H. tenuispora* 和 *H. yunnanensis*。

中国袋衣属地衣的地理成分及分布区型概况见表 11。其中东亚和中国特有成分为 40 种，约占中国已知袋衣属种数的 85%，这一结果表明，东亚，尤其是中国，是袋衣属地衣的现代分布中心。此结论也得到 Divakar 等 (2019) 对袋衣属物种的生物地理学分析结果的支持。

表 11　中国袋衣属各分类单位地理成分及分布区型概况

分类单位	地理成分	地理区型
H. alpina	东亚成分	中国-喜马拉雅分布型
H. arcuata	东亚成分	东亚分布型
H. austerodes	环北极成分	
H. bitteri	世界广布成分	
H. bulbosa	中国特有成分	
H. capitata	中国特有成分	
H. congesta	中国特有成分	
H. delavayi	东亚–大洋洲间断分布成分	
H. diffractaica	中国特有成分	
H. duplicatoides	东亚成分	中国-远东分布型
H. fragillima	东亚成分	东亚分布型
H. hengduanensis subsp. *hengduanensis*	中国特有成分	
H. hengduanensis subsp. *kangdingensis*	中国特有成分	
H. hypotrypa	东亚成分	东亚分布型
H. incurvoides	东亚成分	中国-远东分布型
H. irregularis	东亚成分	东亚分布型
H. laccata	中国特有成分	
H. laxa	中国特有成分	
H. lijiangensis	中国特有成分	
H. macrospora	中国特有成分	
H.magnifica	中国特有成分	
H. metaphysodes	东亚-北美间断分布成分	
H. nitida	中国特有成分	
H. papilliformis	东亚成分	中国-远东分布型
H. pendula	中国特有成分	
H. physodes	世界广布成分	
H. pruinoidea	中国特有成分	
H. pruinosa	中国特有成分	
H. pseudobitteriana	东亚成分	东亚分布型
H. pseudocyphellata	中国特有成分	
H. pseudoernteromorpha	东亚成分	中国-日本分布型

分类单位	地理成分	地理区型
H. pseudohypotrypa	东亚成分	中国-喜马拉雅分布型
H. pseudopruinosa	中国特有成分	
H. pulverata	东亚–大洋洲间断分布成分	
H. saxicola	中国特有成分	
H. sinica	中国特有成分	
H. stricta	东亚成分	中国-日本分布型
H. subarticulata	中国特有成分	
H. subcrustacea	东亚成分	中国-日本分布型
H. subduplicata var. *subduplicata*	东亚成分	中国-远东分布型
H. subduplicata var. *suberecta*	中国特有成分	
H. subfarinacea	中国特有成分	
H. submundata f. *baculosorediosa*	东亚成分	中国-日本分布型
H. subpruinosa	中国特有成分	
H. taiwanalpina	中国特有成分	
H. tenuispora	中国特有成分	
H. tubulosa f. *farinosa*	环北极成分	
H. vittata	世界广布成分	
H. yunnanensis	中国特有成分	

专 论

梅衣科 PARMELIACEAE

地衣中最大的科为梅衣科(Parmeliaceae)，梅衣科目前包括 77 属，2765 种(Lücking et al. 2017)。根据地衣体外形特征，梅衣科中主要类群包括树发型(alectorioid)、梅衣型(parmelioid)、岛衣型(cetrarioid)、袋衣型(hypogymnioid)和松萝型(usneoid)地衣，各类型地衣均以其属名命名(Thell et al. 2012)。本卷梅衣科(III)记录中国岛衣型地衣 11 属和袋衣型地衣 1 属共 106 种。

中国岛衣型和袋衣属地衣分属检索表

1. 地衣体髓层不中空··2
1. 地衣体髓层多中空···**12. 袋衣属 Hypogymnia**
   2. 地衣体上皮层含有松萝酸···3
   2. 地衣体上皮层不含松萝酸···8
3. 髓层鲜黄色，含有 pinastric 及 vulpicida 酸·····························**11. 黄髓衣属 Vulpicida**
3. 髓层白色，少数为淡黄色或黄色，不含有 pinastric 及 vulpicida 酸·····························4
   4. 地衣体裂片狭长状，分生孢子丝状或哑铃状···5
   4. 地衣体裂片较宽，不为狭长状，分生孢子哑铃状···6
5. 分生孢子为丝状，大小 10~21×0.5~2 μm·····························**1. 厚枝衣属 Allocetraria**
5. 分生孢子为哑铃状，大小 5~6×1 μm·····································**7. 黄岛衣属 Flavocetraria**
   6. 地衣体上皮层含有松萝酸或黑茶渍素，上皮层由假厚壁组织构成·········**2. 裸腹叶属 Asahinea**
   6. 地衣体上皮层仅含有松萝酸，上皮层由假薄壁组织构成···7
7. 地衣体裂片边缘无缘毛，假杯点位于裂片上下表面，髓层 PD+，含有 fumarprotocetraric 酸·············
···**6. 类斑叶属 Cetreliopsis**
7. 地衣体裂片边缘偶尔有缘毛，假杯点位于下表面，极少数位于上表面，绝大多数髓层 PD-··········
···**8. 肾岛衣属 Nephromopsis**
   8. 地衣体上皮层含有黑茶渍素···9
   8. 地衣体上皮层不含有黑茶渍素···11
9. 地衣体窄叶状，上表面褐色，裂片边缘偶尔具有缘毛·············**10. 土可曼衣属 Tuckermanopsis**
9. 地衣体宽叶状，上表面灰白色或橄榄绿色，裂片边缘无缘毛···10
   10. 地衣体上表面具有网状棱脊，假杯点微细或无·················**9. 宽叶衣属 Platismatia**
   10. 地衣体上表面不具有网状棱脊，均为假杯点·······················**5. 斑叶属 Cetrelia**
11. 分生孢子长柠檬状，髓层 PD+，含有 fumarprotocetraric acid·················**3. 岛衣属 Cetraria**
11. 分生孢子长瓶颈状，髓层 PD-··**4. 小岛衣属 Cetrariella**

Key to the cetrarioid genera and *Hypogymnia* in China

1. Medulla not hollow··2
1. Medulla usually hollow··12. *Hypogymnia*
   2. Upper cortex containing usnic acid ···3

2. Upper cortex not containing usnic acid ··· 8

3. Medulla bright yellow，containing pinastric acid and vulpicida acid ·················· 11. *Vulpicida*

3. Medulla white，occasionally pale yellow or yellow，not containing pinastric acid and vulpicida acid ······ 4

4. Lobes narrow and elongate；pycnoconidia either filiform or bifusiform ················ 5

4. Lobes wider，not elongate；pycnoconidia bifusiform ··· 6

5. Pycnoconidia filiform，10～21×0.5～2 μm ··· 1. *Allocetraria*

5. Pycnoconidia bifusiform，5～6×1 μm ·· 7. *Flavocetraria*

6. Usnic acid or atranorin present in the prosoplectenchymatous upper cortex ··········· 2. *Asahinea*

6. Only usnic acid present in the paraplectenchymatous upper cortex ························· 7

7. Lobes margins ciliate；pseudocyphellae present on both surfaces；medulla PD+，containing fumarprotocetraric acid ·· 6. *Cetreliopsis*

7. Lobes margins occasionally ciliate；pseudocyphellae present on lower surface；medulla PD-
·· 8. *Nephromopsis*

8. Upper cortex containing atranorin ·· 9

8. Upper cortex not containing atranorin ··· 11

9. Lobes narrow；upper surface brown；lobes margins occasionally ciliate ··············· 10. *Tuckermanopsis*

9. Lobes wide；upper surface ashy white or olive-green；lobes margins eciliate ·········· 10

10. Upper surface reticulately ridged，with minute pseudocyphellae or not pseudocyphellate ···············
·· 9. *Platismatia*

10. Upper surface not reticulately ridged，pseudocyphellate ······················· 5. *Cetrelia*

11. Pycnoconidia oblong-citriform；medulla PD+，containing fumarprotocetraric acid ··········· 3. *Cetraria*

11. Pycnoconidia lageniform；medulla PD- ·· 4. *Cetrariella*

1. 厚枝衣属 Allocetraria Kurok. & M.J. Lai

Bull. Natl. Sci. Mus.，Tokyo，Ser. B，**17**：60，1991.

Type species：*Allocetraria stracheyi*（Bab.）Kurok. et Lai.

地衣体叶状或亚枝状；多数具背腹性；上表面为黄色、黄绿色或褐色，下表面为淡黄色、褐色或黑色；裂片窄叶状至亚枝状，近直立至直立，边缘具有不定小裂片或小刺，末端呈二叉分枝或不规则分枝，少数种具有黑色瘤状突起物；下表面边缘多数具有斑点状或亚线状的假杯点，少数无假杯点；少数种具有粉芽和裂芽；假根稀少，多数位于下表面边缘。皮层为假栅栏组织或假薄壁组织。子囊盘少有，边缘生或近边缘生，微具柄；子囊八孢，具有宽轴体，孢子单胞，呈近球形至球形。分生孢子器位于边缘或边缘小刺顶端，分生孢子为丝状，一端略膨大。

化学：皮层含 usnic acid，极少数不含；髓层含 lichesterinin acid、protocetraric acid，少数含 fumarprotocetraric acid、caperatic acid 和 secalonic acid。

分布：主要分布在东南亚。

全世界已知 12 种，中国已知 12 种。

厚枝衣属地衣分种检索表

1. 地衣体偶具背腹性·· 2
1. 地衣体具背腹性·· 3

Key to the species of *Allocetraria* in China

1.1 黄条厚枝衣 图版 9.1

Allocetraria ambigua（C. Bab.）Kurok. & M.J. Lai，Bull. Natn. Sci. Mus. Tokyo.，Ser. B，**17**（2）：62，1991；Lai et al.，J. Nat. Taiwan Mus. **60**（1）：49，2007.

≡ *Cetraria ambigua* C. Bab., Hookers J. Bot. **4**: 244, 1852; Wei & Chen, Report of Scientific Expedition of the Mt. Jolmo Lungma region: 180, 1974; Wei & Jiang, Proceedings of Symposium on Qinghai-Xizang (Tibet) Plateau: 1146, 1981; Wei & Jiang, Lichens of Xizang: 56, 1986; Wei, Enum. Lich. China: 29, 1991.

Type: India, Bompras, Garhwal, Himalaya, alt. 16000 ft., Strachey & Winterbottom, no. 6 (BM - lectotype, selected by D.D. Awasthi, 1980; seen - the type material also contains small branch of *A. stracheyi*).

地衣体叶状，呈簇状，近直立至直立，具背腹性，高 1.5～4 cm；裂片平展或略呈沟槽状，略薄，狭窄状，宽 1～6 mm，末端二叉或不规则分枝偶尔呈暗褐色；上表面淡黄色或黄绿色，光滑；下表面淡黄色或污白色，光滑或略具皱褶，边缘具点状或线状假杯点；髓层白色，少数淡黄色。上皮层或多或少假栅栏组织，厚约 30 μm；下皮层假薄壁组织，厚约 30 μm。子囊盘稀有，位于裂片边缘或顶端，圆盘状，盘面棕红色，凹陷，直径可达 1.5 cm。分生孢子器黑色，位于裂片边缘或边缘小刺顶端，呈突起状；分生孢子丝状，一端略膨大，大小为 10～17×0.5～1.5 μm。

化学：皮层含 usnic acid；髓层含 lichesterinic acid 和 protolichesterinic acid，少数含 secalonic acid。

基物：地上，灌丛枝。

研究标本 (23 份)：

重庆 南山区金佛山，海拔 5100 m，1978.6.12，魏江春，无采集号 (HMAS-L 015011)；

四川 贡嘎山，海拔 4200 m，1982.7.29，王先业，肖勰，李滨 9046 (HMAS-L 015009)；松潘县黄龙寺，海拔 3400 m，1983.6.13，王先业和肖勰 10734 (HMAS-L 015139)；马尔康县，海拔 4100 m，1983.7.6，王先业和肖勰 11554 (HMAS-L 015008)，11531 (HMAS-L 015007)；

云南 德钦县白马雪山垭口，海拔 4560 m，2012.9.16，王瑞芳 BM12059 (HMAS-L 127372)；

西藏 聂拉木县，1966.6.12，魏江春和陈健斌 1441 (HMAS-L 015137)，无号 (HMAS-L 007694)；1966.6.13，魏江春和陈健斌 1521 (HMAS-L 088239)；左贡县东达拉山，海拔 4950 m，1999.6.16，无采集号 (HMAS-L 015015)；

陕西 太白山，海拔 3700 m，1988.7.13，马承华 375 (HMAS-L 015005)；海拔 3100～3700 m，1988.7.12～1988.7.13，高向群 3158 (HMAS-L 015003)，3185 (HMAS-L 015004)，马承华 236 (HMAS-L 015000)，238 (HMAS-L 015002)；海拔 3500 m，1992.7.28，陈健斌和贺青 6070 (HMAS-L 080692)，6113 (HMAS-L 080694)，6118 (HMAS-L 080689)，6119 (HMAS-L 080691)，6121 (HMAS-L 080690)，6482 (HMAS-L 080688)，6679 (HMAS-L 080693)；

甘肃 岷山，海拔 4200 m，1937.8.23，T.P. Wang 7582 (HMAS-L 014999)。

文献记载：西藏 (Wei and Chen 1974，p. 180；Wei and Jiang 1981，p. 1146；Wei and Jiang 1986，p. 56 as *Cetraria ambigua*)。

分布：中国、尼泊尔、印度。

地理成分：喜马拉雅成分。

讨论：该种在形态上与本属模式种 *A. stracheyi* 最为相近，区别在于前者裂片呈平坦或沟槽状，裂片略薄，髓层多为白色；后者裂片凸起状，裂片偏厚，髓层多为淡黄色或黄色。此外该种与 *Flavocetraria nivalis*（L.）也很相似，后者分生孢子为哑铃状，地衣体基部为黄色，假杯点呈斑点状位于下表面，这些特征极易与前者区分开来。

1.2　粉头厚枝衣　图版 9.2

Allocetraria capitata R.F. Wang，L.S. Wang，J.C. Wei，Mycosystema **33**（1）：2，2014；
Wang et al.，Mycotaxon 130：585，2015b.

Type: China. Prov. Sichuan: Dege Country，Manigangge villages，Mt. Que'ershan，4510 m，31°55′N，98°56′E，on moss，30.VIII. 2007，Wang Li-Song，Niu Dong-Ling & Zheng Chuan-Wei 07-28259（Holotype-KUN!，isotype-HMAS-L!）.

地衣体叶状，近直立至直立，高 2～4 cm，近二叉或不规则分枝，具背腹性；裂片呈凸起，狭窄状，宽 0.6～3 mm，厚 250～450 μm，顶端具有污白色或淡黄色头状粉芽堆，未有粉芽堆的顶端常为暗褐色并覆有少量粉霜；上表面黄绿色，光滑，光泽明显，边缘具有乳突物或裂芽式小裂片或露出髓层的小裂片；下表面暗黄色至红棕色，沟槽状，略具皱褶，边缘具有少量简单无分支黑色假根，边缘有斑点状假杯点；髓层淡黄色至黄色。上皮层假栅栏组织，厚 35～45 μm；藻层 25～40 μm；髓层 150～350 μm；下皮层假薄壁组织，厚 25～30 μm。子囊盘未见。分生孢子器黑色，位于裂片边缘乳突物或裂芽式小裂片顶端；分生孢子丝状，无色，一端略膨大，大小为 10～17×0.5～1.5 μm。

化学反应：皮层 K-，KC+黄色；髓层 K-，C-，KC-，PD-。

化学：皮层含 usnic acid；髓层含 fumarprotocetraric acid、protocetraric acid 和 secalonic acid，另外还含有一些色素物质。

基物：冻原藓层。

研究标本（1 份）：

四川　德格县马尼干戈镇雀儿山，海拔 4510 m，2007.8.30，王立松，牛东玲，郑传伟 07-28259（Holotype：KUN-L 20001；isotype：HMAS-L 125690）。

文献记载：四川（Wang et al. 2015b，p. 585 as *Allocetraria capitata*）。

分布：中国。

地理成分：中国特有种。

讨论：该种在形态上与 *A. stracheyi* 最相似，该种区别于后者的特征为具有头状粉芽堆。该种与 *A. isidiigera* 外形也相似，区别在于该种具有头状粉芽堆，而 *A. isidiigera* 具有裂芽。

1.3　皱厚枝衣　图版 9.3

Allocetraria corrugata R.F. Wang，X.L. Wei，J.C. Wei，Mycotaxon **130**：585，2015b.

模式：中国云南省德钦县梅里村梅里雪山，28°38′N，98°37′E，海拔 4400 m，岩石，2012.9.10，王瑞芳 YK12033（Holotype-HMAS-L 128217!）。

地衣体叶状，贴生，具背腹性；裂片窄，宽 1～4 mm，微膨胀，厚 200～450 μm，近流线型细长，末端近二叉分枝至不规则分枝；上表面黄绿色至绿色，强烈皱褶，裂片近顶端暗褐色并覆盖一层薄薄的白色粉霜；下表面白色至淡褐色，强烈皱褶；假根位于下表面的边缘或表面，少量稀疏，不分叉，长 1～4 mm；假杯点少见，白色，位于下表面边缘或边缘突起物上；髓层白色。上皮层不明显假栅栏组织，厚 20～30 μm；藻层 25～50 μm；下皮层假薄壁组织，厚 15～20 μm。子囊盘未见。分生孢子器黑色，位于裂片边缘乳突物或裂芽式小裂片顶端。

化学反应：皮层 K-，C-，KC+，PD-，黄色；髓层 K-，C-，KC-，PD+黄色至红色。

化学：皮层含 usnic acid；髓层含 fumarprotocetraric acid 和 protocetraric acid。

基物：岩表苔藓层。

研究标本(1 份)：

云南 德钦县梅里村梅里雪山，海拔 4400 m，岩石，2012.9.10，王瑞芳 YK12033 (Holotype-HMAS-L 128217)。

文献记载：云南(Wang et al. 2015b，p. 585 as *Allocetraria corrugata*)。

分布：中国。

地理成分：中国特有种。

讨论：该种与 *A. isidiigera* 化学成分相同，区别在于该种上表面和边缘具有大量黑斑，上下表面强烈皱褶，分生孢子长。该种分生孢子为本属最长。

1.4 杏黄厚枝衣 图版 9.4

Allocetraria endochrysea (Lynge) Kärnefelt & A. Thell，Nova Hedwigia **62**：507，1996.

≡ *Dactylina endochrysea* Lynge，Skr. Svalbard Ishavet (Oslo) 59，Suppl. **5**：62，1933；Zahlbruckner，Hedwigia **74**：212，1934；Lamb，Index Nominum Lichenum inter annos 1932 et 1960 divulgatorum：216，1963；Wei，Enum. Lich. China：87，1991.

Type：China，Yunnan，Mt. Li Kiang，4000 m，1886，R. P. Delavay (H-NYL 35806 -holotype，O-isotype).

地衣体亚枝状至柱状，直立或近直立，呈均匀辐射状，少量分枝，形成 1.5～4 cm 高的簇丛，基部略具背腹性；裂片黄色或绿黄色，末端二叉或不规则分支，顶端褐色，宽 1～2 mm，略膨大；假杯点呈白色斑点，多见于裂片分叉口；髓层或多或少为实心，黄色。皮层或多或少由假栅栏组织组成，厚 30～40 μm。子囊盘稀有，位于裂片末端，圆盘状，盘面棕红色，直径达 1 cm。分生孢子器常位于裂片分叉口处，黑色；分生孢子丝状，无色，一端略膨大，大小为 10～20×0.5～1.5 μm。

化学反应：皮层 K-，KC+ 黄色；髓层 K-，C-，KC-，PD-。

化学：皮层含 usnic acid；髓层含 lichesterinic acid、protolichesterinic acid、dufourin 和 endochrysin。

研究标本(9 份)：

四川 甘孜藏族自治州贡嘎山西坡眉山，海拔 4400 m，1999.10.21，陈林海 990051 (HMAS-L 127380)，990087-1 (HMAS-L 127382)；

云南 德钦县梅里石村高山营地至索拉垭口，海拔 4800 m，2012.9.10，王瑞芳

YK12001（HMAS-L 127384），YK12003（HMAS-L 127391），YK12010（HMAS-L 127390），YK12013（HMAS-L 127389）；白马雪山，海拔 4350～4440 m，2012.9.16，王瑞芳 BM12011（HMAS-L 127385），BM12040（HMAS-L 127388）；2012.9.22，周启明，魏鑫丽，曹淑楠，陈凯 DQ12432-1（HMAS-L 127387）。

文献记载：云南和四川（Zahlbruckner 1934，p. 212；Lamb 1963，p. 216 as *Dactylina endochrysea*）。

分布：中国。

地理成分：中国特有种。

讨论：该种和 *A. madreporiformis* 在形态上相近，但该种分枝较后者多并且该种髓层为黄色，后者髓层白色，且两者所含的化学成分亦不同。

1.5 黄黑厚枝衣　图版 9.5-图版 9.6

Allocetraria flavonigrescens A. Thell & Randlane，Flechten Follmann Contr. Lich.：363，1995；Wang et al.，Mycotaxon **130**：587，2015.

Type: Nepal，Langtang Area，Pemdang Karpo，alt. 4620 m，G. & S. Miehe，29.09.1986，no. 13056（GZU-holotypus）.

地衣体亚枝状至叶状，近直立至平卧于基物之上，具有背腹性，高达 4 cm，近二叉分枝；裂片呈凸起状至平坦状，略厚，长狭窄状，宽 1～4 mm，厚 300～600 μm，偶尔末端略有膨胀，末端翘起，褐色，覆有少量粉霜；上表面黄绿色，光滑，有光泽，略有皱褶，近边缘具有黑斑；下表面褐色至黑色，沟槽状，明显皱褶，边缘有少量简单黑色假根，无假杯点；髓层白色。上皮层或多或少由假栅栏组织组成，厚 25～40 μm；下皮层假薄壁组织，厚 15～25 μm。子囊盘稀少，位于裂片近边缘或表面，圆盘状，盘面凹陷，棕红色，盘缘略微圆齿状，未见成熟子囊。分生孢子器大量，黑色，位于裂片边缘突起物或裂芽式小裂片顶端，也有位于裂片近边缘聚集成簇状；分生孢子丝状，无色，一端略膨大，大小为 10～18×0.5～1.5 μm。

化学反应：皮层 K-，KC+黄色；髓层 K-，C-，KC-，PD+红色。

化学：皮层含 usnic acid；髓层含 fumarprotocetraric acid 和 protocetraric acid。

基物：地上，杜鹃枝。

研究标本（12 份）：

四川　康定县，折多山，海拔 4200 m，2007.9.27，王立松 07-28991（KUN-L）；

云南　德钦县白马雪山垭口，海拔 4560 m，2012.9.16，王瑞芳 BM12062（HMAS-L127396）；

西藏　左贡县东达拉山，海拔 4950 m，无采集号（HMAS-L 032363，HMAS-L 103835）；

陕西　太白山，海拔 3200 m，1988.7.12，马承华 146（HMAS-L 015094）；海拔 3300 m，1988.7.12，高向群 3059（HMAS-L 015091），3051（HMAS-L 015089），3055（HMAS-L 015092）；海拔 3400 m，1992.7.28，陈健斌和贺青 6120（HMAS-L 078046）；海拔 3360 m，2005.8.4，杨军 YJ218（HMAS-L 069642），YJ217（HMAS-L 069641），徐蕾 50552（HMAS-L 069626）；

青海　　果洛州玛沁县东倾沟乡，海拔 3970 m，2012.8.11，魏鑫丽和陈凯 QH12058（HMAS-L 127395）；果洛州班玛县班玛林场，海拔 4299 m，2012.8.4，魏鑫丽和陈凯 QH121141（HMAS-L 127394）。

　　文献记载：四川（Wang et al. 2015b，p. 587 as *Allocetraria flavonigrescens*）。

　　分布：中国和尼泊尔。

　　地理成分：喜马拉雅成分。

　　讨论：该种在形态上与 *A. isidiigera* 最相似，无论是在形态、化学成分还是地理分布上，该种唯一区别于后者的是具有少量裂芽，所以该种与 *A. isidiigera* 极可能为同一种，但只有在获得了 DNA 序列数据后才能解决该问题。

1.6　小球厚枝衣　图版 10.1

Allocetraria globulans (Nyl.) A. Thell & Randlane，Flechten Follmann Contr. Lich.：363，
　　1995；Wang et al.，Mycotaxon **130**：588，2015.

　　≡ *Platysma globulans* Nyl.，Flora（Regensburg）**70**：134. 1887.

　　≡ *Cetraria globulans* (Nyl.) Zahlbr.，Trav. de Sous.-Sect. de Troitzkossawsk-Khiakta，Sect.
　　du pays d'Amour de Soc. Imp. Russe de Geogr.：89，1911（1909）；Lai，Quart. J. Taiwan
　　Mus. **33**（3，4）：222，1980b；Wei，Enum. Lich. China：55，1991.

　　≡ *Nephromopsis globulans* (Nyl.) Lai，Quart. Journ. Taiwan Mus. **33**：222，1980.- Type：
　　China，Yunnan，Delavay，1885，no. 1570（H-NYL-36 135，holotype）；Wei，Enum.
　　Lich. China：158，1991.

　　地衣体叶状，平卧于基物之上，具有背腹性；裂片狭长，宽 2～6 mm，略薄，平展或略呈沟槽状，边缘呈波浪状，末端近直立至直立，不规则分支；上表面黄绿色至黄褐色，光滑，光泽明显；下表面褐色，光滑至略有皱褶，有光泽，具与下表面同色稀疏假根，边缘具点状或近线状白色假杯点。上皮层和下皮层均由假薄壁组织构成，厚 20～30 μm。子囊盘常见，位于裂片边缘、近边缘或末端生，圆盘状，盘缘略呈圆齿状，直径达 0.6 mm，盘面褐色；子实层厚 70～90 μm；子囊细棍棒状，多呈单列型，大小为 40～55×12～18 μm，子囊 8 孢；子囊孢子球形，直径 6～10 μm，近球形，大小为 6～9×5～8 μm。分生孢子器黑色，位于裂片边缘小刺顶端；分生孢子丝状，无色，一端略膨大，大小为 10～20×0.5～2 μm。

　　化学：皮层含 usnic acid；髓层含 lichesterinic acid 和 protolichesterinic acid，多数含有 secalonic acid。

　　基物：树干。

　　研究标本（4 份）：

　　云南　　丽江县玉龙雪山，海拔 3820 m，1981.8.6，王先业，肖勰，苏京军 6854（HMAS-L 015180）；海拔 3830 m，1981.8.6，王先业，肖勰，苏京军 6550（HMAS-L 015179）；海拔 3950 m，1981.8.6，王先业，肖勰，苏京军 5110（HMAS-L 015178）；德钦县白马雪山，海拔 2700 m，1981.7.12，王先业，肖勰，苏京军 7781（HMAS-L 015177）。

　　文献记载：云南（Lai 1980b，p.222 as *Cetraria globulans*；Wei 1991，p.158 as

Nephromopsis globulans；Wang et al. 2015b，p. 588 as *Allocetraria globulans*）。

分布：中国和尼泊尔。

地理成分：喜马拉雅成分。

讨论：该种与 *A. stracheyi* 相似，不同之处在于，该种基物多为树干和树枝，并且多数具有子囊盘，裂片平展或略呈沟槽状，边缘呈波浪状。

1.7　裂芽厚枝衣　图版 10.2

Allocetraria isidiigera Kurok. & M.J. Lai，Bull. Natn. Sci. Mus.，Tokyo，B 17（2）：**62**，1991；Lai et al.，J. Nat. Taiwan Mus.，60（1）：49，2007；Wang et al.，Mycotaxon **130**：588，2015.

Type：China，Xizang（Tibet），Nyalam County，on *Rhododendron* stem，3910 m，Wei Jiang-chun & Chen Jian-bin 1857（holotype in HMAS-L!，isotype in TNS）.

地衣体亚枝状至叶状，近直立至平卧于基物之上，具有背腹性，高达 4 cm，近二叉分枝；裂片呈凸起状，略厚，长狭窄状，宽 1～4 mm，厚 300～600 μm，偶尔末端略有膨胀，末端翘起，褐色，覆有少量粉霜；上表面光滑，有光泽，略有皱褶；下表面褐色至黑色，沟槽状，明显皱褶，边缘有少量简单黑色假根，无假杯点；髓层白色。子囊盘稀少，位于裂片近边缘或表面，圆盘状，盘面凹陷，棕红色，盘缘略呈圆齿状，未见成熟子囊。分生孢子器大量，黑色，位于裂片边缘突起物或裂芽式小裂片顶端，也有位于裂片近边缘聚集呈簇状；分生孢子丝状，无色，一端略膨大，大小为 10～13×0.5～1 μm。

化学反应：皮层 K-，KC+黄色；髓层 K-，C-，KC-，PD+红色。

化学：皮层含 usnic acid；髓层含 fumarprotocetraric acid 和 protocetraric acid。

基物：杜鹃枝。

研究标本（1 份）：

西藏　聂拉木县，海拔 3910 m，1966.6.22，魏江春和陈健斌 1857（HMAS-L 120421）。

文献记载：西藏（Wang et al. 2015b，p. 588 as *Allocetraria isidiigera*）。

分布：中国。

地理成分：中国特有种。

讨论：该种在形态上与 *A. flavonigrescens* 最相似，无论是在形态、化学成分还是地理分布上，该种区别于后者的是具有少量裂芽，分生孢子略小。Kurokawa 和 Lai（1991）曾报道该种在中国分布，但未引证任何标本。

1.8　小管厚枝衣　图版 10.3

Allocetraria madreporiformis（Ach.）Kärnefelt & A. Thell，Nova Hedwigia **62**：508，1996；Wang et al.，Mycotaxon **130**：589，2015.

　≡ *Lichen madreporiformis*（With）. A Botan. Arrang. Brit. Plants，vol II，1776.

　≡ *Dactylina madreporiformis*（Ach.）Tuck.，Proc. Amer. Acad. Arts Sci. **5**：398，1862；Hue，Nouv. Arch. Mus. Hist. Nat.（Paris）**3**（2）：60，1899；Zahlbruckner，Symbolae Sinicae 3：200，1930b；Magnusson，Lich. Centr. Asia 1：129，1940；Wu，Acta Phytotax. Sin. **23**（1）：75，1985；Wei，Enum. Lich. China：87，1991.

≡ *Cetraria madreporiformis*(Ach.)Müll. Arg., Flora **53**：325，1870.

地衣体亚枝状至柱状，直立，均匀辐射状；裂片簇丛状，高 1～2 cm，有分枝，黄色至黄绿色，顶端褐色，略膨大，宽 1～2 mm；假杯点呈白色斑点，多见于裂片分叉口；髓层或多或少呈实心，白色。皮层或多或少由假栅栏组织组成。子囊盘未见。分生孢子器常位于裂片分叉口处，黑色；分生孢子丝状，无色，一端略膨大，大小为 10～20×0.5～1.5 μm。

化学：皮层含 usnic acid；髓层含 lichesterinic acid。

基物：地上。

研究标本(9 份)：

新疆 铁米尔峰，海拔 3000 m，1997.7.3，王先业 367(HMAS-L006685)；博克达山，海拔 3600 m，1931.8.22，T. N. Liou L.3579(HMAS-L013776)；喀什吐尔家尔特，海拔 3500 m，1959.6.20，9758(HMAS-L013421)；乌鲁木齐南山，海拔 2760 m，1977.5.24，王先业 145(HMAS-L006687)；天山，海拔 3200 m，1978.7.20，王先业 0950(HMAS-L006687)；天山，海拔 2600 m，1978.7.23，王先业 0988(HMAS-L006689)；拜城，海拔 2800 m，1978.5.21，王先业 680(HMAS-L006683)；拜城，海拔 2900 m，1978.6.7，王先业 0790(HMAS-L006682)；夏塔温泉，海拔 2600 m，1978.7.18，王先业 0933(HMAS-L006681)。

文献记载：新疆(Magnusson 1940，p.129；吴金陵 1985，p.75 as *Dactylina madreporiformis*；Wang et al. 2015b，p.589 as *Allocetraria madreporiformis*)，云南(Hue 1899，p.60；Zahlbruckner 1930b，p.200 as *Dactylina madreporiformis*)。

分布：中国，北美洲、欧洲。

地理成分：环北极成分。

讨论：该种和 *A. endochrysea* 在形态上相近，但两者在化学成分上不同，前者髓层白色，后者髓层黄色或橘黄色。

1.9 中华厚枝衣 图版 10.4

Allocetraria sinensis X.Q. Gao，Flechten Follmann Contr. Lich.：365，1995；Thell et al.，Contributions to Lichenology in Honour of Gerhard Follmann：365，1995；Wang et al.，Mycotaxon **130**：589，2015.

≡ *Usnocetraria sinensis*(X.Q. Gao)M.J. Lai & J.C. Wei，in Lai et al.，J. Nat. Taiwan Mus. **60**(1)：59，2007.

Type：China，Shaanxi，Mt. Taibai，3400 m，on ground，Gao，no. 3052(HMAS- holotype！；UPS，LD- isotype)。

地衣体直立，狭叶状，高 2～3 cm，呈簇状；裂片 1～3 mm 宽，略呈沟槽状；上表面黄绿色至黄色，边缘褐色或黑色，略具光泽；下表面褐色，非常光滑，光泽明显，边缘具线状白色假杯点。子囊盘未见。分生孢子器位于裂片边缘，黑色，突起状，分生孢子丝状，12～16 μm 长。

化学：皮层含 usnic acid；髓层含 lichesterinic acid、protolichesterinic acid 和一种未知

的脂肪酸。

基物：地面。

研究标本（7份）：

四川　贡嘎山东坡，海拔 2850 m，1982.6.24，王先业，肖勰，李滨 8260（HMAS-L 014986）；小金县巴郎山，海拔 4300 m，1982.8.18，王先业，肖勰，李滨 9544（HMAS-L 014990），9496（HMAS-L 014988）；

云南　丽江玉龙雪山，海拔 3970 m，1981.8.6，王先业，肖勰，苏京军 7076（HMAS-L 014996）；

西藏　左贡，海拔 4500 m，1982.10.8，苏京军 5381（HMAS-L 014995）；

陕西　太白山，海拔 3550 m，1988.7.13，高向群 3178（HMAS-L 014992）；海拔 3100 m，1988.7.12，马承华 168（HMAS-L 014991）；海拔 3200 m，1988.7.12，高向群 3116-3（HMAS-L 014998）。

文献记载：陕西（Thell et al. 1995c，p.365；Wang et al. 2015b，p.589 as *Allocetraria sinensis*），西藏和云南（Wang et al. 2015b，p.589 as *Allocetraria sinensis*）。

分布：中国和尼泊尔。

地理成分：喜马拉雅成分。

讨论：本种同 *A. ambigua* 在形态上相近，但两者的区别在于，该种下表面光泽明显，并且边缘有明显的线状假杯点。

1.10　叉蔓厚枝衣　图版 10.5

Allocetraria stracheyi (C. Bab.) Kurok. & M.J. Lai，Bull. Natn. Sci. Mus. Tokyo.，Ser. B，**17**（2）：62，1991；Wang et al.，Mycotaxon **130**：589，2015.

= *Nephromopsis stracheyi* (C. Bab.) Müll. Arg.，Flora，Regensburg **74**：374，1891；Hue，Bull. Soc. Bot. France **34**：.18，1887；Zahlbruckner，Symbolae Sinicae **3**：199，1930b；Lai，Quart. Journ. Taiwan Museum **33**（3，4）：225，1980b；Chen et al.，Fungi and Lichens of Shennongjia：p434，1989；Wei，Enum. Lich. China：159，1991. —*Cetraria stracheyi* C. Bab.，J. Bot. Kew Gard. Misc. **4**：244，1852.

地衣体叶状至亚枝状，半直立至直立状，高可达 4 cm，具背腹性；裂片狭窄，略厚，呈凸起状，宽 0.6～4 mm，末端二叉或不规则分叉；上表面黄色、暗黄色或黄绿色，光滑，边缘具有裂芽式小裂片或乳头状突起物；下表面淡黄色、暗黄色或淡褐色，略有皱褶，边缘具斑点状、不规则状或亚线状假杯点，偶尔边缘具有少量简单假根；髓层淡黄色或黄色，少数为白色。子囊盘稀有，位于裂片边缘，圆盘状，盘面凹陷，棕褐色，直径达 0.6 cm；上皮层由假栅栏组织组成，厚 25～40 μm，藻层厚 35～50 μm，下皮层假薄壁组织，厚 20～35 μm。分生孢子器位于裂片边缘乳状突起物或小刺顶端之上，黑色；分生孢子丝状，一端略膨大，大小为 10～17×0.5～1.5 μm。

化学：皮层含 usnic acid；髓层含 lichesterinic acid、protolichesterinic acid 和 secalonic acid。

基物：地上、灌丛枝、高山草甸，冻原藓层。

研究标本(22 份)：

四川 贡嘎山东坡燕子沟，海拔 3700～3800 m，1982.6.27，王先业，肖勰，李斌 8354(HMAS-L 015161)，8380(HMAS-L 015164)；贡嘎山西坡，海拔 4300 m，1999.10.22，990096(HMAS-L 015162)；王先业，肖勰，李滨 9046-1(HMAS-L 0151640)；小金县巴郎山，海拔 4300 m，1982.8.18，王先业等 9488(HMAS-L 015168)；

云南 德钦白芒雪山，海拔 4300 m，1981.8.29，王先业，肖勰，苏京军 7546(HMAS-L 029482)；中甸大雪山，海拔 4250 m，1981.9.8，王先业，肖勰，苏京军 7209(HMAS-L 015154)，7112(HMAS-L 015153)；海拔 4330～4800 m，1982.10.8～1982.10.13，苏京军，5376(HMAS-L 015148)，5410(HMAS-L 015149)；

西藏 聂拉木，海拔 4150 m，魏江春和陈健斌 1533(HMAS-L 015156)；左贡，海拔 4400 m，苏京军 5387(HMAS-L 015155)；

陕西 太白山，海拔 3500 m，1975.9.3，刘蔼堂和吴继农 750265(HMAS-L 015176)，750270(HMAS-L 015175)；1963.6.4，魏江春等，2749-3；海拔 3600 m，1988.7.13，高向群 3151(HMAS-L 015174)；海拔 3200 m，1988.7.12，马承华 147(HMAS-L 015172)；海拔 3300 m，1988.7.12，高向群 3049(HMAS-L 015170)，3053；海拔 3100 m，1988.7.12，马承华 163(HMAS-L 015171)，3049；海拔 3650 m，1992.7.30，陈健斌和贺青 6545(HMAS-L 110474)；海拔 3500 m，1992.7.28，陈健斌和贺青 6134(HMAS-L 110479)；

甘肃 迭部县虎头山，海拔 3450 m，2006.7.25，贾泽峰 GS32(HMAS-L 129422)；

新疆 天山，海拔 3200 m，1978.7.20，王先业 949(HMAS-L 007697)。

文献记载：云南(Hue 1887，p.18；Zahlbruckner 1930b，p.199；Lai 1980b，p.225 as *Nephromopsis stracheyi*；Wang et al. 2015b，p.589 as *Allocetraria stracheyi*)，湖北(陈健斌等 1989，p434 as *Nephromopsis stracheyi*)，台湾(Lai 1980b，p.225 as *Nephromopsis stracheyi*)，陕西、西藏、四川和新疆(Wang et al. 2015b，p.589 as *Allocetraria stracheyi*)。

分布：中国、印度、尼泊尔、北美洲。

地理成分：东亚-北美间断分布成分。

讨论：本种和 *A. ambigua* 在形态上相近，两者的区别已在讨论 *A. ambigua* 时描述；该种与 *A. capitata* 在形态上也极为相似，不同的是后者裂片具有头状粉芽堆。

1.11 云南厚枝衣 图版 10.6

Allocetraria yunnanensis R.F. Wang，X.L. Wei，J.C. Wei，Lichenologist，**47**(1)：33，2015a.

模式：中国云南省德钦县梅里村梅里雪山，28°38′N，98°36′E，海拔 4800 m，地上，2012.9.10，王瑞芳 YK12012(Holotype-HMAS-L!)。

地衣叶状，近直立至平卧于基物之上，具背腹性，高 1～1.5 cm，呈丛簇状；裂片狭窄状，略厚，宽 1～4 mm，厚 200～350 μm，裂片不规则分枝，呈平坦状，末端圆钝；上表面黄绿色或黄色或绿色，光滑，具光泽；下表面褐色或黑褐色，强烈皱褶，无明显光泽，边缘具白色斑点状或连续线状假杯点，边缘具少量黑色假根，长 1～2 mm；髓层淡黄色至黄色。上皮层假栅栏组织，厚 30～60 μm；下皮层假栅栏组织，厚 35～50 μm。子囊盘少，末端生，直径最大 6 mm，盘面褐色，盘缘厚，细圆齿状；子囊窄棍棒状，大小为 35～50×10～15 μm，子囊 8 孢，子囊孢子球形，单胞，无色，直径 5～9 μm，或近球形，大小为 6～8×5～7 μm。分生孢子器位于裂片边缘突起状上，黑色；分生孢子丝状，无色，一端略膨大，大小为 10～18×1～2.5 μm。

化学反应：皮层 K-，KC+黄色；髓层 K-，C-，KC-，PD-。

化学：皮层含 usnic acid；髓层含 lichesterinic acid、protolichesterinic acid 和 secalonic acid。

基物：地上。

研究标本(3 份)：

云南 德钦县梅里村梅里雪山，海拔 4800 m，地上，2012.9.10，王瑞芳 YK12012（holotype-HMAS-L 128218），YK12004（paratype-HMAS-L 128219），YK12018（paratype-HMAS-L 128220）。

文献记载：云南（Wang et al. 2015a，p.33 as *Allocetraria yunnanensis*）。

分布：中国。

地理成分：中国特有种。

讨论：本种和 *A. sinensis* 在形态上相近，与 *A. sinensis* 和本属其他种的区别在于上表面具光泽，下表面具强烈皱褶，假杯点位于下表面边缘，白斑或线状。此外，*A. yunnaneisis* 的新种地位还得到了分子系统学的支持（Wang et al. 2015a）。

2. 裸腹叶属 Asahinea W.L. Culb. & C.F. Culb.

Brittonia 17：183，1965.

Type species：*Asahinea chrysantha*（Tuck.）W.L. Culb. & C.F. Culb.

地衣体叶状，具宽圆裂片，上表面灰白色或黄色，有时带有不同程度的褐色色度，常常杂有黑斑；边缘黑色；假杯点和裂芽有或无；下表面黑色，无假根。皮层为假厚壁组织。子囊盘少见，边缘生或叶面生，无穿孔；分生孢子器少见，埋生，边缘或近边缘或位于裂芽顶端。

化学：皮层含 atranorin 或 atranorin 和 usnic acid 同时存在；髓层含 alectoronic acid 和 α-collatolic acid。

全世界已知 2 种，中国已知 2 种。

2.1 金黄裸腹叶 图版 11.1

Asahinea chrysantha（Tuck.）W.L. Culb. & C.F. Culb. Brittonia 17：184，1965；Gao，Nord.
  J. Bot. 11：484，1991；Wei，Enum. Lich. China：29，1991.
  ≡ *Cetraria chrysantha* Tuck.，Am. J. Sci. Arts ser. 2，**25**：423，1858；Sato，Nova Flora
  Japonica vel Descriptiones et Systema Nova omnium plantarum in Imperie Japonice
  sponte nascentium：66，1939；Sato，Bot. Mag. Tokyo 65：174，1952.

地衣体叶状，大小为 6～12 cm，裂片宽圆，11～23 mm 宽；上表面黄褐色，具强烈网状棱脊和凹陷，假杯点位于棱脊上面，呈不规则状；下表面黑色，边缘褐色，具大量泡状突起，无假根。

化学：皮层含 atranorin；髓层含 alectoronic acid。

基物：地面。

研究标本（8 份）：

内蒙古 额左旗奥克里堆山，海拔 1500 m，1985.8.16，高向群 1555（HMAS-L 098973）；额左旗阿乌尼林场，1985.8.10，高向群 1286（HMAS-L 098980），1287（HMAS-L 098988），1461（HMAS-L 098981），1466（HMAS-L 098982），1555（HMAS-L 098973）；

吉林 汪清，1996-6-8，魏江春等 052（HMAS-L 015452），054（HMAS-L 015451）。

文献记载：内蒙古（Sato 1952，p.174 as *Cetraria chrysantha*；Gao 1991，p484 as *Asahinea chrysantha*），台湾（Sato 1939，p.66 as *Cetraria chrysantha*）。

分布：欧洲、北美洲、亚洲（中国、日本、苏联、蒙古）。

地理成分：环北极成分。

讨论：本种与 *Asahinea scholanderi*（Llano）W.L. Culb. & C.F. Culb.的区别在于有假杯点而无裂芽，而后者无假杯点但有裂芽。

2.2 舒氏裸腹叶 图版 11.2

Asahinea scholanderi（Llano）W.L. Culb. & C.F. Culb.，Brittonia **17**：187，1965；Gao，Nord. J. Bot. **11**：484，1991.

≡ *Cetraria scholanderi* Llano，J. Wash. Acad. Sci. **41**：197，1951.

= *Asahinea kurodakensis*（Asahina）W.L. Culb. & C.F. Culb.，Brittonia **17**：187，1965.

地衣体叶状，宽 4 cm 左右；上表面黄褐色，具强烈网状棱脊和凹陷，密布颗粒状裂芽，无假杯点；下表面黑色，边缘褐色，无假根；子囊盘和分生孢子器未见。

化学：皮层含 atranorin；髓层含 alectoronic acid 和 α-collatolic acid。

基物：岩石。

研究标本（1 份）：

内蒙古 额左旗阿乌尼林场，1985.8.10，高向群 1496（HMAS-L 098987）。

文献记载：内蒙古（Gao 1991，p.484 as *Asahinea scholanderi*）。

分布：欧洲、北美洲、东亚（中国、日本、苏联）。

地理成分：环北极成分。

讨论：本种的标志性特征为无假杯点，具裂芽。该种与 *Asahinea kurodakensis*（Asahina）W.L. Culb. & C.F. Culb. 形态相似，区别在于该种裂片更窄，地衣体颜色更暗，裂芽更为丰富。

3. 岛衣属 Cetraria Ach.

Methodus Lichenum. Stockholm.：292，1803.

Type species：*Cetraria islandica*（L.）Ach.

地衣体叶状、狭叶状或枝状，直立、半直立或平铺于基物上但边缘上翘，裂片沟槽状、亚沟槽状或宽叶状，下表面常具假杯点，假根有或无。皮层由假薄壁组织构成。子囊盘常位于裂片边缘，圆形或肾形，无穿孔，子囊窄棍棒状，八胞，子囊孢子，单胞，椭圆形。分生孢子器常位于裂片边缘，突起状或位于小刺顶端，分生孢子长柠檬状。

化学：皮层多不含 usnic acid；髓层含高级脂肪酸类化合物。

分布：主要分布在温带，北方甚至于北极，罕见于热带湿地。

全世界已知 23 种，中国已知 10 种。

岛衣属地衣分种检索表

1. 地衣体枝状···2
1. 地衣体叶状···5
　　2. 地衣体深褐色，裂片边缘具长长的缘毛···················**3.4 黑岛衣 *C. nigricans***
　　2. 地衣体深褐色，裂片边缘无缘毛···3
3. 下表面边缘具圆形凹穴状假杯点·································**3.5 刺岛衣 *C. odontella***
3. 下表面边缘具白色线状假杯点···4
　　4. 下表面具边缘白色线状假杯点和大量叶面点状假杯点······**3.2 岛衣 *C.islandica***
　　4. 下表面边缘具白色线状假杯点，叶面假杯点较少······**3.3 白边岛衣 *C. laevigata***
5. 地衣体边缘具白色颗粒状粉芽堆·······························**3.6 藏岛衣 *C. xizangensis***
5. 地衣体无粉芽···**3.1 肝褐岛衣 *C. hepatizon***

Key to the species of *Cetraria* in China

1. Thallus fruticose ···2
1. Thallus foliose ··5
　　2. Lobes with marginal cilia ···*3.4 C. nigricans*
　　2. Lobes without marginal cilia ···3
3. Pseudocyphellae near marginal，round depressed ·················*3.5 C. odontella*
3. Pseudocyphellae near marginal，linear ···4
　　4. Pseudocyphellae mostly laminal ·······································*3.2 C. islandica*
　　4. Pseudocyphellae marginal ···*3.3 C. laevigata*
5. Granular soredia present ···*3.6 C. xizangensis*
5. Soredia absent ···*3.1 C. hepatizon*

3.1　肝褐岛衣　图版 11.3

Cetraria hepatizon(Ach.) Vain., Termeszetr Fuzetek **22**：278，1800；Wei & Jiang，Proceedings of Symposium on Qinghai-Xizang (Tibet) Plateau：1146，1981；Wei & Jiang，Lichens of Xizang：58，1986；Wei，Enum. Lich. China：55，1991.

　　≡ *Lichen hepatizon* Ach.，Lichenographiae suecicae prodromus：110，1799.

　　≡ *Tuckermanopsis hepatizon*(Ach.) Kurok.，J. Jap. Bot. **66**：158，1991.

　　地衣体小型叶状，直径 1～4 cm；裂片狭窄，0.5～1 mm 宽，边缘上翘，中间微凹；上表面深褐色，光滑，光泽明显；下表面黑色，无光泽，假根黑色，主要集中于边缘。上皮层和下皮层均由假薄壁组织构成，厚分别为 30～40 μm 和 20～30 μm。子囊盘边缘生，直径约 3 mm；子囊宽棍棒状，40×15 μm，轴体 3～6 μm 宽；子囊孢子椭圆形。分生孢子器常见，位于裂片边缘，呈乳头状；分生孢子为哑铃状，大小为 5～6×1 μm。

　　化学：髓层含 norstictic acid 和 stictic acid。

基物：石面。

研究标本(9 份)：

内蒙古 额尔古纳左旗，1985-8-10，高向群 1506(HMAS-L 015023)；

吉林 长白山，北坡，海拔 2200 m，1977.8.10，魏江春 2883(HMAS-L 015019)；南坡，海拔 2200 m，1983.8.8，魏江春 6760-1(HMAS-L 015020)；

西藏 聂拉木，海拔 3860 m，1966.6.22，魏江春和陈健斌 1826-1(HMAS-L 002799)，1896(HMAS-L 002798)；海拔 3830 m，1966.6.22，魏江春和陈健斌 1895-1(HMAS-L 002796)；海拔 3840 m，1966.6.22，魏江春和陈健斌 1900(HMAS-L 0027967)；察隅折拉山口，海拔 4650 m，郑度 73-04(HMAS-L 015017)；

陕西 太白山八仙台，1963.6.4，魏江春等 2689(HMAS-L 015018)。

文献记载：西藏(魏江春和姜玉梅 1981，p.1146 & 1986，p.58 as *Cetraria hepatizon*)。

分布：北极-北方地区。

地理成分：环北极成分。

讨论：该种与 *Melanelia agnata* 在形态上相近，但因该种具有明显的瘤状子囊盘边缘、边缘生乳头状分生孢子器和下表面黑色而区别于后者。

3.2 岛衣 图版 11.4

Cetraria islandica (L.) Ach.，Meth. Lich.：293，1803；Tchou，Contr. Inst. Bot. Nat. Acad. **3**：312，1935；Chen et al.，J. NE Forestry Inst. **3**：129，1981a；Wei，Bull. Bot. Res. **1**：85，1981；Wei et al.，Lichenes officinales sinenses：44，1982；Wang，The lichens of Mt. Tuomuer areas in Tianshan：348，1985；Wu，Acta Phytotax. Sin. **23**(1)：74，1985；Chen et al.，Fungi and Lichens of Shennongjia：432，1989；Wei，Enum. Lich. China：56，1991；Wu & Abbas，Lichens of Xinjiang：91，1998.

≡ *Lichen islandicus* L.，Sp. Pl.：1145，1753.

地衣体褐色，枝状，高 2～5 cm；裂片呈亚沟槽状或沟槽状，宽 3～7 mm，主裂片或多或少呈二叉分枝，主裂片侧面有一些小侧枝；下表面淡褐色或深褐色，基部红色，光滑或略具皱褶，表面具大量白色假杯点，边缘假杯点呈线状或有间断；上表面与下表面同色。子囊盘未见。分生孢子器位于边缘小刺上；分生孢子杆状，大小为 6.5～7×1.5 μm。

化学：髓层含 fumarprotocetraric acid、protolichesterinic acid 和 lichesterinic acid.

基物：地面。

研究标本(16 份)：

吉林 长白山天池，海拔 2000 m，1984.8.23，卢效德 848312(HMAS-L 024174)；

湖北 神农架神农顶，海拔 2950 m，1984.9.7，陈健斌 10309(HMAS-L 014947)；海拔 3080 m，1984.7.9，吴继农 8400493(HMAS-L 014948)；

四川 马尔康，梦笔山，海拔 4000 m，1983.7.6，王先业和肖翷 11551(HMAS-L 014953)；贡嘎山，海拔 3900 m，1982.8.3，王先业，肖翷，李滨 9401(HMAS-L 014983)；

陕西 太白山，海拔 3300 m，1988.7.12，高向群 3050(HMAS-L 014957)；海拔 3000 m，1988.7.12，马承华 138(HMAS-L 014954)，海拔 3100 m，1988.7.12，马承华 155(HMAS-L

014960)，172（HMAS-L 014959）；海拔 3600 m，1988.7.13，高向群 3160（HMAS-L 014958），3190（HMAS-L 014961）；

新疆 博克达山涧江沟，海拔 2600 m，刘慎谔 3527（HMAS-L 012173）；阿尔泰山，哈纳斯湖，海拔 2500 m，1986.8.5，高向群 2140（HMAS-L 014952）；天山，海拔 2600m，1978.7.28，王先业 0974（HMAS-L 019893）；1978.7.24，王先业 0996（HMAS-L 001462）；天山，海拔 3200 m，1978.7.23，王先业 0961（HMAS-L 014949）。

文献记载：吉林（陈锡龄等 1981a，p.129 as *Cetraria islandica*），陕西（Wei 1981，p.85；魏江春等 1982，p.44 as *Cetraria islandica*），新疆（Tchou 1935，p.312；魏江春等 1982，p.44；王先业 1985，p.348；吴金陵 1985，p.74；吴继农和阿不都拉·阿巴斯 1998，p.91 as *Cetraria islandica*），湖北（陈健斌等 1989，p.432 as *Cetraria islandica*）。

分布：欧洲、北美洲、亚洲。

地理成分：环北极成分。

讨论：本种同 *C. laevigata* 在形态上相近，但该种下表面具大量的点状假杯点，而 *C. laevigata* 下表面点状假杯点较少。

3.3 白边岛衣 图版 11.5

Cetraria laevigata Rass.，Bot. Mat.，Notul. System. Sect. Crypt. Inst. Bot. Nomine V.L. Komarovii Acad. Sci. USSR **5**：133，1945；Sato，Bull. Fac. Lib. Arts，Ibaraki Univ.，Nat. Sci. 6：40，1959；Wang-Yang & Lai，Taiwania**18**(1)：88，1973；Wei & Chen，Report on the Scientific Investigations(1966-1968)in Mt. Qomolangma district：181，1974；Lai，Quart. Journ. Taiwan Museum 33(3，4)：216，1980b；Chen et al.，J. NE Forestry Inst. **3**：129，1981a；Wei，Bull. Bot. Res. **1**(3)：86，1981；Wei & Jiang，Proceedings of symposium on Qinghai-Xizang(Tibet)Plateau：1146，1981；Wei & Jiang，Lichens of Xizang：58，1986；Wei，Enum. Lich. China：56，1991；Chen，Lichens：492，2011.

= *Cetraria crispa* var. *japonica* Asahina ex M. Satô，J. Jap. Bot. **14**：787，1938；Sato，Nova Flora Japonica vel Descriptiones et Systema Nova omnium plantarum in Imperie Japonice sponte nascentium：32，1939.

地衣体枝状，高 2～7.5 cm，基部暗红色；裂片明显呈沟槽状，宽 1～5 mm，主裂片侧面有很多小侧枝，在顶部出现多次二叉分枝；上表面淡褐色至暗褐色；下表面淡褐色至暗褐色，光滑或略具皱褶，具明显光泽，边缘具白色线状假杯点，并覆盖厚厚的粉霜层。子囊盘位于裂片顶端边缘，盘面褐色，肾形或圆形，直径 1～6 mm，有些直径可达 10 mm。分生孢子器位于裂片边缘小刺顶端；分生孢子杆状，1.5×6～7 μm。

化学：髓层含 fumarprotocetraric acid、lichesterinic acid 和 protolichesterinic acid。

基物：土壤。

研究标本(33 份)：

内蒙古 大兴安岭，满归，1977.9.13，魏江春 3395-5（HMAS-L 015030）；大兴安岭，海拔 800 m，1977.9.12，魏江春 3384-1（HMAS-L 015028），3374（HMAS-L 015026）；额尔

古纳左旗，海拔 1500 m，1984.8.16，高向群 1588（HMAS-L 015037）；朝中，海拔 750 m，1984.8.22，高向群 226（HMAS-L 015036）；

吉林 抚松，海拔 1700 m，1950.7.21，王遂刚等 437a（HMAS-L 015070）；长白山，海拔 1600 m，1983.8.5，魏江春和陈健斌 6597（HMAS-L 015033）；长白山，海拔 2070 m，1984.8.20，卢效德 848280（HMAS-L 015032）；长白山北坡，海拔 1800 m，1977.8.5，魏江春 2708（HMAS-L 029644）；长白山南坡，海拔 1500 m，1994.8.4，魏江春，郭守玉，姜玉梅 94271（HMAS-L 015034），94272（HMAS-L 028566）；

黑龙江 尚志县，1951.7.15，斯克高尔错夫 101（HMAS-L 015025）；大白山林场，海拔 1400 m，1984.9.3，高向群 340（HMAS-L 015071）；海拔 1450 m，2000.7.9，黄满荣和魏江春 225（HMAS-L 022312）；潮中林场，海拔 750 m，1984.8.22，高向群 224-3（HMAS-L 015027）；

湖北 神农架，1984.7.9，吴继农 8400542a（HMAS-L 015024）；

四川 木里宁朗山，海拔 3800 m，1982.6.5，王先业，肖勰，李滨 7991-1（HMAS-L 015048）；乡城大雪山，海拔 4100 m，1981.9.8，王先业，肖勰，苏京军 6161（HMAS-L 015045）；贡嘎山，海拔 4300 m，1999.10.21，陈林海 990127（HMAS-L 015056）；贡嘎山东坡，海拔 3200 m，1982.6.29，王先业等 8509（HMAS-L 015053）；

云南 中甸，海拔 4250 m，1981.9.8，王先业，肖勰，苏京军 6280（HMAS-L 015068）；丽江玉龙雪山，海拔 3900 m，1981.8.6，王先业，肖勰，苏京军 6539（HMAS-L 015067），27364（HMAS-L 015065），6856（HMAS-L 015066）；德钦白芒雪山，海拔 4200 m，1981.8.29，王先业，肖勰，苏京军 7589（HMAS-L 015064）；

西藏 聂拉木曲乡，海拔 3730 m，1966.5.20，魏江春和陈健斌 1022-5（HMAS-L 003055）；海拔 3600 m，1966.5.21，魏江春和陈健斌 1132-1（HMAS-L 003056）；察隅安瓦龙，海拔 3900 m，1982.9.27，苏京军 5786（HMAS-L 015060）；

陕西 太白山八仙台北坡，1963.6.4，魏江春等 2702（HMAS-L 015041），2763-1（HMAS-L 015043）；太白山，海拔 3550 m，1988.7.13，高向群 3183（HMAS-L 015038）；海拔 3750 m，1988.7.13，马承华 368（HMAS-L 015042）；1988.7.13，马承华 363（HMAS-L 015044）。

文献记载：内蒙古（Sato 1959，p.40；魏江春 1981，p.86；陈锡龄等 1981a，p.129；陈健斌 2011，p.492 as *Cetraria laevigata*），黑龙江（Sato 1939，p.32 as *Cetraria crispa* var. *japonica*），西藏（魏江春和陈健斌 1974，p.181；魏江春和姜玉梅 1981，p.1146 & 1986，p.58 as *Cetraria laevigata*），台湾（Wang-Yang & Lai 1973，p.88；Lai 1980b，p.216 as *Cetraria laevigata*）。

分布：北极-北方地区。

地理成分：环北极成分。

讨论：该种在形态上同 *C. islandica* 接近，但两者下表面假杯点形态不同，该种下表面边缘覆盖厚厚的粉霜层，而 *C. islandica* 无。

3.4 黑岛衣 图版 11.6

Cetraria nigricans Nyl.，Musci Fennic.：109，1859；Wei & Chen，Report on the Scientific Investigations（1966-1968）in Mt. Qomolangma district：180，1974；Wei，Enum. Lich. China：56，1991.

= *Cetraria capitata* Lynge，Rep. Sci. Results Norw. Exped. Nov. Zemlya **43**：208，1928.

地衣体枝状，小型，高 1 cm 左右；裂片呈沟槽状，宽 0.5～1 mm，主裂片侧面多小侧枝；裂片两侧具缘毛，缘毛黑色；裂片边缘具假杯点，窄，罕见；上表面淡褐色至暗褐色；下表面暗褐色，光滑或略具皱褶。分生孢子器和子囊盘未见。

化学：髓层含 lichesterinic acid 和 protolichesterinic acid。

基物：岩表苔藓层。

研究标本（1 份）：

西藏 聂拉木县，海拔 3730 m，1966.5.21，魏江春和陈健斌 1084-1（HMAS-L 016738）。

文献记载：西藏（魏江春和陈健斌 1974，p.180 as *Cetraria nigricans*）。

分布：北极-北方地区。

地理成分：环北极成分。

讨论：该种的标志性特征为地衣体黑褐色，边缘具长的缘毛。*Cetraria nigricascens*（Nyl. In Kihlm.）Elenkin 地衣体边缘也具有长长的缘毛，但 *Cetraria nigricans* 和 *Cetraria nigricascens* 化学成分不同，后者含有 rangiformic acid 和 norrangiformic acid。*Cetraria nigricans* 在化学上与广义的 *Cetraria islandica*（L.）Ach. 相似，但两者区别在于 *Cetraria nigricans* 具有明显的长缘毛，而 *Cetraria islandica* 具有侧向的突起物或侧向分枝，无缘毛。魏江春和陈健斌（1974）的珠峰地区科考报告中记录该种，但凭证标本 no.1022-2 经检查为 *Cladia aggregata*（SW.）Nyl.。本卷凭证标本 no.1084-1 与 no.1022-2 产地相同，为真正的该种标本。

3.5 刺岛衣 图版 11.7

Cetraria odontella（Ach.）Ach.，Syn. Meth. Lich.：230，1814；Wei & Jiang，Lichens of Xizang：63，1986；Wei，Enum. Lich. China：57，1991.

≡ *Lichen odontellus* Ach.，Lichenogr. Suec. Prodr.：213，1798.

≡ *Coelocaulon odontellum*（Ach.）R. Howe，Class. Fam. Usn.：20，1912.

≡ *Cornicularia odontella*（Ach.）Röhl.，Deutschl. Fl.，Abth. 2（Frankfurt）**3**：141，1813.

地衣体枝状，小型，高 1 cm 左右；裂片呈沟槽状，宽 0.5～1 mm；上表面淡褐色至暗褐色；下表面暗褐色，光滑或略具皱褶，边缘具假杯点，圆形凹穴状。分生孢子器位于裂片边缘的小刺顶端。子囊盘未见。

化学：髓层含 lichesterinic acid 和 protolichesterinic acid。

基物：土上。

研究标本（1 份）：

西藏 聂拉木县，海拔 3950 m，1966.6.11，魏江春和陈健斌 1439-2（HMA S-L 002753）。

文献记载：西藏（魏江春和姜玉梅 1986，p.63 as *Cetraria odontella*）。

分布：北极-北方地区。

地理成分：环北极成分。

讨论：该种与 *Cetraria nigricascens* 相似，但该种地衣体个体更小，下表面边缘具有圆形凹穴状假杯点，裂片边缘无缘毛。

3.6　藏岛衣　图版 11.8

Cetraria xizangensis J.C. Wei & Y.M. Jiang，Acta Phytotaxon.Sin.，**18**（3）：388，1980；
Wei & Jiang，Lichens of Xizang：60，1986；Wei，Enum. Lich. China：57，1991.

模式：西藏聂拉木，海拔 3900 m，1966.6.22，魏江春和陈健斌 1899（HMAS-L002815，holotype!）。

地衣体小型叶状，直径 1～3 cm，紧紧固着于基物之上，只是边缘微翘而脱离于基物；裂片宽圆，2～4 mm 宽，裂片中间微鼓，边缘微翘，形成茶匙形外形；上表面黄绿色或枯草黄色，边缘上皮层往往粉芽化，形成一层白色颗粒状的粉芽堆，无粉芽处往往具白色粉霜；下表面淡黄色至淡褐色，具浅褐色稀疏假根。子囊盘和分生孢子器未见。

化学：皮层含 usnic acid；髓层含 fumarprotocetraric acid。

基物：树皮和岩石。

研究标本（1 份）：

西藏　察隅县，海拔 4000 m，1982.7.24，蔡 s.n.（HMAS-L 028644）。

文献记载：西藏（魏江春和姜玉梅 1986，p.60 as *Cetraria xizangensis*）。

分布：中国。

地理成分：中国特有种。

讨论：本种以其茶匙形的裂片和粉芽化的边缘区别于该属中的其他种。

4. 小岛衣属 Cetrariella Kärnefelt & A. Thell

Bryologist，**96**（3）：402，1993.

Type species：*Cetrariella delisei*（Bory ex Schaer.）Kärnefelt & A. Thell.

地衣体叶状，直立，裂片或多或少细管状，近乎管状，顶端部分膨大，上表面浅色至深褐色，假杯点位于下表面及下表面边缘。皮层由假薄壁组织构成。子囊盘末端生，子囊宽棍棒状，子囊孢子椭圆形。分生孢子器位于边缘突起物顶端；分生孢子长瓶颈形，7～9×0.5～1.5 μm。

化学：髓层含 gyrophoric acid 和 hiascinic acid。

全世界已知 4 种，中国已知 1 种。

4.1　细裂小岛衣　图版 12.1

Cetrariella delisei（Bory ex Schaer.）Kärnefelt & A. Thell，Bryologist **96**（3）：403，1993.

　≡ *Cetraria islandica* f. *delisei* Bory ex Schaer.，Enum. Crit. Lich. Europ.：114，1850.

　≡ *Cetraria delisei*（Bory ex Schaer）Nyl.，Prodromi Lichenorg. Scandin. Supplem.：114，

1866；Sato，Bot. Mag. Tokyo **65**(769-770)：174，1952；Sato，Bull. Fac. Lib. Arts，Ibaraki Univ.，Nat. Sci. **9**：45，1959；Wei，Bull. Bot. Res. **1**(3)：85，1981；Wei et al.，Lichenes Officinales Sinenses：44，1982；Wei，Enum. Lich. China：55，1991.

地衣体枝状，高 4～5 cm；裂片狭长，或多或少呈沟槽状，宽 3～6 mm，顶端多细小的小裂片；上表面淡褐色，光滑；下表面淡褐色，略具皱褶，密布假杯点，假杯点白色，圆形至不规则，边缘假杯点少且窄，常常不呈线状。子囊盘未见。分生孢子器位于边缘小刺顶端；分生孢子哑铃状，6～7×1～2 μm。

化学：髓层含 gyrophoric acid 和 hiascinic acid。

基物：地面。

研究标本(1 份)：

内蒙古 奥科里堆山，海拔 1500 m，1985.8.16，高向群 1533(HMAS-L 015144)。

文献记载：内蒙古(Sato 1952，p.174 & 1959，p.45；魏江春 1981，p.85；魏江春等 1982，p.44 as *Cetraria delisei*)。

分布：北半球温带及北极地区和南美洲寒温带地区。

地理成分：环北极成分。

讨论：该种在形态上与 *Cetraria fastigata* 相近，且两者具有相同的化学成分，但 *C. delisei* 的下表面假杯点发育良好且明显，而 *C. fastigata* 的下表面假杯点极不明显。

5. 斑叶属 Cetrelia W.L. Culb. & C.F. Culb.

Contr. U. S. Natn. Herb. **34**(7)：490，1968. Wei，Enum. Lich. China：58，1991.

Type species：*Cetrelia cetrarioides* (Delise) W.L. Culb. & C.F. Culb.

地衣体叶状，大小为 3～22 cm，裂片宽圆，宽 3～33 mm，无缘毛，上表面灰白色或灰褐色，有假杯点，下表面黑色，有时具小孔，边缘栗褐色或与上表面同色，具黑色稀疏假根，具裂芽或粉芽，或两者均无。皮层由假厚壁组织构成。子囊盘边缘生或叶面生，常穿孔；子囊 8 孢；子囊孢子椭圆形。分生孢子器边缘生，呈突起状；分生孢子杆状。

化学：所有种均含有黑茶渍素(atranorin)，不同的种还分别含有 alectoronic acid、α-collatolic acid、anziaic acid、imbricaric acid、microphyllinic acid、olivetoric acid 和 perlatolic acid。

分布：主要分布于东亚，少数也分布于北美洲和欧洲。

全世界已知 18 种，中国已知 14 种。

斑叶属分种检索表

1. 地衣体具粉芽或裂芽···2
1. 地衣体既无粉芽也无裂芽···6
　2. 地衣体边缘具粉芽，无裂芽··3
　2. 地衣体具裂芽，无粉芽··5
3. 髓层 C+，红色，髓层含 olivetoric acid·······················**5.10 橄榄斑叶 *C. olivetorum***
3. 髓层 C-···4
　4. 髓层 KC+，淡红色，或 KC-，髓层含 perlatolic acid 或 imbricaric acid **5.2 粉缘斑叶 *C. cetrarioides***

4. 髓层 KC+，髓层含 α-collatolic acid 和 alectoronic acid ·················· **5.3 奇氏斑叶 *C. chicitae***

5. 髓层 C+，髓层含 anziaic acid，裂芽经常发育较差 ·················· **5.7 裂芽斑叶 *C. isidiata***

5. 髓层 C-，KC+，淡红色，髓层含 alectoronic acid 和 α-collatolic acid，裂芽较多

·················· **5.1 粒芽斑叶 *C. braunsiana***

    6. 裂片边缘具小裂片 ·················· 7

    6. 裂片边缘无小裂片 ·················· 9

7. 髓层 C- ·················· 8

7. 髓层 C+，含 olivetoric acid ·················· **5.12 拟橄榄斑叶 *C. pseudolivetorum***

    8. 含 imbricaric acid，中国特有种 ·················· **5.14 中华斑叶 *C. sinensis***

    8. 含 microphyllinic acid，分布于中国、日本和东南亚 ·················· **5.8 日本斑叶 *C. japonica***

9. 上表面假杯点直径超过 1 mm ·················· 10

9. 上表面假杯点较小，直径极少超过 1 mm ·················· 12

    10. 髓层 KC- ·················· 11

    10. 髓层 KC+，淡红色，含 alectoronic acid 和 α-collatolic acid ·················· **5.9 裸斑叶 *C. nuda***

11. 含 imbricaric acid ·················· **5.4 领斑叶 *C. collata***

11. 含 microphyllinic acid ·················· **5.11 拟领斑叶 *C. pseudocollata***

    12. 髓层 C-，含 perlatolic acid ·················· **5.6 戴氏斑叶 *C. delavayana***

    12. 髓层 C+，红色或淡红 ·················· 13

13. 含 olivetoric acid ·················· **5.5 大维氏斑叶 *C. davidiana***

13. 含 anziaic acid ·················· **5.13 血红斑叶 *C. sanguiaea***

Key to the species of *Cetrelia* in China

1. Thallus sorediate or isidiate ·················· 2

1. Thallus not sorediate or isidiate ·················· 6

    2. Thallus with marginal soredia, not isdiate ·················· 3

    2. Thallus with isidia, not sorediate ·················· 5

3. Medulla C+ red, containing olivetoric acid ·················· 5.10 *C. olivetorum*

3. Medulla C- ·················· 4

    4. Medulla KC+ pale red, or KC-, containing perlatolic acid or imbricaric acid ·········· 5.2 *C. cetrarioides*

    4. Medulla KC+, containing α-collatolic acid and alectoronic acid ·················· 5.3 *C. chicitae*

5. Medulla C+, containing anziaic acid; isidia not much ·················· 5.7 *C. isidiata*

5. Medulla C-, KC+ pale red, containing alectoronic acid and α-collatolic acid; isidia much ····· 5.1 *C. braunsiana*

    6. Lobules present, maginal ·················· 7

    6. Lobules absent ·················· 9

7. Medulla C- ·················· 8

7. Medulla C+, containing olivetoric acid ·················· 5.12 *C. pseudolivetorum*

    8. Containing imbricaric acid; endemic to China ·················· 5.14 *C. sinensis*

    8. Containing microphyllinic acid, distribute in China, Japan and Southeast Asia ········· 5.8 *C. japonica*

9. Pseudocyphellae large, more than 1 mm in diam ·················· 10

9. Pseudocyphellae small, less than 1 mm in diam ·················· 12

    10. Medulla KC- ·················· 11

    10. Medulla KC+ pale red, containing alectoronic acid and α-collatolic acid ·················· 5.9 *C. nuda*

11. Containing imbricaric acid ·················· 5.4 *C. collata*

11. Containing microphyllinic acid ·················· 5.11 *C. pseudocollata*

5.1 粒芽斑叶 图版 12.2

Cetrelia braunsiana(Müll. Arg.) W.L. Culb. & C.F. Culb.，Contr. U. S. Natn. Herb. **34**(7)：
493，1968；Chen，Acta Mycol. Sin. Supplement **1**：388，1986；Wei & Jiang，Proceedings
of symposium on Qinghai-Xizang(Tibet)Plateau：1147，1981；Wei & Jiang，Lichens of
Xizang：51，1986；Chen et al.，Fungi and Lichens of Shennongjia：436，1989；Xu，
Cryptogamic Flora of the Yangtze Delta and Adjacent Regions：223，1989；Wei，Enum.
Lich. China：58，1991.

≡ *Parmelia braunsiana* Müll. Arg. Flora **64**：506，1881.

Parmelia perlata auct. non Ach.：Tchou，Contr. Inst. Bot. Nat. Acad. **3**：308，1935.

Parmelia pseudolivetorum auct. non Asahina：Zhao，Acta Phytoxax. Sin. **9**：147，1964；
Zhao et al.，Prodr. Lich. Sin.：45，1982.

地衣体中型至大型，宽 3.5～20 cm；裂片宽圆，宽 3.0～14 mm；上表面灰白色至灰
褐色，具白色点状或不规则状假杯点，极少数假杯点直径大于 1 mm，无粉芽和小裂片，
具大量裂芽；下表面黑色，边缘栗褐色，具黑色稀疏假根。子囊盘未见。分生孢子器少
见，位于裂片边缘，呈突起状。

化学：皮层含 atranorin；髓层含 α-collatolic acid 和 alectoronic acid。

基物：树皮。

研究标本(43 份)：

河北 雾灵山，海拔 1390 m，1931.6.1，Liou K. M. 109(HMAS-L 012539)；雾灵山，
1931.6.1，Liou K. M. 100(HMAS-L 005715)；兴隆县大坑，1958.9.15，Ji Ke-gong
244(HMAS-L 027271)；

吉林 长白山喘气坡，海拔 1700 m，1983.8.8，魏江春和陈健斌 6744(HMAS-L
005696)；汪清县秃老婆顶子，海拔 1020 m，1984.8.5，卢效德 848123-5(HMAS-L 014824)；

黑龙江 穆稜三新山林场，1977.7.23，魏江春 2597(HMAS-L 005699)；1977.7.24，
魏江春 2660(HMAS-L 005682)；汤原县伊春乌敏河，1950.10.13，刘慎谔等 1457(HMAS-L
005708)；

浙江 天目山，1930.7.27，Liou T. N. L6787(HMAS-L 005692)；海拔 1000 m，1962.9.2，
赵继鼎和徐连旺 6582(HMAS-L 005700)；1962.8.31，赵继鼎和徐连旺 6213(HMAS-L
005685)；海拔 1200～1500 m，1962.8.31，赵继鼎和徐连旺 6221(HMAS-L 005701)；

安徽 黄山云谷寺，1962.8.16，赵继鼎和徐连旺 5199a(HMAS-L 005718)；黄山，
1962.8.19，赵继鼎和徐连旺 5220(HMAS-L 005688)；黄山，刘慎谔 2298(HMAS-L
005711)，2505(HMAS-L 005712)；

江西 1936.6.25，邓祥坤，无号(HMAS-L 005693)；庐山仙人洞，海拔 850 m，
1965.2.12，魏江春 3188(HMAS-L 005687)；

湖北　神农架，海拔2750 m，1984.7.27，陈健斌和魏江春 10840（HMAS-L 005697）；海拔2800 m，1984.7.27，陈健斌和魏江春 10832（HMAS-L 005679）；海拔2700 m，1984.7.9，陈健斌 10358-4（HMAS-L 005695）；海拔2650 m，1984.7.30，陈健斌 11110（HMAS-L 005690），11100（HMAS-L 005698）；海拔1800 m，1984.8.19，陈健斌 11819（HMAS-L 005681）；海拔2570 m，1984.7.16，陈健斌 10570（HMAS-L 005683）；海拔2950 m，1984.7.9，陈健斌 10319-1（HMAS-L 005684）；

湖南　衡山，海拔200～600 m，1964.8.31，赵继鼎和徐连旺 9968（HMAS-L 005723）；衡山广济寺，海拔700 m，1964.9.1，赵继鼎和徐连旺 10041（HMAS-L 027290）；

广西　花坪，海拔900 m，1964.8.20，赵继鼎和徐连旺 9649（HMAS-L 005686）；海拔800 m，1964.8.23，赵继鼎和徐连旺 9771（HMAS-L 005730）；

四川　峨嵋山，海拔1000 m，1963.8.9，赵继鼎和徐连旺 06798（HMAS-L 005729）；海拔2000 m，1963.8.12，赵继鼎和徐连旺 07013（HMAS-L 005691）；海拔1900 m，1963.8.20，赵继鼎和徐连旺 8305-1（HMAS-L 005680）；木里县宁郎山，海拔3800 m，1982.6.4，王先业，肖勰，李滨 7953（HMAS-L 022020）；贡嘎山东坡燕子沟，海拔2500 m，1982.7.2，王先业，肖勰，李滨 8686（HMAS-L 022021）；

贵州　梵净山护国寺，海拔1410 m，2004.8.1，魏江春和张涛 G069（HMAS-L 083161）；梵净山金顶下，海拔2000 m，2004.8.4，魏江春和张涛 G299（HMAS-L 083160）；

云南　大理苍山花甸，海拔3000 m，1959.9.6，王庆之 1202a（HMAS-L 005728）；

西藏　聂拉木曲乡，海拔3480 m，1966.5.17，魏江春和陈健斌 804-5（HMAS-L 002820）；海拔3520 m，1966.5.17，魏江春和陈健斌 818（HMAS-L 002824）；樟木，海拔2700 m，1966.5.9，魏江春和陈健斌 435（HMAS-L 002819）；樟木，海拔3300 m，1966.5.11，魏江春和陈健斌 494（HMAS-L 002822）；吉隆县，海拔3200 m，1967.11.7，姜恕和赵从福 Q138（HMAS-L 0028121）。

文献记载：河北（Tchou 1935，p.308 as *Parmelia perlata*；赵继鼎 1964，p.147 as *Parmelia pseudolivetorum*；赵继鼎等 1982，p.45 as *Parmelia pseudolivetorum*；陈健斌 1986，p.388 as *Cetrelia braunsiana*），黑龙江（赵继鼎 1964，p.147；赵继鼎等 1982，p.45 as *Parmelia pseudolivetorum*；陈健斌 1986，p.388 as *Cetrelia braunsiana*），吉林（陈健斌 1986，p.388 as *Cetrelia braunsiana*），四川（赵继鼎 1964，p.147；赵继鼎等 1982，p.45 as *Parmelia pseudolivetorum*；陈健斌 1986，p.388 as *Cetrelia braunsiana*），云南（赵继鼎 1964，p.147；赵继鼎等 1982，p.45 as *Parmelia pseudolivetorum*；W.L. Culb. & C.F. Culb. 1968，p.493；陈健斌 1986，p.388 as *Cetrelia braunsiana*），西藏（魏江春和姜玉梅 1981，p.1147 & 1986，p.51 as *Cetrelia braunsiana*），湖北（陈健斌 1986，p.388；陈健斌等 1989，p.436 as *Cetrelia braunsiana*），湖南（陈健斌 1986，p.388 as *Cetrelia braunsiana*），安徽（赵继鼎 1964，p.147；赵继鼎等 1982，p.45 as *Parmelia pseudolivetorum*；陈健斌 1986，p.388；徐炳升 1989 as *Cetrelia braunsiana*，p.223），江西（赵继鼎 1964，p.147；赵继鼎等 1982，p.45 as *Parmelia pseudolivetorum*；陈健斌 1986，p.388 as *Cetrelia braunsiana*），浙江（赵继鼎 1964，p.147；赵继鼎等 1982，p.45 as *Parmelia pseudolivetorum*；陈健斌 1986，p.388；徐炳升 1989，p.223 as *Cetrelia braunsiana*），广西（陈健斌 1986，p.388 as *Cetrelia braunsiana*）。

分布：中国、日本、菲律宾、喜马拉雅地区。

地理成分：东亚成分。

讨论：该种在外形上和 *C. pseudolivetorum* 相近，但两者所含的化学成分不同，该种髓层含 α-collatolic acid 和 alectoronic acid，而后者含 olivetoric acid。该种具裂芽特征还与 *C. nuda* 相似，但区别在于该种假杯点不明显，而 *C. nuda* 具大量聚集的假杯点。

5.2　粉缘斑叶　图版 12.3

Cetrelia cetrarioides(Delise) W.L. Culb. & C.F. Culb.，Contr. U. S. Natn. Herb. **34**(7)：498，
　　1968；Wang-Yang & Lai，Taiwania **21**(2)：226，1976b；Chen，Acta Mycol. Sin.
　　Supplement **1**：389，1986；Chen et al.，Fungi and Lichens of Shennongjia：436，1989；
　　Wei，Enum. Lich. China：58，1991.

　≡ *Parmelia cetrarioides*(Del. ex Duby) Nyl.，Flora **52**：289，1869；Elenkin，Acta Horti
　　Petropolitani **19**：5，1904；Zahlbruckner，Symbolae Sinicae **3**：192，1930b；Moreau
　　et Moreau，Rev. Bryol. et Lichenol：191，1951；Zhao，Acta Phytotax. Sin. **9**：158，
　　1964；Wang-Yang & Lai，Taiwania **18**(1)：93，1973；Wei & Chen，Report on the
　　Scientific Investigations(1966-1968) in Mt. Qomolangma district：179，1974；Chen et al.，
　　J. NE Forestry Inst. **4**：152，1981；Wei & Jiang，Proceedings of symposium on
　　Qinghai-Xizang(Tibet) Plateau：1147，1981；Wei et al.，Lichenes Officinales Sinenses：
　　41，1982；Zhao et al.，Prodr. Lich. Sin.：46，1982；Wei & Jiang，Lichens of Xizang：
　　51，1986.

= *Parmelia perlata* f. *cetrarioides* Del. ex Duby，Bot. Gall.，ed. 2：601，1830.

地衣体叶状，直径 2.5～12 cm，无裂芽和小裂片；裂片宽圆，4～13 mm 宽，边缘具大量粉芽；上表面淡褐色或灰褐色，光滑，具大量小的点状白色假杯点；下表面黑色，边缘淡褐色或淡黄色，具黑色稀疏假根，常具小的圆形凹穴。子囊盘和分生孢子器未见。

化学：皮层含 atranorin；髓层含 perlatolic acid 或 imbricaric acid。

基物：树皮。

研究标本(28 份)：

吉林　长白山，海拔 1400 m，1950.7.26，刘慎谔 1710a(HMAS-L 005905)；珲春市，海拔 650 m，1984.8.2，卢效德 848041(HMAS-L 014827)；汪清县秃老婆顶子，海拔 850 m，1984.8.6，卢效德 848088(HMAS-L 084843)；海拔 1700 m，1994.8.11，郭守玉 94604-1(HMAS-L 012884)；1994.8，魏江春，郭守玉，姜玉梅 94234-2(HMAS-L 012883)；

黑龙江　带岭，海拔 350 m，1975.10.12，魏江春 2270(HMAS-L 005881)；穆棱县，1977.7.20，魏江春 2515(HMAS-L 005895)；

湖北　神农顶，海拔 2700 m，1984.7.9，陈健斌 10358-2(HMAS-L 005755)；神农架，海拔 2050 m，1984.7.16，陈健斌 10582(HMAS-L 005756)；神农架千家坪，海拔 2000 m，1984.8.10，陈健斌 11741(HMAS-L 005757)；海拔 2650 m，1984.7.29，陈健斌 11009(HMAS-L 005758)；海拔 2000 m，1984.8.19，陈健斌 11890(HMAS-L 005761)；

四川　九寨沟，海拔 2950 m，1983.7.8，王先业和肖勰 10189(HMAS-L 005752)；黄

龙寺，海拔 3300 m，1983.6.13，王先业和肖穊 10773（HMAS-L 005735）；峨眉山，海拔 3000 m，1960.7.9，马启明等 285（HMAS-L 005888），284（HMAS-L 005889）；木里县，海拔 3100 m，1982.5.29，王先业，肖穊，李滨 7936（HMAS-L 022023）；贡嘎山，海拔 2000 m，1982.7.7，王先业，肖穊，李滨 8763（HMAS-L 022026）；

云南　1935.2.8，王启无 21155（HMAS-L 005753）；丽江雪山，海拔 3600 m，1960.12.8，赵继鼎和陈玉本 4374（HMAS-L 005747）；海拔 3000 m，1960.12.12，赵继鼎和陈玉本 4609（HMAS-L 005744）；德钦县梅里东坡，海拔 4100 m，1982.10.8，苏京军 5427（HMAS-L 005751）；

西藏　聂拉木县，海拔 3870 m，1966.6.22，魏江春和陈健斌 1883（HMAS-L 0057478）；聂拉木县曲乡，海拔 3500 m，1966.5.17，魏江春和陈健斌 814（HMAS-L 005742）；樟木，海拔 3620 m，1966.5.11，魏江春和陈健斌 513（HMAS-L 005734）；吉隆县札村，海拔 3800 m，1967.11.1，姜恕和赵从福 Q132（HMAS-L 005733）；

陕西　太白山，海拔 3500 m，1992.7.30，陈健斌和贺青 6500（HMAS-L 080684）；海拔 3150 m，1992.7.28，陈健斌和贺青 6435（HMAS-L 080682）。

文献记载：河北（Moreau and Moreau 1951，p.191 as *Parmelia cetrarioides*），吉林（赵继鼎 1964，p.158；赵继鼎等 1982，p.46；陈锡龄等 1981b，p.152 as *Parmelia cetrarioides*；陈健斌 1986，p.389 as *Cetrelia cetrarioides*），黑龙江（陈锡龄等 1981b，p.152；罗光裕 1984，p.85 as *Parmelia cetrarioides*；陈健斌 1986，p.389；陈健斌等 1989，p.436 as *Cetrelia cetrarioides*），安徽和浙江（赵继鼎 1964，p.158；赵继鼎等 1982，p.46 as *Parmelia cetrarioides*），云南（Zahlbruckner 1930b，p.192；W.L.Culb. & C.F. Culb. 1968，p.498 as *Cetrelia cetrarioides*；赵继鼎 1964，p.158；赵继鼎等 1982，p.46 as *Parmelia cetrarioides*；陈健斌 1986，p.389 as *Cetrelia cetrarioides*），四川（Elenkin 1904，p.5；Zahlbruckner 1930b，p.192；W.L. Culb. & C.F. Culb. 1968，p.498；赵继鼎 1964，p.158；赵继鼎等 1982，p.46 as *Parmelia cetrarioides*；陈健斌 1986，p.389），西藏（魏江春和陈健斌 1974，p.179；魏江春和姜玉梅 1981，p.1147 和 1986，p.51 as *Parmelia cetrarioides*；魏江春等 1982，p.41 as *Parmelia cetrarioides*；陈健斌 1986，p.389 as *Cetrelia cetrarioides*）、台湾（Wang-Yang & Lai 1973，p.93 as *Parmelia cetrarioides* & 1976b，p.226 as *Cetrelia cetrarioides*）。

分布：北太平洋和大西洋沿岸。

地理成分：海洋性成分。

讨论：本种在形态上和 *C. chicitae* 相似，但该种髓层含 perlatolic acid 或 imbricaric acid，而 *C. chicitae* 髓层含 alectoronic acid 和 α-collatolic acid。

5.3　奇氏斑叶　图版 12.4

Cetrelia chicitae（W.L. Culb.）W.L. Culb. & C.F. Culb., Contr. U. S. Natn. Herb. **34**（7）：504，1968；Wang-Yang & Lai, Taiwania **21**（2）：225，1976b；Chen, Acta Mycol. Sin. Supplement **1**：389，1986；Chen et al., Fungi and Lichens of Shennongjia：437，1989；Xu, Cryptogamic Flora of the Yangtze Delta and Adjacent Regions：223，1989；Wei, Enum. Lich. China：59，1991.

≡ *Cetraria chicitae* W.L. Culb.，Bryologist **68**：95，1965.

Parmelia cetrarioides auct. Non（Del.）Nyl.：Zhao，Acta Phytotax. Sin. **9**（2）：147，1964；

Zhao et al.，Prodr. Lich. Sin.：46，1982.

地衣体宽叶状，直径 2.5～21 cm，无裂芽和小裂片；裂片宽 3.5～13 mm，边缘有白色粉芽；上表面灰褐色、褐色或暗灰青色，光滑，具白色假杯点，假杯点大小一般不超过 1 mm；下表面黑色，边缘褐色，有些标本仅在中央部分为黑色，大部分为黄褐色，具黑色稀疏假根，有些标本具圆形凹穴。子囊盘未见。分生孢子器仅在个别标本中见到，黑色，位于裂片边缘。

化学：皮层含 atranorin；髓层含 alectoronic acid 和 α-collatolic acid。

基物：树皮。

研究标本（28 份）：

吉林 长白山抚松，海拔 1540 m，1983.8.7，魏江春和陈健斌 6672（HMAS-L 005769）；长白山，海拔 1000 m，1983.7.25，魏江春和陈健斌 6107（HMAS-L 005770）；安图，海拔 1750 m，1960.7.25，杨玉川 20（HMAS-L 005774）；长白山，海拔 1000 m，魏江春和陈健斌 6154（HMAS-L 011350）；

黑龙江 穆棱三新山林场，海拔 620 m，1977.7.20，魏江春 2522（HMAS-L 005768）；穆棱三新山林场，1977.7.23，魏江春 2597-1（HMAS-L 005763）；带岭凉水林场北，海拔 460 m，1975.10.10，魏江春 2241（HMAS-L 027307）；

浙江 天目山，海拔 1000～1500 m，1962.8.13，赵继鼎和陈玉本 6126（HMAS-L 005765）；

安徽 黄山云谷寺，海拔 890 m，1963.8.16，赵继鼎和徐连旺 5196（HMAS-L 005762），5190（HMAS-L 005766）；

湖北 神农架，海拔 2300 m，1984.7.8，陈健斌 10182（HMAS-L 011348）；海拔 2800 m，1984.7.27，陈健斌和魏江春 10731（HMAS-L 011352）；海拔 2750 m，1984.7.27，陈健斌和魏江春 10700（HMAS-L 011351）；海拔 2700 m，1984.7.27，陈健斌和魏江春 10710（HMAS-L 027309）；海拔 2500 m，1984.7.30，魏江春 11229（HMAS-L 008131）；海拔 2580 m，1984.7.30，陈健斌 11101-1（HMAS-L 011353）；

四川 峨眉九龙洞，海拔 1780 m，1963.8.11，赵继鼎和徐连旺 6894（HMAS-L 005772）；峨嵋山，海拔 1800 m，1963.8.12，赵继鼎和徐连旺 7067HMAS-L 005764）；贡嘎山，海拔 3600 m，1982.8.1，王先业，肖勰，李滨 9306（HMAS-L 022032）；

云南 大理苍山，1935.12.14，王启无 21278（HMAS-L 005767）；贡山，海拔 2100 m，1982.7.20，苏京军 2244（HMAS-L 090816）；中甸，海拔 3600 m，1981.8.22，王先业，肖勰，苏京军 5641（HMAS-L 110499）；德钦，海拔 3300 m，1982.10.9，苏京军 5736（HMAS-L 110919）；

西藏 波密县，海拔 3200 m，1976.7.10，宗毓臣和廖寅章 295（HMAS-L 002829）；聂拉木县樟木，海拔 3450 m，1966.5.13，魏江春和陈健斌 630（HMAS-L 080686）；

陕西 太白山，海拔 3100 m，1992.7.28，陈健斌和贺青 6255（HMAS-L 084331），6192（HMAS-L 084339）；海拔 2750 m，1992.7.26，陈健斌和贺青 5881（HMAS-L 084332）。

文献记载：吉林、云南、安徽和浙江（赵继鼎 1964，p.147；赵继鼎等 1982，p.46 as *Parmelia cetrarioides*；陈健斌 1986，p.389 as *Cetrelia chicitae*），黑龙江（陈健斌 1986，p.389 as *Cetrelia chicitae*），四川（陈健斌 1986，p.389 as *Cetrelia chicitae*），湖北（陈健斌 1986，p.389；陈健斌等 1989，p.437 as *Cetrelia chicitae*），安徽和浙江（徐炳升 1989，p.223 as *Cetrelia chicitae*），台湾（W.L. Culb. & C.F. Culb. 1968，p.504；Wang-Yang & Lai 1976b，p.225 as *Cetrelia chicitae*）。

分布：欧亚大陆东部和北美洲。

地理成分：东亚-北美成分。

讨论：本种有时与 *C. cetrarioides* 和 *C. olivetorum* 相似，但髓层含 alectoronic acid 和 α-collatolic acid，而 *C. cetrarioides* 髓层含 perlatolic acid 或 imbricaric acid，*C. olivetorum* 髓层含 olivetorum acid。

5.4 领斑叶　图版 12.5

Cetrelia collata (Nyl.) W.L. Culb. & C.F. Culb.，Contr. U.S. Natn. Herb. **34**(7)：505，1968；Wei，Bull. Bot. Res. **1**(3)：85，1981；Ikoma，Macrolichens of Japan and Adjacent Region：33，1983；Chen，Acta Mycol. Sin. Supplement **1**：390，1986；Chen et al.，Fungi and Lichens of Shennongjia：438，1989；Xu，Cryptogamic Flora of the Yangtze Delta and Adjacent Regions：223，1989；Wei，Enum. Lich. China：59，1991.

　≡ *Platismatia collatum* Nyl. Flora **70**：134，1887 & in Hue，Bull. Soc. Bot. Frande **34**：19，1887；Hue，Bull. Soc. Bot. France **36**：163，1889；Hue，Nouv. Arch. Mus. Hist. Nat. (Paris) **3**(2)：274，1890；Hue，Nouv. Arch. Mus. Hist. Nat. **4**(4)：207，1899.

= *Cetraria collata* (Nyl.) Müll. Arg. Nouv. Giorn. Bot. Ital. **24**：192，1892；Paulson，Journ. Bot. London **66**：317，1928；Zahlbruckner，Symbolae Sinicae **3**：197，1930b；Sato，Nova Flora Japonica vel Descriptiones et Systema Nova omnium plantarum in ImperieJaponice sponte nascentium：57，1939.

地衣体宽叶状，直径 4.5～18 cm，无裂芽、粉芽和小裂片；裂片宽 4～21 mm；上表面灰褐色，光滑，假杯点白色，大小形状各异，直径往往超过 1 mm；下表面黑色，边缘褐色，光滑，具黑色稀疏假根。子囊盘叶面生，杯状，直径 1～25 mm，穿孔或不穿孔，具盘托，盘托上具大量假杯点。分生孢子器黑色，呈突起状，位于裂片边缘。

化学：皮层含 atranorin；髓层含 imbricaric acid。

基物：树皮。

研究标本 (16 份)：

安徽　黄山，1962.8.18，赵继鼎和徐连旺 5264 (HMAS-L 027315)；海拔 1610 m，1962.8.21，赵继鼎和徐连旺 5601 (HMAS-L 027313)；海拔 1900 m，1956.8.18，陈邦杰 6517-2 (HMAS-L 005776)；1980.11.1，魏江春 3731 (HMAS-L 005777)；海拔 1610 m，1963.8.21，赵继鼎和徐连旺 5602 (HMAS-L 005778)，5590 (HMAS-L 005781)；

湖北　神农架，海拔 2620 m，1984.7.12，陈健斌 10416 (HMAS-L 005792)；海拔 2150 m，1984.8.20，陈健斌 11892-1 (HMAS-L 005771)；海拔 2570 m，1984.7.16，陈健斌

10569（HMAS-L 005773）；海拔 2620 m，1984.7.12，陈健斌 10427（HMAS-L 011355）；

四川 峨眉山，海拔 1900 m，1963.8.20，赵继鼎和徐连旺 8305（HMAS-L 005788）；

贵州 樊净山，海拔 1660 m，1963.8.22，魏江春 0452（HMAS-L 011356）；海拔 1470 m，1963.8.22，魏江春 0453（HMAS-L 005789）；海拔 1700 m，1963.9.14，魏江春 0710（HMAS-L 005790）；海拔 1570 m，1963.9.6，魏江春 0700（HMAS-L 005775）；海拔 1650 m，1963.8.22，魏江春 0434（HMAS-L 005780）。

文献记载：云南（Hue 1889，p.163 & 1890，p.274 & 1899，p.207 as *Platismatia collatum*；Paulson 1928，p. 317；Zahlbruckner 1930b，p.197；Sato 1939，p.57 as *Cetraria collata*；W.L.Culb. & C.F. Culb. 1968，p.505；Ikoma 1983，p.33 as *Cetrelia collata*），四川（Sato 1939，p.57 as *Cetraria collata*；W.L. Culb. & C.F. Culb. 1968，p. 505；Ikoma 1983，p.33；陈健斌 1986，p. 390 as *Cetrelia collata*），贵州（陈健斌 1986，p.390 as *Cetrelia collata*），湖北（陈健斌 1986，p.390；陈健斌等 1989，p.438 as *Cetrelia collata*），安徽（魏江春 1981，p.85；陈健斌 1986，p.390；徐炳升 1989，p.223 as *Cetrelia collata*），浙江（徐炳升 1989，p.223 as *Cetrelia collata*），台湾（Asahina and Sato 1939，p. 737 as *Cetraria collata*）。

分布：中国、尼泊尔。

地理成分：东亚成分。

讨论：本种相似于裸斑叶 *C. nud*a，但两者所含的化学成分不同。

5.5 大维氏斑叶 图版 12.6

Cetrelia davidiana W.L. Culb. & C.F. Culb., Contr. U. S. Natn. Herb. **34**（7）：507，1968；Hawksworth，Anisworth & Bisby's Dictionary of the Fungi：15，1972；Chen, Acta Mycol. Sin. Supplement **1**：390，1986；Wei, Enum. Lich. China：59，1991.

Type：China，Yunnan，Mt. Yulong，254（W-holotype）.

地衣体叶状，宽 3～5.5 cm；裂片宽 4～11 mm；上表面淡褐色，略具棱脊，具白色点状假杯点，假杯点直径小于 0.5 mm，无粉芽、裂芽和小裂片；下表面黑色，边缘褐色，具稀疏假根。子囊盘和分生孢子器未见。

化学：皮层含 atranorin；髓层含 olivetoric acid。

基物：树皮。

研究标本（5 份）：

四川 贡嘎山，海拔 3650 m，1982.6.26，王先业，肖勰，李滨（HMAS-L 022042）；

贵州 梵净山，海拔 1300 m，2004.8.2，魏江春和张涛 G594（HMAS-L 083178）；海拔 2000 m，2004.8.3，魏江春和张涛 G266（HMAS-L 083177）；

云南 丽江，海拔 3000 m，1960.7.7，赵继鼎和陈玉本 4085（HMAS-L 027342）；

西藏 樟木，海拔 2520 m，1966.5.6，魏江春和陈健斌 105（HMAS-L 005793）。

文献记载：四川（W.L.Culb. & C.F. Culb. 1968，p.507；Hawksworth 1972，p.15 as *Cetrelia davidiana*），云南（陈健斌 1986，p.390 as *Cetrelia davidiana*）。

分布：中国。

地理成分：中国特有种。

讨论：本种同该属内其他无粉芽、裂芽和小裂片种类的区别主要在化学成分上。

5.6 戴氏斑叶 图版 12.7

Cetrelia delavayana W. L. Culb. & C. F. Culb.，Contr. U. S. Natn. Herb. **34**(7)：509，1968；
Chen，Acta Mycol. Sin. Supplement **1**：390，1986；Wei，Enum. Lich. China：59，1991.
Type：China，Yunan，Delavay，1888(PC).

地衣体叶状，宽 5～8 cm，无粉芽、裂芽和小裂片；裂片 6～10 mm 宽；上表面灰白色或灰褐色，假杯点较小，点状或不规则状；下表面黑色，边缘褐色，具稀疏假根。子囊盘常见，边缘或叶面生，杯状，直径 4～8 mm，常穿孔。分生孢子器边缘生，黑色，呈突起状。

化学：皮层含 atranorin；髓层含 perlatolic acid。

基物：树皮。

研究标本(6 份)：

湖北 神农架，海拔 2700 m，1984.7.11，陈健斌 10411(HMAS-L 005797)；
10364(HMAS-L 027328)；

四川 贡嘎山，海拔 3000 m，1981.6.24，王先业，肖勰，李滨 8231(HMAS-L 022043)；

云南 丽江玉龙雪山，1958.11.3，韩树金和陈洛阳 5036a(HMAS-L 022043)；
1958.11.4，韩树金，无号(HMAS-L 005794)；

西藏 曲乡聂拉木，海拔 3770 m，1966.5.17，陈健斌 765-1(HMAS-L 011346)。

文献记载：四川(W.L.Culb. & C.F. Culb.1968，p.509；陈健斌 1986，p.390 as *Cetrelia delavayana*)，云南和西藏(陈健斌 1986，p.390 as *Cetrelia delavayana*)。

分布：中国。

地理成分：中国特有种。

讨论：该种与该属内其他无粉芽、裂芽和小裂片种的区别表现在：假杯点极小，髓层含 perlatolic acid。

5.7 裂芽斑叶 图版 12.8

Cetrelia isidiata (Asahina) W.L. Culb. & C.F. Culb.，Contr. U. S. Natn. Herb. **34**(7)：510，
1968；Wang-Yang & Lai，Taiwania **21**(2)：227，1976b；Chen，Acta Mycol. Sin.
Supplement **1**：390，1986；Wei，Enum. Lich. China：59，1991.

≡ *Cetraria sanguinea* f. *isidiata* Asahina. Parmeliales(I) in Nakai & Honda，Nov. Fl. Jap. **5**：
73，1939；Sato，Nova Flora Japonica vel Descriptiones et Systema Nova omnium
plantarum in ImperieJaponice sponte nascentium：73，1939；Wang-Yang & Lai，Taiwania
18(1)：89，1973.

地衣体叶状，宽 5～8 cm，无粉芽；裂片宽圆，宽 5～7 mm，边缘具大量珊瑚状裂芽及少量小裂片；上表面灰褐色，光滑，具小的白色点状假杯点；下表面黑色，边缘褐色，光滑，具褐色稀疏假根。子囊盘及分生孢子器未见。

化学：皮层含 atranorin；髓层含 anziaic acid。

基物：树皮。

研究标本(6 份)：

河北 兴隆县雾灵山，海拔 1860 m，2002.10.10，李红梅和王海英 why417(HMAS-L 083547)；海拔 1790 m，2002.10.11，李红梅和王海英 why430(HMAS-L 083546)；

四川 峨嵋山遇仙寺，海拔 1800 m，1963.8.12，赵继鼎和徐连旺 07067(HMAS-L 005798)；

贵州 梵净山，2004.8，魏江春和张涛 G580(HMAS-L 083179)；

西藏 聂拉木县樟木，海拔 2700 m，1966.5.9，魏江春和陈健斌 435-1(HMAS-L 024193)；海拔 2290 m，1966.5.6，魏江春和陈健斌 357(HMAS-L 024194)。

文献记载：四川(陈健斌 1986，p.390 as *Cetrelia isidiata*)，台湾(Sato 1939，p.73 as *Cetraria sanguinea* f. *isidiata*；W.L.Culb. & C.F Culb. 1968，p.510 as *Cetrelia isidiata*；Wang-Yang & Lai 1973，p.89 as *Cetraria sanguinea* f. *isidiata* & 1976b，p. 227 as *Cetrelia isidiata*)。

分布：中国、日本。

地理成分：东亚成分。

讨论：本种和 *C. braunsiana* 均具有裂芽，但它们的化学成分不同，本种髓层含 anziaic acid，而 *C. braunsiana* 髓层含 alectoronic acid 和 α-collatolic acid。

5.8 日本斑叶 图版 13.1

Cetrelia japonica(Zahlbr.) W. L. Culb. & C.F. Culb.，Contr. U.S. Natl. Herb. **34**：511，1968；
　　Wang-Yang & Lai，Taiwania **21**(2)：227，1976b.

　≡ *Cetraria japonica* Zahlbr.，Ann. Mycol. **14**：60，1916.

地衣体叶状，宽 5～6 cm；上表面灰褐色，光滑，具假杯点，假杯点白色，点状至短细杆状；裂片宽圆，宽 5～10 mm，边缘锯齿状，上卷，具大量小裂片；无粉芽和裂芽；下表面黑色，边缘褐色，光滑；具假根，假根黑色，短，近球形；具白色圆形凹穴。子囊盘及分生孢子器未见。

化学：皮层含 atranorin；髓层含 microphyllinic acid。

基物：树皮。

研究标本(2 份)：

辽宁 宽甸县佛堂沟，海拔 940 m，1989.9.10，陈锡龄 7233(KUN)；

西藏 波密，海拔 3200 m，1976.7.10，宗毓臣和廖寅章 295-3(HMAS-L 002832)。

文献记载：台湾(Wang-Yang & Lai 1976b，p.227 as *Cetrelia japonica*)。

分布：中国、日本、韩国、印度尼西亚、加里曼丹岛。

地理成分：东亚成分。

讨论：该种在形态上和 *Cetrelia sinensis* 最为相近，具有大量小裂片，区别在于该种含有 microphyllinic acid，而 *C. sinensis* 含有 imbricaric acid。在 *Cetrelia* 属中，目前已知有两种地衣体中含 microphyllinic acid，即 *C. japonica* 和 *C. pseudocollata*。

5.9 裸斑叶 图版 13.7

Cetrelia nuda(Hue) W.L. Culb. & C.F. Culb.，Contr. U. S. Natl. Herb. **34**：513，1968；Chen，

Acta Mycol. Sin. Supplement **1**：391，1973；Wang-Yang & Lai，Taiwania **21**(2)：227，
1976b；Wei，Enum. Lich. China：59-60，1991.

≡ *Platysma collatum* f. *nudum* Hue，Nouv. Arch. Mus. Hist. Nat.，Paris，4 sér. **1**：208，
1899. —*Cetraria collata* f. *nuda*(Hue)Zahlbr.，Cat. Lich. Univers. **6**：285，1930；
Zahlbruckner，Symbolae Sinicae：197，1930b；Sato，Nova Flora Japonica vel
Descriptiones et Systema Nova omnium plantarum in ImperieJaponice sponte
nascentium：58，1939；Wang-Yang & Lai，Taiwania **18**(1)：88，1973.

= *Parmelia yunnana* f. *subnuda* Zahlbr.，Hedwigia **74**：210，1934.

地衣体叶状，大型，宽 15 cm 左右；上表面灰褐色，光滑，具假杯点，假杯点白色，
点状至短细杆状，近顶端覆盖白色粉霜；裂片宽圆，宽 5～10 m，浅裂；无粉芽和裂芽；
下表面黑色，边缘褐色，光滑，无假根，具白色圆形凹穴。分生孢子器数量多，多分布
于裂片边缘，短棒状，黑色；偶见于上表面，点状，凹陷于地衣体中。子囊盘偶见，分
布于地衣体近边缘，具短柄，茶渍型，果壳表面多假杯点，边缘具粉霜。

化学：皮层含 atranorin；髓层含 alectoric acid 和 α-collatolic acid。

基物：树皮。

研究标本(5 份)：

四川　贡嘎山西坡姐妹山，海拔 4100 m，1982.7.29，王先业，肖勰，李滨 9066(HMAS-L
022045)；西坡贡嘎河谷，海拔 3600 m，1982.8.1，王先业，肖勰，李滨 9476(HMAS-L
022046)；

云南　丽江雪山，海拔 3000 m，1960.7.9，赵继鼎和陈玉本 4548(HMAS-L 110512)；
海拔 2200 m，1982.6.8，苏京军 1370(HMAS-L 05799)；

西藏　聂拉木县，海拔 3550 m，1966.5.19，魏江春和陈健斌 925-1(HMAS-L 014828)。

文献记载：四川(Zahlbruckner 1930b，p.197 as *Cetraria collata* f. *nuda*)，云南(Hue
1899，p.208 as *Platysma collatum* f. *nudum*；Zahlbruckner 1930b，p.197 as *Cetraria collata* f.
nuda & 1934，p.210 as *Parmelia yunnana* f. *subnuda*；W.L. Culb. & C.F. Culb. 1968 as，p.513；
陈健斌 1986，p.391 as *Cetrelia nuda*)，台湾(Sato 1939，p.58 as *Cetraria collata* f. *nuda*；
W.L. Culb. & C.F. Culb. 1968，p.513 as *Cetrelia nuda*；Wang-Yang & Lai 1973，p.88 as
Cetraria collata f. *nuda* & 1976b，p. 227 as *Cetrelia nuda*)。

分布：中国、日本。

地理成分：东亚成分。

讨论：该种的主要特征为地衣体大、裂片宽，假杯点大且聚集数量多。该种形态与
Cetrelia alaskana、*C. delavayana* 和 *C. pseudocollata* 相似，区别在于这些种化学成分与该
种不同或假杯点小，不呈聚集的状态。该种形态还与裂芽发育不良的 *Cetrelia braunsiana*
相似，但区别在于 *C. braunsiana* 的假杯点较小。

5.10　橄榄斑叶　图版 13.2

Cetrelia olivetorum(Nyl.)W.L. Culb. & C.F. Culb.，Contr. U. S. Natn. Herb. **34**(7)：515，
1968；Wang-Yang & Lai，Taiwania **21**(2)：227，1976b；Chen，Acta Mycol. Sin.

Supplement **1**：391，1986；Chen et al.，Fungi and Lichens of Shennongjia：438，1989；Wei，Enum. Lich. China：60，1991.

≡ *Parmelia olivetorum* Nyl. Not. Shällsk. Fauna Fl. Fenn. Förh.，Ser. **5**：180，1866；Hue，Nouv. Arch. Mus. Hist. Nat.，Ser. 4，**1**：264，1899；Chen et al.，J. NE Forestry Inst. **4**：152，1981b.

= *Parmelia olivaria* (Ach.) Th. Fr.，Lich. Scand. (Upsaliae) **1**：112，1871；Zahlbruckner，Symbolae Sinicae：191，1930b.

Parmelia cetrarioides auct. Non (Del. Ex Duby) Nyl.：Zhao，Acta Phytotax. Sin. **9**：158，1964；Zhao et al.，Prodr. Lich. Sin.：46，1982.

地衣体叶状，小型至中型，宽 5.5～15.5 cm，无裂芽和小裂片；裂片宽圆，宽 5～12 mm，边缘具大量粉芽；上表面灰褐色，光滑或略具皱褶，具白色点状假杯点，假杯点直径常常小于 0.5 mm；下表面黑色，边缘栗褐色，具稀疏假根。子囊盘和分生孢子器未见。

化学：皮层含 atranorin；髓层含 olivetoric acid。

研究标本 (15 份)：

吉林　长白山，海拔 1540 m，1983.8.7，魏江春和陈健斌 6671 (HMAS-L 005819)；

黑龙江　带岭，海拔 450 m，1975.10.2，魏江春 2043-1 (HMAS-L 005817)；

湖北　神农架，海拔 2750 m，1984.7.27，魏江春和陈健斌 10713-2 (HMAS-L 005803)，10931 (HMAS-L 005821)；海拔 2670 m，1984.7.12，陈健斌 10467 (HMAS-L 005822)；海拔 2800 m，1984.7.27，魏江春和陈健斌 10731-3 (HMAS-L 005814)；海拔 1700 m，1984.9.9，陈健斌 12115-1 (HMAS-L 005815)；

四川　九寨沟，海拔 2500 m，1983.6.7，王先业和肖勰 10078 (HMAS-L 005818)；峨眉洗象池，海拔 2200 m，1963.8.13，赵继鼎和徐连旺 07166 (HMAS-L 005805)；贡嘎山，海拔 2000 m，1982.6.23，王先业，肖勰，李滨 8223 (HMAS-L 022047)；

云南　丽江玉龙雪山，1960.12.10，赵继鼎和陈玉本 4629 (HMAS-L 005813)；1960.12.6，赵继鼎和陈玉本 3944 (HMAS-L 005812)；昆明西山，1960.11.2，赵继鼎和陈玉本 1936 (HMAS-L 005810)；

西藏　聂拉木县樟木，海拔 2650 m，1966.5.9，魏江春和陈健斌 447 (HMAS-L 005804)；

陕西　太白山大殿，海拔 2400 m，1958.7.1，于积厚 215b (HMAS-L 005802)。

文献记载：吉林 (陈锡龄等 1981b，p.152 as *Parmelia olivetorum*；陈健斌 1986，p.391 as *Cetrelia olivetorum*)，辽宁 (陈锡龄等 1981b，p.152 as *Parmelia olivetorum*)，黑龙江 (陈健斌 1986，p.391 as *Cetrelia olivetorum*)，陕西 (Zahlbruckner 1930b，p.191 as *Parmelia olivaria*)，云南 (Hue 1889，p.164 as *Parmelia olivetorum*；W.L. Culb. & C.F. Culb. 1968，p.515 as *Cetrelia olivetorum*；赵继鼎 1964，p.158；赵继鼎等 1982，p.46 as *Parmelia cetrarioides*；陈健斌 1986，p.391 as *Cetrelia olivetorum*)，四川 (陈健斌 1986，p.391 as *Cetrelia olivetorum*)，湖北 (陈健斌 1986，p.391；陈健斌等 1989，p.438 as *Cetrelia olivetorum*)，西藏 (魏江春和姜玉梅 1986，p.52；陈健斌 1986，p.391 as *Cetrelia olivetorum*)，台湾 (W.L. Culb. & C.F. Culb. 1968，p.515；Wang-Yang & Lai 1976b，p.227 as *Cetrelia olivetorum*）。

分布：北太平洋和大西洋沿岸。

地理成分：海洋性成分。

讨论：本种与该属内其他具粉芽种的区别主要表现在地衣物质上。

5.11 拟领斑叶 图版 13.3

Cetrelia pseudocollata Randlane & Saag，Lichenologist **23**：117，1991.

Type：China，Anhui，Mountain Huang Shan，Beihai，on the bark of *Quercus* sp.，1720 m，1980，J. C. Wei [Lich. Sinenses Exs. no. 20]（LD-holotypus）.

地衣体叶状，宽 15 cm 左右；上表面灰绿色至灰色，密布假杯点，假杯点圆形至近线形，长 1 mm 以上；下表面黑色，边缘淡褐色至褐色，有少量圆形凹穴，具稀疏黑色假根。分生孢子器位于裂片边缘，数量多，球形，黑色。子囊盘分布于地衣体近边缘，数量少，具短柄，茶渍型，果壳表面多假杯点。

化学：皮层含 atranorin；髓层含 microphyllinic acid。

基物：树生。

研究标本（1 份）：

安徽 黄山西海，1980.11.1，魏江春 3717（HMAS-L 027631，isotype）。

文献记载：安徽（Randlane and Saag 1991，p. 117 as *Cetrelia pseudocollata*）。

分布：中国。

地理成分：中国特有种。

讨论：该种的主要特征在于地衣体上表面的假杯点数量多、个体大，形状不规则；髓层中含有 microphyllinic acid。该种外形与 *Cetrelia collata* 和 *C. nuda* 相似，区别即在于髓层化学成分的不同。该属中一些种，如 *Cetrelia davidiana*、*C. delavayana*、*C. sanguinea* 与 *C. pseudocollata* 相似，均不具营养繁殖体，但区别在于这些种的假杯点小，呈点状。

5.12 拟橄榄斑叶 图版 13.4

Cetrelia pseudolivetorum（Asahina）W.L. Culb. & C.F. Culb.，Contr. U. S. Natn. Herb. **34**（7）：519，1968；Wang-Yang & Lai，Taiwania **21**（2）：227，1976b；Wei & Jiang，Proceedings of Symposium on Qinghai-Xizang（Tibet）Plateau：1147，1981；Chen，Acta Mycol. Sin. Supplement **1**：392，1986；Wei & Jiang，Lichens of Xizang：52，1986；Chen et al.，Fungi and Lichens of Shennongjia：438，1989；Wei，Enum. Lich. China：60，1991.

≡ *Parmelia pseudolivetorum* Asahina.，J. Jap. Bot. **27**：16，1952；Zhao，Acta Phytotax. Sin. **9**：159，1964；Wei & Chen，Report of Scientific Expedition of the Mt. Jolmo Lungma region：180，1974；Chen et al.，J. NE Forestry Inst. **4**：153，1981b；；Zhao et al.，Prodr. Lich. Sin.：45，1982.

地衣体叶状，宽 4～12 cm，无粉芽和裂芽；裂片宽圆，宽 4～11 mm，边缘和叶面（主要是叶面）上具大量小裂片；上表面灰褐色，光滑，具大量白色假杯点，假杯点直径很少超过 0.5 mm；下表面黑色，边缘褐色或淡褐色。子囊盘和分生孢子器未见。

化学：皮层含 atranorin；髓层含 olivetoric acid。

基物：树皮。

研究标本(15 份)：

吉林 长白山，海拔 1700 m，1977.8.12，魏江春 2911(HMAS-L 005831)；1994.8.6，魏江春，郭守玉，姜玉梅 94430(HMAS-L 012885)；

湖北 神农架，海拔 2670 m，1984.7.30，陈健斌 11188(HMAS-L 005833)；海拔 2670 m，1984.7.12，陈健斌 10466(HMAS-L 005834)；海拔 2620 m，1984.7.12，陈健斌 10432-1(HMAS-L 005836)；海拔 2600 m，1984.7.30，魏江春 11242(HMAS-L 005835)；海拔 2500 m，1984.7.30，魏江春 11229-1(HMAS-L 005846)；海拔 2950 m，1984.7.9，魏江春 11242(HMAS-L 005852)；

湖南 衡山藏经阁，海拔 960 m，赵继鼎和徐连旺 10317(HMAS-L 005829)；

四川 峨嵋山，海拔 2500 m，1963.8.16，赵继鼎和徐连旺 07492(HMAS-L 005839)；海拔 2200 m，1963.8.13，赵继鼎和徐连旺 07115(HMAS-L 005842)；

贵州 樊净山，海拔 1360 m，1963.9.16，魏江春 0796(HMAS-L 005830)；

西藏 聂拉木县樟木，海拔 2900 m，1966.5.8，魏江春和陈健斌 383(HMAS-L 005832)，海拔 2610 m，1966.5.15，魏江春和陈健斌 724(HMAS-L 002837)；海拔 2830 m，1966.5.13，魏江春和陈健斌 663(HMAS-L 002838)。

文献记载：河北(赵继鼎 1964，p.159；赵继鼎等 1982，p.45 as *Parmelia pseudolivetorum*)，辽宁(陈锡龄等 1981b，p.153 as *Parmelia pseudolivetorum*)，吉林(陈锡龄等 1981b，p.153 as *Parmelia pseudolivetorum*；陈健斌 1986，p.392 as *Cetrelia pseudolivetorum*)，黑龙江(赵继鼎 1964，p.159；赵继鼎等 1982，p.45 as *Parmelia pseudolivetorum*；陈锡龄等 1981b，p.153 as *Parmelia pseudolivetorum*)，四川(W.L.Culb. & C.F. Culb. 1968，p.519；陈健斌 1986，p.392 as *Cetrelia pseudolivetorum*)，贵州(陈健斌 1986，p.392 as *Cetrelia pseudolivetorum*)，西藏(魏江春和陈健斌 1974，p.180 as *Parmelia pseudolivetorum*；魏江春和姜玉梅 1981，p.1147 和 1986，p.52；陈健斌 1986，p.392 as *Cetrelia pseudolivetorum*)，湖北(陈健斌 1986，p.392；陈健斌等 1989，p.438 as *Cetrelia pseudolivetorum*)，湖南(陈健斌 1986，p.392 as *Cetrelia pseudolivetorum*)，浙江(赵继鼎 1964，p.159；赵继鼎等 1982，p.45 as *Parmelia pseudolivetorum*)，安徽和江西(赵继鼎 1964，p.159；赵继鼎等 1982，p.45 as *Parmelia pseudolivetorum*)、台湾(W.L.Culb. & C.F. Culb.1968，p.519；Wang-Yang & Lai 1976b，p.227 as *Cetrelia pseudolivetorum*)。

分布：中国、日本、喜马拉雅地区。

地理成分：东亚成分。

讨论：该种和 *Cetrelia olivetorum* 具相同的化学成分，但该种具小裂片，而 *C. olivetorum* 边缘具粉芽。

5.13 血红斑叶 图版 13.5

Cetrelia sanguinea (Schaer.) W.L. Culb. & C.F. Culb.，Contr. U. S. Natn. Herb. **34**(7)：521，1968；Chen，Acta Mycol. Sin. Supplement **1**：392，1986；Chen et al, Fungi and Lichens of Shennongjia：439，1989；Wei，Enum. Lich. China：60，1991.

　≡ *Cetraria sanguinea* Schaer. in Moritzi，Zoll. Syst. Verz. Java Pflanz.：129，1846.

= *Cetraria sanguinea* var. *inactiva* Zahlbr.，Symbolae Sinicae：197，1930b.

= *Imbricaria megaleia* (Nyl.) Jatta，Nuovo Giorn. Bot. Italiano ser.2，**9**：469，1902.

　　地衣体叶状，中型至大型，宽 7～16 cm，无粉芽、裂芽和小裂片；裂片宽圆，宽 5～33 mm，边缘完整或呈撕裂状；上表面灰褐色，光滑或微皱，具白色点状假杯点，假杯点直径常常小于 0.5 mm；下表面黑色，边缘栗褐色，具稀疏假根，常具圆形凹穴。

　　子囊盘边缘生或表面生，幼小时杯状，成熟时呈撕裂状，直径 3～15 mm。

　　分生孢子器位于边缘，埋生或呈突起状。

　　化学：皮层含 atranorin；髓层含 anziaic acid。

　　研究标本(7 份)：

　　湖北　神农架，海拔 2950 m，1984.7.9，陈健斌 10318(HMAS-L 005867)，10327(HMAS-L 005866)；海拔 2600 m，1984.7.30，陈健斌 11166(HMAS-L 005866)；海拔 2750 m，1984.7.27，魏江春和陈健斌 10713(HMAS-L 011360)；海拔 2980 m，1984.8.2，陈健斌 11338-1(HMAS-L 005871)；海拔 2800 m，1984.7.27，陈健斌 10834(HMAS-L 005869)；

　　陕西　太白山，海拔 2090 m，1984.7.30，马启明和宗毓臣 327(HMAS-L 027344)。

　　文献记载：陕西(Jatta 1902，p.469 as *Imbricaria megaleia*；Zahlbruckner 1930 b，p.197 as *Cetraria sanguinea* var. *inactiva*；陈健斌 1986，p.392 as *Cetrelia sanguinea*)，四川 (Zahlbruckner 1930 b，p.197 as *Cetraria sanguinea* var. *inactiva*)，云南(Zahlbruckner 1930b，p.197 as *Cetraria sanguinea* var. *inactiva*；W.L. Culb. & C.F. Culb. 1968，p.521 as *Cetrelia sanguinea*)，湖北(陈健斌 1986，p.392；陈健斌等 1989，p.439 as *Cetrelia sanguinea*)。

　　分布：东南亚。

　　地理成分：东亚成分。

　　讨论：本种形态上类似于大维斑叶 *Cetrelia davidiana*，但主要区别在于该种髓层含有 anziaic acid，而 *C. davidiana* 髓层含有 olivetoric acid，该种还类似于得拉维斑叶 *C. delavayana*，但两者所含的化学成分亦不同。

5.14　中华斑叶　图版 13.6

Cetrelia sinensis W.L.Culb. & C.F. Culb.，Contr. U. S. Natn. Herb. **34**(7)：523，1968；Wei
　　& Jiang，Lichens of Xizang：52，1986；Wei，Enum. Lich. China：60，1991.

Cetrelia monachorum auct. non (Zahlbr.) W.L. Culb. & C.F. Culb.：Wei，Enum. Lich. China：
　　59，1991；Chen，Acta Mycol. Sin. Supplement 1：391，1986.

　　地衣体叶状，直径 3～10 cm，无裂芽和粉芽；裂片宽圆，4～9 cm 宽，边缘具小裂片；上表面灰褐色，光滑，具点状或其他形状的假杯点，假杯点直径小于 1 mm；下表面褐色，边缘褐色或黄褐色，具稀疏黑色假根。子囊盘未见。分生孢子器黑色，突起状，位于裂片和小裂片边缘。

　　化学：皮层含 atranorin；髓层含 imbricaric acid。

基物：岩石或树干。

研究标本(3 份)：

安徽 黄山北海，1980.11.2，魏江春 3775(HMAS-L 005875)；

四川 峨嵋山，遇仙寺，海拔 1800 m，1963.8.2，赵继鼎和徐连旺 07068(HMAS-L 06124)；

西藏 波密，海拔 3200 m，1976.7.10，宗毓臣和廖寅章 296-1(HMAS-L 002830)。

文献记载：四川(陈健斌 1986，p.392 as *Cetrelia monachorum*)，西藏(魏江春和姜玉梅 1986，p.52 as *Cetrelia sinensis*)，台湾(W.L. Culb. & C.F. Culb. 1968，p.524 as *Cetrelia sinensis*)。

分布：中国。

地理成分：中国特有种。

讨论：该种同斑叶属中其他具小裂片种的差别主要在于化学成分不同。

6. 类斑叶属 Cetreliopsis Lai

Quart. J. Taiwan Mus. **33**：218，1980；Wei，Enum. Lich. China：60，1991.

Type species：*Cetreliopsis rhytidocarpa*(Mont. & Bosch) Lai.

地衣体叶状至近枝状，缘毛和粉芽在某些种中存在，上表面草黄色至黄绿色，常常杂有黑斑，下表面黑色或仅中部黑色，边缘褐色，假根稀少或较多，上下表面均具假杯点，上表面假杯点往往被黑边或顶端具小刺的分生孢子器包围，下表面假杯点为白色点状。上皮层和下皮层均由假薄壁组织构成。子囊盘边缘生，明显上翻，盘面褐色，直径可达 14 mm；子囊宽棍棒状，大小为 35～60×11～20 μm，轴体 2.5～4 μm；子囊孢子椭圆形，6～12×4～7 μm。分生孢子器边缘生或叶面生，埋生或位于黑色小刺顶端，分生孢子哑铃状，5×1～2 μm。

化学：皮层含或不含 usnic acid；髓层含 fumarprotocetraric acid、脂肪酸和其他 β-地衣酚缩酚酸环醚类物质。

基物：树干。

讨论：该属主要分布于东南亚，包括中国台湾，菲律宾，印度尼西亚，属于热带高山种。世界已知 7 种，中国已知 4 种。

6.1 朝氏类斑叶 图版 14.1

Cetreliopsis asahinae(M. Satô) Randlane & A. Thell，Cryptog. Bryol. Lichénol. **16**：49，1995；Lai et al.，Ann. Bot. Fennici 46：373，2009.

≡ *Cetraria asahinae* M. Satô. Res. Bull. Saito Ho-On Kai Mus.，**11**：12，1936；Wang-Yang & Lai，Taiwania **18**(1)：88，1973；Wei & Jiang，Proceedings of Symposium on Qinghai-Xizang(Tibet) Plateau：1147，1981；Wei & Jiang，Lichens of Xizang：58，1986.

≡ *Nephromopsis asahinae*(M. Satô) Räsänen. Kuopion Luonnon Ystäväin Yhdistyksen Julkaisuja，B2，**6**：50，1952；Wei，Enum. Lich. China：157，1991.

地衣体叶状，宽度约 8 cm，无粉芽和裂芽；裂片宽圆，宽度 10 mm 以上；上表面深橄榄绿色至绿褐色，微皱褶；下表面浅色至深褐色，皱褶，具光泽；髓层白色；上表面和下表面均具假杯点，上表面假杯点被黑边或顶端具小刺的分生孢子器包围，下表面假杯点为白色点状，具黑色边缘；具稀疏假根，假根黑色，顶端白色，简单或顶端二分叉。上皮层和下皮层均由假薄壁组织构成，厚均 20～25 μm。子囊盘边缘生，盘面褐色，直径 5 mm 左右；子囊近棍棒状，50×15 μm；子囊孢子椭球形，9×5.5 μm。分生孢子器黑色，位于裂片边缘或叶面黑色小刺顶端；分生孢子 5～6×1.5～2 μm。

化学：皮层含 usnic acid；髓层含 protocetraric acid、fumarcetraric acid 和 physodalic acid。

基物：树皮。

研究标本(9 份)：

吉林　长白山，海拔 1000 m，1988.8.10，高向群 3310（HMAS-L 015215）；

四川　泸定县贡嘎山海螺沟三号营地，海拔 3000 m，1996.8.30，王立松 96-16235（KUN）；米易县麻陇北坡山，海拔 3200 m，1983.7.7，王立松 83-823（KUN）；会理县龙肘山电视塔，海拔 3500 m，1997.9.13，王立松 97-17902（KUN）；

云南　中甸，海拔 3400 m，1981.8.16，王先业等 5522（HMAS-L 015214）；维西县，海拔 3150 m，1982.5.24，苏京军 0782（HMAS-L 015212）；贡山县，海拔 3000 m，2000.6.2，王立松 00-19046（KUN）；丽江县老君山，海拔 3900 m，2000.8.13，王立松 00-20325（KUN）；

西藏　樟木，海拔 2650 m，1966.5.11，魏江春和陈健斌 577（HMAS-L 002792）。

文献记载：西藏（魏江春和姜玉梅 1981，p. 1147 & 1986，p.58 as *Cetraria asahinae*），台湾（Wang-Yang & Lai 1973，p.88 as *Cetraria asahinae*），吉林（Lai et al. 2009，p.373 as *Cetreliopsis asahinae*）。

分布：中国、韩国、日本、越南、尼泊尔、俄罗斯远东、印度。

地理成分：东亚成分。

讨论：该种的标志性特征是上下表面均具假杯点，下表面的假杯点周围有黑色边缘；皮层中含有 usnic acid，髓层中含有 protocetraric acid、fumarcetraric acid 和 physodalic acid。

6.2　黄类斑叶　图版 14.2

Cetreliopsis endoxanthoides(D.D Awasthi)Randlane & Saag，Cryptogamie Bryol Lichenol. 16(1)：51，1995；Chen et al.，Mycosystema **25**(3)：503，2006.

≡ *Cetraria endoxanthoides* Awasthi. Bull. Bot. Surv. India **24**：9，1982.

≡ *Nephromopsis endoxanthoides*(Awasthi)Randlane & Saag，Mycotaxon **44**：486，1992.

地衣体叶状，宽度可达 14 cm，无粉芽和裂芽；裂片宽圆，宽可达 12 mm；上表面黄绿色或绿褐色，基本平滑，有光泽；下表面黑色或深褐色，光滑或皱褶明显；髓层黄色；上表面和下表面均具假杯点，上表面假杯点往往被黑边或顶端具小刺的分生孢子器包围，下表面假杯点为白色点状。上皮层和下皮层均由假薄壁组织构成，厚均 20～25 μm。子囊盘边缘生或顶生，盘面褐色，直径有时可达 17 mm；子囊近棍棒状，50×15 μm；子囊孢子椭球形，9×5.5 μm。分生孢子器黑色，位于裂片边缘或叶面黑色小刺顶端；分生孢子 5～6×1.5～2 μm。

化学：髓层含 fumarprotocetraric acid、salazinic-like 物质、protocetraric acid、salazinic acid 和一些未知的脂肪酸。

基物：树干。

研究标本(3 份)：

云南　盈江县，海拔 1500 m，1981.6.26，王先业，肖勰，苏京军 3284(HMAS-L 015213)；保山县高黎贡山，海拔 2700 m，1980.12.11，姜玉梅 822-1(HMAS-L 015209)；思茅市，1960.11.17，赵继鼎和陈玉本 3708(HMAS-L 015211)。

文献记载：云南(Chen et al. 2006，p.503 as *Cetreliopsis endoxanthoides*)。

分布：东亚、东南亚。

地理成分：东亚成分。

讨论：该种同该属中其他种的显著区别为该种的髓层为黄色(Chen et al. 2006)。

7. 黄岛衣属 Flavocetraria Kärnefelt & A. Thell

Acta Bot. Fenn. **150**：81，1994.

地衣体叶状，直立，裂片细管状、近管状或平坦，末端二叉分支；上表面黄色，常常光滑，有光泽，下表面淡黄色，光滑，有假杯点。皮层假薄壁组织，有时为不明显的假栅栏组织。子囊盘边缘生或末端生，盘面棕褐色，子囊 8 孢，单胞，椭圆形。分生孢子器位于裂片边缘，黑色；分生孢子哑铃状。

化学：皮层含 usnic acid；髓层含 lichesterinic acid 和 protolichesterinic acid。

世界已知 3 种，中国已知 2 种。

7.1　卷黄岛衣　图版 14.3

Flavocetraria cucullata (Bellardi) Kärnefelt & A. Thell，Acta Bot. Fennica **150**：81，1994.

　≡ *Lichen cucullatus* Bellardi. Osservaz. Bot.：54，1788.

　≡ *Cetraria cucullata* (Bellardi) Ach.，Meth. Lich.：293，1803；Paulson，J. Bot. **63**：317，1928；Zahlbruckner，Symbolae Sinicae：198，1930b；Sato，Nova Flora Japonica vel Descriptiones et Systema Nova omnium plantarum in Imperie Japonice sponte nascentium：34，1939；Sato，Bot. Mag. Tokyo **65**(796-770)：174，1952；Sato，Bull. Fac. Lib. Arts，Ibaraki Univ.，Nat. Sci. **9**：44，1959；Wei & Chen，Report of Scientific Expedition of the Mt. Jolmo Lungma region：180，1974；Wei et al.，Lichenes Officinales Sinenses：43，1982；Wei & Jiang，Lichens of Xizang：56，1986；Wei，Enum. Lich. China：55，1991.

地衣体直立叶状，高 2～7 cm，主裂片重复二叉分枝，明显呈沟槽状，宽可达 4 mm；上表面黄色，光滑且常具光泽，基部红色；下表面黄色，具白色假杯点。上皮层和下皮层均由假薄壁组织构成，均厚 15～30 μm。子囊盘位于裂片顶端边缘，盘面褐色，直径 1～5 mm；子囊 30～50×8～12 μm，轴体宽 0.3～0.8 μm；子囊孢子椭圆形，5～10×3～5.5 μm。分生孢子器生于裂片边缘小刺的顶端，黑色，分生孢子近哑铃状，约 6×1 μm。

化学：皮层含 usnic acid；髓层含 lichesterinic acid 和 protolichesterinic acid。

基物：地面。

研究标本（6 份）：

河北 小五台山，海拔 2250 m，1964.8.15，魏江春 280（HMAS-L 015145）；

内蒙古 大兴安岭，奥科里堆山，海拔 1500 m，1985.8.16，高向群 1582（HMAS-L 015142），1583（HMAS-L 015143）；

黑龙江 呼中大白山，海拔 1480 m，2007.7.9，黄满荣和魏江春 224（HMAS-L 022295）；海拔 1520 m，2007.7.9，黄满荣和魏江春 221（HMAS-L 022294）；海拔 1500 m，2007.7.9，黄满荣和魏江春 201（HMAS-L 022293）；

西藏 聂拉木，海拔 4290 m，1966.6.12，魏江春，陈健斌，郑度 1491（HMAS-L 006629）。

文献记载：内蒙古（M. Sato 1952，p.174 & 1959，p.44 as *Cetraria cucullata*），云南（Paulson 1928，p.317；Zahlbruckner 1930b，p.198；M. Sato 1939，p.34 as *Cetraria cucullata*），西藏（魏江春和陈健斌 1974，p.180；魏江春和姜玉梅 1986，p.56；魏江春等 1982，p.43 as *Cetraria cucullata*）。

分布：北极-北方地区和南美洲寒温带地区。

地理成分：环北极成分。

讨论：该种的显著特点是裂片呈半管状，顶端呈唇形张开。

7.2 雪黄岛衣 图版 14.4

Flavocetraria nivalis (L.) Kärnefelt & A. Thell, Acta Bot. Fennica **150**：84，1994.

≡ *Lichen nivalis* L., Spec. Plant.：1145，1753.

≡ *Allocetraria nivalis* (L.) Randlane & Saag, Mycotaxon **44**：492，1992.

≡ *Cetraria nivalis* (Bellardi) Ach., Meth. Lich.：293，1803；Paulson, J. Bot. **63**：190，1925；Sato, Bot. Mag. Tokyo **65**（796-770）：174，1952；Sato, Bull. Fac. Lib. Arts, Ibaraki Univ., Nat. Sci. **9**：45，1959；Wu, Acta Phytotax. Sin. **23**（1）：74，1985；Wei, Enum. Lich. China：56，1991；Wu & Abbas, Lichens of Xinjiang：91，1998.

地衣体直立叶状，2～5 cm 高；裂片或多或少呈二叉分枝，呈沟槽状；上表面黄色，皱褶明显；下表面黄色，棱脊明显，具白色假杯点。上皮层和下皮层均由假薄壁组织构成，厚均在 15～20 μm。子囊盘未见。分生孢子器位于裂片边缘，黑色，呈突起状；分生孢子哑铃状，5～6×1～2 μm。

化学：皮层含 usnic acid；髓层无地衣物质。

基物：地面。

研究标本（13 份）：

内蒙古 大兴安岭，奥科里堆山，海拔 1500 m，1985.7.16，高向群 1571（HMAS-L 109794）；额尔古纳左旗，海拔 1500 m，1985.8.16，高向群，无号（HMAS-L 015085），1657（HMAS-L 015084）；

黑龙江 塔河县大白山林场，海拔 1400 m，1984.9.3，高向群 353-2，397（HMAS-L 015081），357（HMAS-L 015082），391；呼中小白山，2000.7.8，黄满荣和魏江春 145（HMAS-L 022316）；

新疆 乌鲁木齐南山，海拔 2760 m，1977.5.24，王先业 118（HMAS-L 015086）；阿尔泰山，哈纳斯湖，海拔 2500 m，1986.8.5，高向群 2045（HMAS-L 015076），2126（HMAS-L 015077），2136（HMAS-L 015078），2128（HMAS-L 015075），2058（HMAS-L 015073），2057（HMAS-L 015074）。

文献记载：内蒙古（Sato 1952，p. 174 & 1959，p. 45 as *Cetraria nivalis*），新疆（吴金陵 1985，p. 74；吴继农和阿不都拉·阿巴斯 1998，p.91 as *Cetraria nivalis*），西藏（Paulson 1925，p.190 as *Cetraria nivalis*）。

分布：北半球北极–北方和南美洲寒温带地区。

地理成分：环北极成分。

讨论：该种与 *F. cucullata* 形态相似，区别在于该种上下表面均具强烈皱褶，且髓层无地衣物质。

8. 肾岛衣属 Nephromopsis Müll. Arg.

Flora **74**：374，1891；Wei，Enum. Lich. China：157，1991.

≡ *Cetrariopsis* Kurok.，Mem. Natl. Sci. Mus. Tokyo **13**：140，1980.

Type species: *Nephromopsis stracheyi*（C. Bab.）Müll. Arg.

地衣体叶状，有时直径可达 20 cm，上表面淡黄色或黄色或鲜黄色或黄绿色或橄榄褐色，有时具假杯点，下表面淡黄色或淡褐色或深褐色或黑色，下表面均具假杯点，假根稀疏或较多，常与下表面同色。上皮层和下皮层均由假薄壁组织构成。子囊盘位于下表面边缘，或位于上表面边缘或叶面，位于下表面时向上翻卷，盘面褐色，圆形或肾形，直径从很小到很大，有时可达 32 mm。分生孢子器黑色，常常位于边缘小刺顶端；分生孢子哑铃状。

化学：皮层有或无 usnic acid；髓层含多种脂肪酸（lichesterinic acid、protolichesterinic acid、caperatic acid 等）、地衣酚型缩酚酸和地衣酚型缩酚酸环醚类物质（olivetoric acid、anziaic acid、physodic acid、conphysodic acid），某些种还含有蒽醌类物质（endocrocin、secalonic acid）。

基物：树干和石面。

世界已知 21 种，中国已知 14 种。

肾岛衣属分种检索表

1. 下表面假杯点周围具黑色边缘·························**8.6 黑缘肾岛衣 *N. melaloma***
1. 下表面假杯点周围无黑色边缘··2
  2. 地衣体具裂芽···································**8.12 针芽肾岛衣 *N. togashii***
  2. 地衣体无裂芽···3
3. 地衣体边缘具白色粉芽·····························**8.5 麦黄肾岛衣 *N. laureri***
3. 地衣体边缘无粉芽···4
  4. 地衣体边缘具缘毛·································**8.1 艾氏肾岛衣 *N. ahtii***

Key to the species of *Nephromopsis* in China

8.1　艾氏肾岛衣　图版 15.1

Nephromopsis ahtii（Randlane & Saag）Randlane & Saag，Mycological Progress **4**（4）：311，2005.

    ≡ *Tuckneraria ahtii* Randlane & Saag，Acta Bot. Fennica，**159**：143-151，1994.

    模式：云南丽江玉龙雪山干河坝，海拔 3200 m，1987.4.23，T. Ahtii，陈健斌和王立松 46469（H-holotype；TU-isotype；HMAS-L 024189，isotype!）。

    地衣地叶状，中型至大型，宽可达 18.5 cm，具缘毛，无粉芽和裂芽，裂片顶端圆形，但总体为长形，宽 6～14 mm；上表面黄绿色或黄褐色，光滑，有光泽；下表面深褐色甚至黑色，边缘褐色，假根较长，主要集中在近边缘部位，假杯点白色点状，直接着生在下表面。子囊盘常见，位于下表面边缘，强烈上翻，肾形，无穿孔，直径有时可达 28 mm。分生孢子器位于边缘的黑色小刺顶端；分生孢子哑铃状，5×1～1.5 µm。

    化学：皮层含 usnic acid；髓层含 lichesterinic acid、protolichesterinic acid 和 caperatic acid。

    基物：树皮。

    研究标本（15 份）：

    四川　木里宁朗山，海拔 3800 m，1982.6.8，王先业等 8037（HMAS-L 015411）；贡嘎山东坡燕子沟，海拔 3200 m，1982.6.29，王先业，肖勰，李滨 8567（HMAS-L 015403），8542（HMAS-L 015408），8468（HMAS-L 015407），8445（HMAS-L 015406），8510（HMAS-L 015405），8617（HMAS-L 015404）；木里宁朗山，海拔 3800 m，1982.6.4，王先业，肖勰，李滨 7954（HMAS-L 015409），7970（HMAS-L 015410）；

    云南　丽江玉龙雪山，海拔 3650 m，王先业，肖勰，苏京军 6367（HMAS-L 015428），6295（HMAS-L 015421）；德钦，海拔 3600 m，1981.8.28，王先业，肖勰，苏京军 7746（HMAS-L 015415）；中甸，海拔 3550 m，1981.8.22，王先业，肖勰，苏京军 5971（HMAS-L 015436）；海拔 3900 m，1981.9.7，王先业，肖勰，苏京军 7162（HMAS-L 015435）；

    西藏　察隅安瓦龙，海拔 3400 m，1982.6.26，苏京军 1843（HMAS-L 015414）。

    文献记载：云南和西藏（Randlane et al. 1994，p.147 as *Tuckneraria ahtii*）。

    分布：中国、尼泊尔、不丹。

    地理成分：东亚成分。

    讨论：该种常易和 *Nephromopsis delavayi* 相混淆，但该种子囊孢子为近球形，并具有缘毛，而后者子囊孢子为椭球形，无缘毛。

8.2　横断山肾岛衣　图版 15.2

Nephromopsis hengduanensis X.Q. Gao & L.H. Chen，Mycotaxon **77**：493，2001.

Typus：Sina，in clivo orientali montis nivalis Biluoensis provinciae Yunnanensis，3350 m，13/VII/1982，Xianye Wang et al.，4507（HMAS-L 014784，holotypus!）.

地衣体中型叶状，3～5.5 cm 大小，裂片宽 3～5 mm，偶具缘毛，边缘暗褐色；上表面光滑或略具皱褶，枯草黄色，近边缘处具少数假杯点，无粉芽和裂芽；下表面褐色至暗褐色，具网状棱脊，假杯点主要位于棱脊之上，假根主要位于边缘，长可达 3 mm。地衣体厚 200～230 μm，上表面和下表面均由假薄壁组织构成；上皮层厚 24～29 μm；藻层厚 55～70 μm；髓层厚 80～100 μm；下皮层厚 25～30 μm。子囊盘位于裂片顶端，肾形，盘面褐色，大小为 4～6×1～3 mm；子实上层 10～16 μm 厚，子实层 120～149 μm，子实下层 28～40 μm；果壳 95 μm 厚；子囊宽棍棒状，50～70×100～140 μm，8 孢，轴体大于 6 μm 宽；子囊孢子椭圆形，12～17×29～35 μm。分生孢子器边缘生，黑色，瘤状，有光泽；分生孢子哑铃状，大小为 2.5×9 μm。

化学：皮层含 usnic acid；髓层含 lichesterinic acid、protolichesterinic acid 和 caperatic acid。

研究标本（3 份）：

云南 泸水县片马听名湖，海拔 2900 m，1981.7.1，王先业等 2285（HMAS-L 014786）；海拔 3350 m，1981.7，王先业等 2669（HMAS-L 014785），4507（HMAS-L 014784）。

文献记载：云南（Chen & Gao 2001，p. 493 as *Nephromopsis hengduanensis*）。

分布：中国。

地理成分：中国特有种。

讨论：该种极大的子囊和极大的子囊孢子使它很易同该属的其他种区别开来（图 14）。尽管 *N. hengduanensis*、*N. stracheyi*（C. Bab.）Müll. Arg. 和 *N. rugosa* 有着相同的 C+反应（C+红色），但是 *N. hengduanensis* 的地衣体较薄，而 *N. stracheyi* 的地衣体较厚，且两者的化学成分不同；*N. hengduanensis* 的表面比 *N. rugosa* 光滑，且子囊孢子也远较 *N. rugosa* 为大。Thell 等（2005）认为因该种大子囊孢子这一性状异于 *Nephromopsis* 属特征，所以将其排除出 *Nephromopsis* 属，但目前缺乏该种 DNA 序列数据，将其置于何属并无定论。本研究仍将其作为 *Nephromopsis* 属的一种进行记录。

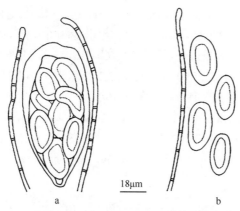

18μm

a   b

图 14 *Nephromopsis hengduanensis* a. 子囊和侧丝；b. 子囊孢子

（凭证标本：王先业等 4507-holotype. 陈林海 手绘）

8.3 柯氏肾岛衣 图版 15.3

Nephromopsis komarovii(Elenkin)J.C. Wei，Enum. Lich. China：158，1991；Randlane &
Saag，Cryptogamie，Bryol. Lichenol. **19**(2-3)：179，1998；Chen，Lichens：498，2011.

≡ *Cetraria komarovii* Elenkin，Izv. Imp. S.-Peterburgsk. Bot. S ada **3**：51，1903；Rassadina，
Plantae Cryptogamae，Acta Inst. Bot. Acad. Sci. URSS **5**：229，1950.

= *Cetraria perstraminea* Zahlbr.，Trudy Troitskos.-Kyakhtinsk. Otd. Priamursk. Otd. Imp.
Russk. Geogr. Obshch. **12**：88，1911.

Nephroma arcticum auct. Non(L.)Torss.：Chen et al.，J. NE Foresty Inst. **4**：151，1981.

地衣体叶状，直径可达 15 cm，裂片宽圆，宽 7～14(～20)mm；上表面黄绿色，具
强烈似呈同心圆状皱褶；髓层白色；下表面黄褐色，光滑或略具皱褶，白色假杯点直接
长在下表面上，假根少或多。子囊盘小且多，位于裂片边缘，盘面褐色，圆形或肾形，
直径 1～3(～15)mm；子囊细棍棒状，30×9 μm，轴体 3 μm；子囊孢子椭球形，6×3 μm。
分生孢子器未见。

化学：皮层含 usnic acid；髓层含 lichesterinic acid、protolichesterinic acid。

基物：岩面或树皮。

研究标本(17 份)：

河北 雾灵山，1986.11.2，2283(HMAS-L015283)；海拔 1850 m，1998.8.14，李学
东 100(HMAS-L 0152854)；

内蒙古 巴林右旗赛罕乌拉，海拔 1900 m，2001.8.24，陈健斌和胡光荣 21188
(HMAS-L 110666)；海拔 1650 m，2001.8.27，陈健斌和胡光荣 21377(HMAS-L 110669)；
海拔 1850 m，2001.8.27，陈健斌和胡光荣 21368(HMAS-L 110667)；海拔 1850 m，2000.7.6，
陈健斌 20113(HMAS-L 110668)；

吉林 长白山，海拔 1750 m，1984.8.25，卢效德 848345(HMAS-L 015285)；长白山
小天池，1994.8.6，魏江春，姜玉梅，郭守玉 94375(HMAS-L 012842)，94412(HMAS-L
016804)，94376(HMAS-L 012840)；长白山，海拔 1800 m，1984.8.23，卢效德
848320(HMAS-L 015288)，848316(HMAS-L 015286)，848310(HMAS-L 015287)；

浙江 天目山，海拔 1200 m，1962.8.31，赵继鼎和徐连旺 6216(HMAS-L 015292)；

云南 大理苍山，1940.12.1，刘慎谔 17516b(HMAS-L 015291)；

陕西 秦岭光头山，海拔 2950 m，1964.7.2，魏江春 147(HMAS-L 015290)；海拔
2960 m，1964.7.2，魏江春 126(HMAS-L 015289)。

文献记载：河北(Rassadina 1950，p.229 as *Cetraria komarovii*)，内蒙古(陈健斌 2011，
p.498 as *Nephromopsis komarovii*)，吉林(陈锡龄等 1981b，p.151 as *Nephroma arcticum*)，
云南(Randlane and Saag 1998，p.179 as *Nephromopsis komarovii*)。

分布：中国、蒙古、俄罗斯远东。

地理成分：东亚成分。

讨论：该种同心圆状的皱褶使其易与该属的其他种相区别。

8.4 赖氏肾岛衣 图版 15.4

Nephromopsis laii(A.Thell & Randlane)Saag & A. Thell，Bryologist **100**：111，1997；
  Randlane & Saag，Cryptogamie，Bryol. Lichenol. **19**(2-3)：180，1998.

  ≡ *Cetrariopsis laii* A. Thell & Randlane，Cryptog. Bryol. Lichenl. **16**：46，1995.

  Type：Russia，Primorye region，Kedrovaya Pedj Nature Reserve，on *Beltula dahurica*，
  17.9.1961，S. Pärn(TT-holotypus，LD-isotypus).

  地衣体叶状，直径 7～18 cm，无裂芽和粉芽，裂片 3～9 mm 宽，边缘具较多的边缘
小裂片；上表面黄绿色，常具皱褶；下表面褐色至淡褐色，具强烈的网状棱脊，圆形或
卵圆形的假杯点主要位于棱脊上面。子囊盘常见，位于裂片边缘，有时位于边缘小裂片
上，盘面褐色，肾形或其他形状，直径一般为 0.5～3 mm。分生孢子器未见。

  化学：皮层含 usnic acid；髓层含 lichesterinic acid 和 protolichesterinic acid。
  基物：树皮。

  研究标本(9 份)：

  吉林 长白山北坡，海拔 1100 m，1977.8.8，魏江春 2819-5(HMAS-L 015375)；
1985.6.24，卢效德 0147(HMAS-L 015374)；

  湖北 神农架，海拔 2700 m，1984.7.11，陈健斌 10370(HMAS-L 008130)；

  云南 贡山，高黎贡山，海拔 2750 m，1980.12.11，姜玉梅 831-6(HMAS-L 015377)；
海拔 2330 m，1980.12.9，姜玉梅 939(HMAS-L 015376)；丽江干河坝，海拔 3000 m，高
向群 2455(HMAS-L 015382)；泸水县，海拔 3500 m，1981.6.2，王先业，肖勰，苏京军
2380-1(HMAS-L 015384)；

  西藏 聂拉木县樟木，海拔 2700 m，1966.5.9，魏江春和陈健斌 438(HMAS-L
002807)；海拔 2650 m，1966.5.8，魏江春和陈健斌 369(HMAS-L 002808)。

  文献记载：台湾(Randlane et al. 1995，p.46 as *Cetrariopsis laii*；Randlane and Saag 1998，
p. 180 as *Nephromopsis laii*)，云南(Randlane and Saag 1998，p.180 as *Nephromopsis laii*)。

  分布：中国、俄罗斯远东、越南、印度。

  地理成分：东亚成分。

  讨论：该种区别于该属中其他种的特征为该种裂片边缘具大量小裂片。该种与 *N.
nephromoides* 在外形上非常相似，区别在于该种上表面皱褶明显，边缘具大量小裂片，
假杯点小且主要生于下表面皱褶的棱脊上；而 *N. nephromoides* 地衣体上表面微皱，边缘
不具小裂片，假杯点大且主要生于下表面。

8.5 麦黄肾岛衣 图版 15.5

Nephromopsis laureri(Kremp.)Kurok.，J. Jap. Bot. **66**：156，1991.

  ≡ *Cetraria laureri* Kremp.，Flora **34**：673，1851；Wei & Chen，Report on the Scientific
  Investigations(1966-1968) in Mt. Qomolangma district：180，1974；Wei & Jiang，Lichens
  of Xizang：59，1986；Wei，Enum. Lich. China：56，1991.

  ≡ *Tuckneraria laureri* Randlane & A. Thell，Acta Bot. Fennica **159**：149，1994.

  = *Cetraria complicata* Laurer，Lich. eur. reform.(Lund)：459，1831.

地衣体小型叶状，直径 4～5(～10)cm，裂片深裂，宽 1～3(～8)mm；上表面淡黄色、黄绿色或深褐色，具微弱光泽及不同程度网状棱脊，沿边缘具大量白色粉芽；下表面淡黄色，具少量白色假杯点，近边缘处具稀疏假根。子囊盘未见。

分生孢子器位于边缘黑色小刺顶端；分生孢子哑铃状，大小为 5×1～1.5 μm。

化学：皮层含 usnic acid；髓层含 lichesterinic acid 和 protolichesterinic acid。

基物：树干、灌丛枝及岩石。

研究标本(28 份)：

内蒙古 阿尔山，海拔 1700 m，1991.8.10，陈健斌和姜玉梅 A971(HMAS-L 016737)；海拔 1600 m，1991.8.10，陈健斌和姜玉梅 A888(HMAS-L 016736)；科右前旗兴安林场，海拔 1500 m，1985.7.9，高向群 933(HMAS-L 015242)；

黑龙江 大兴安岭，潮中林场，海拔 800 m，1984.8.22，高向群 248-2(HMAS-L 015240)，243-6(HMAS-L 015239)；蒙克山林场，海拔 800 m，1984.8.27，高向群 293-1(HMAS-L 015238)；

江西 庐山，1960.4.1，赵继鼎 480(HMAS-L 015241)；

湖北 神农架，1984.7.30，吴继农 8401270(HMAS-L 015273)；

四川 巴塘县，海拔 4000 m，1983.7.22，苏京军等 5908(HMAS-L 015235)；小金县巴朗山，海拔 2700 m，1982.9.4，王先业，肖勰，苏京军 9959(HMAS-L 015229)；峨嵋山，海拔 2800 m，1988.10.26，高向群 3410(HMAS-L 015218)；汶川县卧龙，海拔 3300 m，1982.8.26，王先业，肖勰，李滨 9674(HMAS-L 015227)；贡嘎山西坡，海拔 2950 m，1982.8.11，王先业，肖勰，李滨 380(HMAS-L 015224)；南坪县九寨沟，海拔 2950 m，1983.6.8，王先业和肖勰 10153(HMAS-L 015225)；

贵州 樊净山，1963.9.23，魏江春，无号(HMAS-L 015237)；

云南 福贡县，海拔 2400 m，1982.6.8，苏京军 1154(HMAS-L 015246)；维西县，海拔 2900 m，1981.7.18，王先业，肖勰，苏京军 3858(HMAS-L 015248)；贡山县，海拔 2100 m，1982.7.17，苏京军 2036(HMAS-L 0152450)；丽江黑白水林业局，海拔 3000 m，1980.11.11，姜玉梅 280(HMAS-L 015254)；丽江干河坝，海拔 2900 m，1987.9.22，高向群 7860(HMAS-L 015255)；丽江玉龙山，海拔 2600～2800 m，1987.4.20，Ahti 等 46249(HMAS-L 029648)；

西藏 聂拉木县樟木，海拔 3300 m，1966.5.11，魏江春和陈健斌 490(HMAS-L 002806)；聂拉木曲乡，海拔 3850 m，1966.5.20，魏江春和陈健斌 1003-1(HMAS-L 015270)；左贡，海拔 4100 m，1982.12.8，苏京军 5445(HMAS-L 015272)；

陕西 太白山，海拔 3200 m，1988.7.12，高向群 3102(HMAS-L 015245)，3094(HMAS-L 015244)；海拔 2800 m，1988.7.12，高向群 3109(HMAS-L 015243)；明星寺，海拔 3100 m，1992.7.28，陈健斌和贺青 6410(HMAS-L 016735)。

文献记载：西藏(魏江春和陈健斌 1974，p.180；魏江春和姜玉梅 1986，p.59 as *Cetraria laureri*)，四川(Randlane et al. 1994，p.149 as *Tuckneraria laureri*)。

分布：欧洲中部、亚洲、南美洲北部。

地理成分：欧亚成分。

讨论：该种与 *Usnocetraria oakesiana*（Tuck.）M.J. Lai & J.C. Wei（= *Cetraria oakesiana*）在形态上极其相似，但该种分生孢子为哑铃状，而后者分生孢子为丝状。

8.6 黑缘肾岛衣 图版 15.6

Nephromopsis melaloma（Nyl.）A. Thell & Randlane，Mycological Progress **4**：311，2005.

≡ *Platysma melalomum* Nyl.，Syn. Lich. **1**：303，1860；Jatta，Nuovo Giorn. Bot. Italiano ser.2，**9**：464，1902.

= *Cetraria melaloma*（Nyl.）Kremp.，Verh. Zool.-Bot. Ges. Wien **18**：315，1868；Zahlbruckner，Symbolae Sinicae：198，1930b；Wei，Enum. Lich. China：56，1991.

= *Cetraria pallida* D. D. Awasthi，Proc. Indian Acad. Sci. **45**：139，1957.

Type：India，Sikkim，Jongri，regione alpina，supra mare 13000 ft，inter Cladonias et muscos，J. D. Hooker 2665（BM，lectotype；H-NYL 36072，isolectotype）.

地衣体叶状，近直立状，宽 2～3 cm；上表面黄色至浅黄褐色，平滑，无假杯点；裂片具有黑色镶边，波浪状上卷或下凹，裂片边缘有黑色小刺；下表面浅黄色，密布假杯点，假杯点圆形，周围具有黑色边缘，具稀疏假根。子囊盘未见。分生孢子器黑色，位于黑色小刺顶端，分生孢子未见。

化学：皮层含 usnic acid；髓层含 lichesterinic acid、protolichesterinic acid。

基物：岩石苔层上。

研究标本（1 份）：

西藏 聂拉木县曲乡，海拔 3800 m，1966.5.20，魏江春和陈健斌 1009（HMAS-L002809）。

文献记载：陕西（Jatta 1902，p.464 as *Platysma melalomum*；Zahlbruckner 1930b，p.198 as *Cetraria melaloma*）。

分布：中国、喜马拉雅地区（印度、不丹、尼泊尔）。

地理成分：东亚成分。

讨论：该种下表面的假杯点具黑色边缘，区别于该属其他种。

8.7 台湾肾岛衣 图版 15.7

Nephromopsis morrisonicola M.J. Lai，Quart. J. Taiwan Mus. **33**：224，1981；Randlane et al.，Cryptogamie Bryol. Lichenol. **16**：38，1995.

模式：台湾南投县，Mt. Morrison，3500～3900 m，赖明洲，1978，no.10438（TAIM，holotype）；Lai 10459（HMAS-L 017611，paratype!）。

地衣体叶状，直径可达 15 cm，裂片宽圆，5～8（～15）mm 宽；上表面黄绿色，幼嫩部分光滑，中部略具皱褶；下表面黑色，边缘褐色，具黑色稀疏假根，假杯点白色圆点状，直接着生在下表面。上皮层和下皮层均由假薄壁组织构成，均厚约 25 μm。子囊盘下表面边缘生，强烈向上翻卷，圆形或不规则形，盘面褐色，直径有时可达 20 mm；子囊细棍棒状，35～70×10～15 μm；子囊孢子椭球形，7～12×3～6 μm。分生孢子器黑色，位于黑色小刺顶端，分生孢子未见。

化学：皮层含或不含 usnic acid；髓层含 lichesterinic acid、protolichesterinic acid 和 3

区一未知的脂肪酸。

基物：树生。

研究标本(20 份)：

湖北 神农架，海拔 2270 m，1984.7.8，吴继农 8400367a(HMAS-L 015293)；

四川 松潘县黄龙寺，海拔 3400 m，1983.6.13，王先业和肖鼬 10735(HMAS-L 015309)；南坪县九寨沟，海拔 2850 m，1983.6.10，王先业和肖鼬 10552(HMAS-L 015307)，10567(HMAS-L 015306)；贡嘎山东坡燕子沟，海拔 3200 m，1982.6.29，王先业，肖鼬，李滨 8441(HMAS-L 015305)；海拔 3650 m，1982.6.26，王先业，肖鼬，李滨 8326(HMAS-L 015304)；海拔 3500 m，1982.6.28，王先业，肖鼬，李滨 8390(HMAS-L 015303)，8438(HMAS-L 015302)，8409(HMAS-L 015301)；峨嵋山，海拔 2800 m，1963.8.18，赵继鼎和徐连旺 8091(HMAS-L 015300)；峨嵋山，海拔 2800 m，1988.10.26，高向群 3416(HMAS-L 015299)，3412(HMAS-L 015297)；

云南 贡山县，海拔 2500 m，1982.8.30，苏京军 3784(HMAS-L 015312)；中甸天宝山，海拔 3650 m，1981.8.19，王先业，肖鼬，苏京军 5704(HMAS-L 015313)；

西藏 察隅，海拔 3200 m，1982.6.26，苏京军 1835(HMAS-L 015311)；海拔 3400 m，1982.6.26，苏京军 1859(HMAS-L 015310)；海拔 3300 m，1982.9.13，苏京军 4650(HMAS-L 018549)；

陕西 太白山，海拔 3200 m，1988.7.12，高向群 3101(HMAS-L 015294)，3105(HMAS-L 015296)；海拔 2800 m，1988.7.14，马承华 417(HMAS-L 015295)。

文献记载：台湾和四川(Randlane et al. 1995，p.38 as *Nephromopsis morrisonicola*)。

分布：中国、菲律宾、印度尼西亚、婆罗洲。

地理成分：东亚成分。

讨论：该种下表面黑色，虽然该属中 *N. ornata* 和 *N. endocrocea* 的下表面亦为黑色，但它们的髓层均为黄色，而该种的髓层为白色。

8.8 类肾岛衣 图版 15.8

Nephromopsis nephromoides (Nyl.) Ahti & Randlane，Cryptogamie. Bryol. Lichenol. **19**(2-3)：183，1998.

≡ *Platysma nephromoides* Nyl.，Flora **52**：442，1869；Jatta，Nuovo Giorn. Bot. Italiano ser.2，**9**：467，1902.

≡ *Nephromopsis stracheyi* var. *nephromoides* (Nyl.) Rasanen，Kuopion Luonnon Ystavain Yhdistyksen Julkaisuja，ser.B，II，**6**：48，1952；Wei，Enum. Lich. China：159，1991.

≡ *Cetraria nephromoides* (Nyl.) D.D. Awasthi，Bull. Bot. Surv. India **24**：11，1982；Chen et al.，129，1981a；

≡ *Nephromopsis stracheyi* f. *ectocarpisma* Hue，Zahlbr. Cat. Lich. Univ. **VI**：344，1930；Zahlbruckner，Symbolae Sinicae：199，1930b；Zahlbruckner，Hedwigia **74**：212，1934；Moreau et Moreau，Rev. Bryol. et Lichenol. **20**：191，1951；Wang-Yang & Lai，Taiwania **18**(1)：89，1973；Wei & Jiang，Lichens of Xizang：61，1986. —*Cetraria stracheyi* f.

ectocarpisma(Hue) M. Satô, Nova Flora Japonica vel Descriptiones et Systema Nova omnium plantarum in Imperie Japonice sponte nascentium：44，1939.

地衣体叶状，宽可达 16 cm，裂片宽圆，宽 7～12 mm，有时可达 16 mm；上表面绿灰色，光滑或略具皱褶；髓层白色；下表面淡褐色或黄褐色，光滑或边缘具棱脊，假根稀少，短且简单，假杯点非常明显，卵圆形或圆形，平坦或微凹，主要直接生长于下表面，偶尔在边缘生于棱脊之上。子囊盘位于下表面边缘，圆形或不规则形，盘面褐色，直径 3～6(～10) mm；子囊细棍棒状，35～40×10 μm；子囊孢子椭圆形，7～8×3 μm。分生孢子器未见。

化学：皮层含 usnic acid；髓层含 lichesterinic acid 和 protolichesterinic acid，有些标本还含有 caperatic acid。

基物：树皮。

研究标本(6 份)：

云南 福贡县，海拔 2300 m，1982.6.8，苏京军 1134(HMAS-L 015387)；贡山县，海拔 3400 m，1982.7.21，苏京军 2294(HMAS-L 015388)；丽江，海拔 3060m，1981.8.7，王先业等 7020(HMAS-L 015391)；贡山县，海拔 2200 m，1982.9.4，苏京军 4027(HMAS-L 015389)；维西县，海拔 3000 m，1982.5.23，苏京军 0741(HMAS-L 015392)；

西藏 察隅县，海拔 3250 m，无号(HMAS-L 015386)。

文献记载：河北(Moreau and Moreau 1951，p.191 as *Nephromopsis stracheyi* var. *ectocarpisma*)，黑龙江(陈锡龄等 1981a，p.129 as *Cetraria nephromoides*)，陕西(Jatta 1902，p.467 as *Platysma nephromoides*；Zahlbruckner 1930b，p.199 as *Nephromopsis stracheyi* f. *ectocarpisma*)，四川(Sato 1939，p.44 as *Cetraria stracheyi* f. *ectocarpisma*)，云南(Zahlbruckner 1934，p.212 as *Nephromopsis stracheyi* f. *ectocarpisma*)，西藏(魏江春和姜玉梅 1986，p.61 as *Nephromopsis stracheyi* f. *ectocarpisma*)，台湾(Wang-Yang & Lai 1973，p.89 as *Cetraria stracheyi* f. *ectocarpisma*)。

分布：中国、日本、尼泊尔、不丹。

地理成分：东亚成分。

讨论：该种同 *N. stracheyi* 在形态上类似，曾作为 *N. stracheyi* 种下分类单位，但该种地衣体同 *N. stracheyi* 相比，地衣体较薄，子囊盘较小，并且化学成分不同。该种与 *N. laii* 也非常相似，区别在于该种地衣体上表面微皱，边缘不具小裂片，假杯点大且主要生于下表面；而 *N. laii* 地衣体上表面皱褶明显，边缘具大量小裂片，假杯点小且主要生于下表面皱褶的棱脊上。

8.9 丽肾岛衣 图版 16.1

Nephromopsis ornata (Müll. Arg.) Hue. Nouv. Arch. Mus. Hist. Nat.，Ser. 4，**2**：90，1900；Lai，Quart. Journ. Taiwan Museum **33**(3，4)：223，1980b；Wei，Enum. Lich. China：158，1991.

≡ *Cetraria ornata* Müll. Arg.，Nuovo Giorn. Bot. Ital. **23**：122，1891；Chen et al.，J. NE Forestry Inst. **3**：129，1981a.

= *Nephromopsis delavayi* Hue，Nouv. Arch. Mus. Hist. Nat.，Ser. 4，**1**：219，1899；
Zahlbruckner，Symbolae Sinicae：199，1930b；Zahlbruckner，Hedwigia **74**：211，
1934.—*Cetraria delavayi*（Hue）M. Sato，in Nakai & Honda，Nov .Fl. Jap.，**5**：48，1939；
Wang-Yang & Lai，Taiwania 18(1)：89，1973.

= *Nephromopsis endoxantha* Hue，Nouv. Arch. Mus. Hist. Nat.，Ser. 4，**1**：220，
1899.—*Tuckermanopsis endoxantha*（Hue）Gyeln.，Acta Fauna Fl. Universali，Ser. 2，
Bot. 1，5/6：6，1933.

地衣体叶状，革质，较厚，直径 4～9 cm，裂片宽圆，宽可达 20 mm；上表面黄绿色
或灰绿色，光滑或具皱褶；髓层淡黄色；下表面黄褐色、暗褐色以至黑色，常具棱脊，
假根稀疏，假杯点白色点状，主要直接着生在下表面，有时着生在棱脊上。子囊盘着生
在下表面边缘，向上翻卷，圆形或肾形，直径可达 16 mm，盘面褐色；子囊细棍棒状，
40～45×10 μm；子囊孢子椭圆形，7～9×4～5 μm。分生孢子器边缘生或叶面生，位于
黑色小刺顶端；分生孢子哑铃状，5×1 μm。

化学：皮层含 usnic acid；髓层含 secalonic acid，有时含迹量的 endocrocin、
fumarprotocetraric acid 和一些未知的脂肪酸。

基物：树干。

研究标本(7 份)：

吉林　长白县红头山，海拔 1580 m，1982.7.27，魏江春 6245-3（HMAS-L 015393）；
长白山维东站，海拔 1100 m，1988.8.10，高向群 3312-1（HMAS-L 015394）；长白山白山
站，1977.8.18，李丽嘉 03531（HMAS-L 001465）；

黑龙江　穆棱县，海拔 620 m，1977.7.20，魏江春 2533（HMAS-L 015385）；

云南　贡山县独龙江，海拔 1700 m，1982.8.27，苏京军 3577-1（HMAS-L 015395）；
泸水县片马听名湖，海拔 2700 m，1981.6.3，王先业等 2402（HMAS-L 015390）；丽江玉
龙雪山，海拔 2600 m，1987.4.21，Ahti T.，陈健斌，王立松 46374（HMAS-L 023498）。

文献记载：吉林（陈锡龄等 1981a，p.129 as *Cetraria ornata*），云南（Hue 1899，p.219
as *Nephromopsis delavayi*；Zahlbruckner 1930b，p.199 & 1934，p.211 as *Nephromopsis
delavayi*；Lai 1980b，p.223 as *Nephromopsis ornata*），四川（Zahlbruckner 1930b，p.199 &
1934，p.211 as *Nephromopsis delavayi*），台湾（Sato 1939，p.48 as *Cetraria delavayi*；
Wang-Yang & Lai 1973，p.89 as *Cetraria delavayi*；Lai 1980b，p.223 as *Nephromopsis
ornata*）。

分布：中国、日本、韩国、俄罗斯远东。

地理成分：东亚成分。

讨论：该种和 *N. endocrocea* 在形态上相近，但该种髓层浅黄色，K+深黄色，含有
secalonic acid；而 *N. endocrocea* 髓层橘黄色，K+丁香紫，不含 secalonic acid，而含有
endocrocin。

8.10　皮革肾岛衣　图版 16.2

Nephromopsis pallescens（Schaer.）Y.S. Park，Bryologist **93**：122，1990；Randlane & Saag，

Cryptogamie，Bryol. Lichenol. 19（2-3）：186，1998.

≡ *Cetraria pallescens* Schaer.，in Moritzi，Syst. Verzeichn：129，1845-1846；Wang-Yang & Lai，Taiwania **18**（1）：89，1973；Wei & Chen，Report：180，1974；Wei & Jiang，Lichens of Xizang：59，1986；Chen et al.，Fungi and Lichens of Shennongjia：433，1989；Xu，Cryptogamic Flora of the Yangtze Delta and Adjacent Regions：222，1989；Wei，Enum. Lich. China：57，1991. —*Cetrariopsis pallescens*（Schaerer.）Randlane & Thell，Cryptogamie. Bryol. Lichenol. **16**：42，1995.

= *Cetraria wallichiana*（Taylor）Müll. Arg.，Flora **71**：139，1888；Wei，Enum. Lich. China：57，1991. —*Ahtia wallichiana*（Taylor）M. J. Lai，Quart. J. Taiwan Mus. **33**：220，1980b.

地衣体叶状，直径往往小于 10 cm，有时可达 19 cm，无粉芽和裂芽；上表面黄绿色，光滑或具皱褶；下表面白色至黄色，略皱至强烈皱褶，假杯点点状或斑块状，主要位于棱脊或栓塞式突起上面，有时被一褐色边缘包围，假根稀少，白色或淡褐色。子囊盘位于叶面、近边缘或边缘，有时几乎覆盖整个上表面，有时主要位于边缘（但总能观察到位于叶面或近边缘的子囊盘），盘面褐色，圆形或肾形，直径 0.5～2 mm。分生孢子器未见。

化学：皮层含 usnic acid；髓层含 lichesterinic acid 和 protolichesterinic acid，部分标本含有 alectoronic acid。

基物：树干。

研究标本（23 份）：

四川　贡嘎山东坡，海拔 2500 m，王先业，肖勰，李滨 8683（HMAS-L 015319）；海拔 2000 m，1982.6.23，王先业，肖勰，李滨 8108（HMAS-L 015320）；海拔 2200 m，1982.6.23，王先业，肖勰，李滨 8813（HMAS-L 015317）；南坪县九寨沟，海拔 2400 m，1983.6.9，王先业和肖勰 10416（HMAS-L 015324），10436（HMAS-L 015323）；海拔 2600 m，1983.6.9，王先业和肖勰 10404（HMAS-L 015322），10407（HMAS-L 015321）；木里，海拔 3000 m，1982.5.31，王先业，肖勰，李滨 7931（HMAS-L 110471）；

云南　丽江，1978.8.27，李丽嘉 4640-c（HMAS-L 012889）；海拔 2600 m，1987.9.22，高向群 2527（HMAS-L 015346）；1999.9.29，魏江春等 99163（HMAS-L 015347）；海拔 2800 m，1987.4.19，Ahti T.，陈健斌，王立松 46173（HMAS-L 029649）；海拔 2600 m，1987.4.20，Ahti T.，陈健斌，王立松 46233（HMAS-L 029653）；泸水县，海拔 1900m，1981.5.31，王先业等 2079（HMAS-L 015353）；

西藏　察隅安瓦龙，海拔 3100 m，1982.9.11，苏京军 4503（HMAS-L 015330）；察隅，海拔 3300 m，1982.6.26，苏京军 1811（HMAS-L 015333）；聂拉木县樟木，海拔 2840 m，1966.5.3，魏江春和陈健斌 251（HMAS-L 015334）；亚东河桑桥，海拔 2780 m，1975.6.4，宗毓臣 005（HMAS-L 002818），宗毓臣 006-1（HMAS-L 002817）；吉隆县，海拔 3410 m，1967.11.7，姜恕和赵从福 Q137（HMAS-L 002816）；林芝鲁朗镇，海拔 3100 m，2004.7.19，黄满荣 1729（HMAS-L 026366）；波密县，海拔 2360 m，2004.7.16，魏鑫丽 869（HMAS-L 026364）；

陕西　秦岭太白山，海拔 2400 m，1958.7.1，于积厚 215c（HMAS-L 015315）。

文献记载：西藏（魏江春和陈健斌 1974，p.180；魏江春和姜玉梅 1986，p.59 as *Cetraria pallescens*），湖北（陈健斌等 1989，p.433 as *Cetraria pallescens*），安徽和浙江（徐炳升 1989，p.222 as *Cetraria pallescens*），台湾（Wang-Yang & Lai 1973，p.89 as *Cetraria pallescens*；Lai 1980b，p.220 as *Ahtia wallichiana*），云南（Randlane et al. 1995，p.42 as *Cetrariopsis pallescens*；Randlane and Saag 1998，p.186 as *Nephromopsis pallescens*）。

分布：中国、印度尼西亚。

地理成分：东亚成分。

讨论：该种最明显的特征为具大量的表面生子囊盘，使该种与该属中的其他种能够容易区分。

8.11　宽瓣肾岛衣　图版 16.3

Nephromopsis stracheyi (C. Bab.) Müll. Arg. Flora **74**：374，1891；Zahlbruckner, Symbolae Sinicae：199，1930b；Lai, Quart. Journ. Taiwan Museum **33**（3，4）：225，1980b；Chen et al. Fungi and Lichens of Shennongjia：434，1989；Wei, Enum. Lich. China：159，1991；Randlane & Saag, Cryptogamie, Bryol. Lichenol. **19**(2-3)：189，1998.

≡ *Cetraria stracheyi* C. Bab., J. Bot.（Hooker）**4**：245，1852. —*Platysma stracheyi*（C. Bab.）Nyl., Syn. Meth. Lich.（Parisiis）**1**（2）：305，1860；Hue, Nouv. Arch. Mus. Hist. Nat. **4**（4）：217，1899.

Type：Himalayas, Kathi, 7200 ft., Strschey & Winterbottom（BM, holotype；H-NYL 3l6138, isotype）.

地衣体大型叶状，革质，较厚，直径可达 14 cm，裂片宽圆，宽可达 16 mm；上表面黄绿色或灰绿色，光滑或略具皱褶；下表面淡黄色或淡黄褐色，光滑或略具棱脊，假根简单且稀疏，假杯点明显，卵圆形或圆形，平坦或凹陷，直接着生在下表面上。子囊盘常见，位于地衣体下表面边缘，向上翻卷，圆形或肾形，盘面褐色，直径可达 10 cm 左右；子囊细棍棒状，35×10 μm；子囊孢子椭球形，7～8×2～5 μm。分生孢子器未见。

化学：皮层含 usnic acid；髓层含 olivetoric acid 或 anziaic acid。

基物：树干。

研究标本（6 份）：

云南　福贡，海拔 2400 m，1982.6.8，苏京军 1141（HMAS-L 015399）；贡山，海拔 2000 m，1982.9.3，苏京军 3901（HMAS-L 015401）；福贡县，海拔 2500 m，1982.6.9，苏京军 1342（HMAS-L 015398）；贡山县，海拔 2400 m，1982.8.30，苏京军 3713（HMAS-L 015400）；

西藏　察隅日东帮果，海拔 2400 m，1982.9.7，苏京军 4174（HMAS-L 015396）；海拔 2800 m，1982.9.7，苏京军 4256（HMAS-L 015397）。

文献记载：云南（Hue 1899，p.217 as *Platysma stracheyi*；Zahlbruckner 1930b，p.199；赖明洲 1980b，p.225 as *Nephromopsis stracheyi*），湖北（陈健斌等 1989，p.434 as *Nephromopsis stracheyi*），台湾（Lai 1980b，p. 225；Randlane and Saag 1998，p.189 as

Nephromopsis stracheyi）。

分布：中国、喜马拉雅地区。

地理成分：喜马拉雅成分。

讨论：该种和 *N. nephromoides* 在形态上相近，但该种地衣体较后者为厚，并且两者化学成分不同。该种与 *N. rugosa* 形态相似，区别在于该种地衣体上表面光滑或微皱，假杯点中等大小或较大且生于地衣体下表面；而 *N. rugosa* 地衣体上表面具规则的网格，假杯点小且生于棱脊上。

8.12　针芽肾岛衣　图版 16.4

Nephromopsis togashii（Asahina）A. Thell & Kärnefelt，in Thell，Randlane，Saag & Kärnefelt，
Mycological Progress **4**（4）：311，2005.

≡ *Tuckneraria togashii*（Asahina）Randlane & A. Thell. J. Hattori. Bot. Lab.，**78**：238，1995.

≡ *Cetraria togashii* Asahina，J. Jap. Bot.，**28**：136，1953；Wang-Yang & Lai，Taiwania **18**（1）：89，1973；Chen et al.，Fungi and Lichens of Shennongjia：433，1989；Xu，Cryptogamic Flora of the Yangtze Delta and Adjacent Regions：222，1989；Wei，Enum. Lich. China：57，1991.

Type：Honshu，Prov. suruga，Gotemba-machi，14.04.1952，Y. Asahina & M. Togashi，no. 28810（TNS-lectotype）.

地衣体小型叶状，宽 3～5 cm，具稀疏缘毛，裂片狭窄，较短，凹陷形，宽 2～4 mm；上表面黄色，裂芽多位于边缘，分枝或珊瑚状；下表面淡褐色或黄白色，具稀疏假根，假杯点稀少，白色，点状，位于下表面。子囊盘未见。分生孢子器位于裂片边缘，黑色瘤状或近瘤状；分生孢子哑铃状。

化学：皮层含 usnic acid；髓层含 lichesterinic acid 和 protolichesterinic acid。

基物：腐木。

研究标本（6 份）：

湖北　神农架，海拔 2950 m，1984.7.9，陈健斌 10242（HMAS-L 015276）；海拔 3030 m，1984.7.27，魏江春和陈健斌 10888（HMAS-L 015194）；海拔 1900 m，1984.8.11，陈健斌 11752（HMAS-L 015191）；

云南　泸水县，海拔 3500 m，1981.6.2，王先业等 2443（HMAS-L 015279）；丽江，海拔 3750 m，1987.4.22，Ahti T.，陈健斌，王立松 46531（HMAS-L 024188）；

西藏　察隅县日东帮果，海拔 3700 m，1982.9.9，苏京军 4370（HMAS-L 015282）。

文献记载：湖北（陈健斌等 1989，p.433 as *Cetraria togashii*），浙江（徐炳升 1989，p.222 as *Cetraria togashii*），台湾（Wang-Yang & Lai 1973，p.89 as *Cetraria togashii*）。

分布：中国、日本。

地理成分：东亚成分。

讨论：该种最显著的特征为地衣体具有裂芽。具裂芽的在该属内还有一种，*N. kurokawae*，两者的主要区别在于该种髓层 PD-，而 *N. kurokawae* 髓层 PD+红色，含有 fumarprotocetraric acid。

8.13　魏氏肾岛衣　图版 16.5

Nephromopsis weii X.Q. Gao & L.H. Chen，Mycotaxon **77**：492，2001.

Typus：Sina，in cortice Pini in monte Wuyi proviciae Fujianensis，24/IV/1988，Xiangqun Gao，7619（HMAS-L，holotypus et UPS，isotypus）.

地衣体中型，叶状，宽 4～6 cm；裂片宽 2～8 mm；上表面橄榄褐色，光滑，有光泽；下表面淡褐色至深褐色，略具皱褶；假根稀疏，长，无分叉；假杯点位于上表面和下表面；无粉芽和裂芽。上皮层假薄壁组织，10～25 μm 厚；髓层 38～60 μm 厚；下皮层假薄壁组织，10～25 μm 厚。子囊盘顶生，肾形，5×15 mm；子囊长棍棒状，8 孢；子囊孢子球状，直径 6～7 μm；分生孢子器位于小刺顶端；分生孢子哑铃状，3.5～4.5×1.5 μm。

化学：髓层含 lichesterinic acid、protolichesterinic acid 和 caperatic acid。

基物和分布：亚热带高海拔山地的针叶树皮。

研究标本（2 份）：

福建　武夷山，HMAS-L 014841，HMAS-L 014844。

文献记载：福建（Chen and Gao 2001，p. 492 as *Nephromopsis weii*）。

分布：中国。

地理成分：中国特有种。

讨论：该种的显著特征为地衣体褐色，有光泽，上下表面均具假杯点。该种的褐色地衣体、顶生的子囊盘和球状的子囊孢子（图 15）使它同 *Cetraria ciliaris* complex 相似，但后者的地衣体均无假杯点。

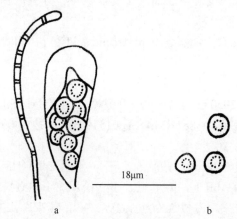

18μm

a　　　　　　　　　　b

图 15　*Nephromopsis weii* a.子囊和侧丝；b.子囊孢子

（凭证标本：高向群 7619-holotype. 陈林海 手绘）

8.14　云南肾岛衣　图版 16.6

Nephromopsis yunnanensis（Nyl.）Randlane & Saag，Mycotaxon **44**：488，1992；Randlane et al.，Cryptogamie Bryol. Lichenol. **16**：39，1995.

≡ *Platysma yunnanense*（'yunnense'）Nyl.，Lich. Nov. Zeland：150，1888；Hue，Bull. Soc. Bot. France **36**：162，1889；Hue，Nouv. Arch. Mus. Hist. Nat.（Paris）**3**（2）：275，1890；

Hue，Nouv. Arch. Mus. Hist. Nat. 1：212，1899.

≡ *Cetraria yunnanensis* (Nyl.) Zahlb.，Trudy Troitskos.-Kyakhtinsk. Otd. Priamursk. Otd. Imp. Russk. Geogr. Obshch. **12**：89，1911（1909）；Zahlbruckner，Cat. Lich. Univ. **1**：319，1930a；Zahlbruckner，Symbolae Sinicae：198，1930b；Wei，Enum. Lich. China：57，1991.

地衣体叶状；上表面黄绿色、灰绿色或黄褐色，具强烈皱褶；下表面淡黄色至褐色，棱脊和皱褶明显，假杯点众多，主要位于棱脊或栓塞式突起之上，假根稀少，简单且短。子囊盘常见，位于下表面边缘，明显向上翻卷，圆形或肾形，盘面褐色，圆形或肾形，直径有时可达 20 mm；子囊细棍棒状；子囊孢子椭圆形，8～9×4～4.5 μm。分生孢子器极多，黑色，位于地衣体边缘、上表面和下表面，生于下半部与地衣体同色的小刺顶端；分生孢子哑铃状，5～6×1 μm。

化学：皮层含 usnic acid；髓层含 lichesterinic acid 和 protolichesterinic acid。

基物：树皮。

研究标本 (7 份)：

四川 马尔康，海拔 2600 m，1983.7.2，王先业和肖勰 11392（HMAS-L 066474）；木里，海拔 2800 m，1982.6.8，王先业等 7872（HMAS-L 066478）；

云南 丽江玉龙雪山，海拔 2900 m，1981.8.8，王先业等 6457（HMAS-L 066383）；雪山母猪沟，海拔 2800 m，1960.12.6，赵继鼎和陈玉本 3925（HMAS-L 066398）；海拔 3000 m，1960.12.7，赵继鼎和陈玉本 3948（HMAS-L 066381）；海拔 3000 m，1960.12.10，赵继鼎和陈玉本 4587（HMAS-L 066397）；

西藏 察隅县，海拔 3300 m，1982.6.26，苏京军 1803（HMAS-L 066477）。

文献记载：云南（Hue 1889，p.162 & 1890，p.275 & 1899，p.212 as *Platysma yunnanense*；Zahlbruckner 1930a，p.319 & 1930b，p.198 as *Cetraria yunnanensis*；Randlane et al. 1995，p.39 as *Nephromopsis yunnanensis*）。

分布：中国。

地理成分：中国特有种。

讨论：该种下表面具有明显的棱脊和皱褶，假杯点生于棱脊或栓塞式突起之上，此外，该种最为典型的特征是分生孢子器极多，且位于下半部与地衣体同色的小刺顶端。该属中 *N. ahtii*、*N. laii* 和 *N. nephromoides* 均与该种有相似之处，但最主要的区别在于上述三种的地衣体下表面光滑或中度皱褶，假杯点或位于地衣体下表面或位于棱脊上，但不会位于任何突起之上。

9. 宽叶衣属 Platismatia W.L. Culb. & C.F. Culb.

Contr. U. S. Natn. Herb. **34**(7)：524，1968. Wei，Enum. Lich. China：206，1991.

地衣体叶状，裂片宽圆，上表面灰白色、灰绿色或灰褐色，常具皱褶，有些种具假杯点或裂芽，极少数有粉芽存在，下表面黑色，具稀疏假根。皮层为假厚壁组织。子囊盘边缘或近边缘生，常穿孔，子囊 8 孢，子囊孢子椭圆形。分生孢子器边缘生，分生孢子杆状。

化学：皮层含 atranorin；髓层含 caperatic acid。

全世界已知 11 种，中国已知 4 种。

9.1　裂芽宽叶衣　图版 14.5

Platismatia erosa W.L. Culb. & C.F.，Culb. Contr. U. S. Natn. Herb. **34**(7)：526，1968；
Wei & Jiang, Lichens of Xizang：50，1986；Chen et al., Lichens of Shennongjia：440，
1989；Wei, Enum. Lich. China：206，1991.

= *Cetraria formasana* var. *isidiata* Zahlbr.，Repert. Spec. Nov. Fedde **33**：60，1933；Sato,
Nova Flora Japonica vel Descriptiones et Systema Nova omnium plantarum in Imperie
Japonice sponte nascentium：64，1939；Wang-Yang & Lai, Taiwania **18**(1)：89，1973.
Type：Taiwan, Mt. Morrison, Svasaki(W, holotype).

地衣体较薄，宽 3~12 cm；裂片宽圆，宽 4~20 mm；上表面枯草黄色或灰褐色，具
明显的网状棱脊，边缘褐色；下表面黑色，边缘栗褐色，具大量白色小点(punctae)，裂
芽位于上表面棱脊或边缘，针状或珊瑚状，裂芽也常常丢失形成白色斑点。皮层为假厚
壁组织。子囊盘和分生孢子器未见。

化学：皮层含 atranorin；髓层含 caperatic acid。

基物：树皮。

研究标本(9 份)：

湖北　神农架，海拔 3000 m，1984.7.27，陈健斌和魏江春 10847(HMAS-L 008189)；

四川　贡嘎山东坡，海拔 3200 m，1982.6.29，王先业等 8498(HMAS-L 015444)，
8568(HMAS-L 015445)；木里，海拔 3800 m，1982.6.8，王先业，肖勰，李滨 8053(HMAS-L
015441)；

云南　维西县，海拔 3200 m，1982.5.11，苏京军 0555(HMAS-L 015448)；福贡县，
海拔 3100 m，1982.5.28，苏京军 1059(HMAS-L 015447)；大理小岭峰，1945.5.4，王汉
臣 4823(HMAS-L 008612)；

西藏　聂拉木县，海拔 3570 m，1966.5.19，魏江春和陈健斌 894(HMAS-L 002685)；
察隅，海拔 3400 m，1982.6.26，苏京军 1841(HMAS-L 015446)。

文献记载：西藏(魏江春和姜玉梅 1986，p.50 as *Platismatia erosa*)，湖北(陈健斌等
1989，p.440 as *Platismatia erosa*)，台湾(Sato 1939，p.64；Wang-Yang & Lai 1973，p.89 as
Cetraria formasana var. *isidiata*)。

分布：中国、日本、菲律宾、印度尼西亚、越南、印度(锡金)、尼泊尔。

地理成分：东亚成分。

讨论：此种区别于该属内其他种的主要特征为，地衣体下表面具小点(punctae)，上
表面网状棱脊上明显具有假杯点以及裂芽断裂而留下的斑痕。

9.2　海绿宽叶衣　图版 14.6

Platismatia glauca(L.) W.L. Culb. & C.F. Culb.，Contr. U. S. Natl. Herb. **34**：530，1968；
Wei, Enum. Lich. China：206，1991.

≡ *Lichen glaucus* L.，Spec. Plant. **2**：1148，1753. —*Cetraria glauca*(L.) Ach.，Method.

Lich.: 296, 1803; Zahlbrucner, Sybmolae Sinicae: 197, 1930b. —*Platysma glaucum*(L.)
Frege, Deutsch. Botan. Taschenb. **2**: 167, 1812.

= *Cetraria fallax*(Weber) Ach., Method. Lich.: 296, 1803.

地衣体宽叶状，宽 4 cm 左右；裂片宽圆，宽 5～10 mm，边缘具粉芽堆，局部具粉芽状裂芽；上表面枯草黄色或灰褐色，具较明显的网状棱脊，边缘褐色；下表面黑色，边缘栗褐色。皮层为假厚壁组织。子囊盘和分生孢子器未见。

化学：皮层含 atranorin；髓层含 caperatic acid。

基物：树皮。

研究标本(1 份)：

云南 丽江县干河坝，海拔 3000 m，1987.9.22，高向群 2365(HMAS-L 084624)。

文献记载：云南(Hue 1887，p.19 as *Platysma glaucum*)，陕西(Zahlbruckner 1930b，p.197 as *Cetraria glauca*)。

分布：中国，格陵兰岛南部、北美洲、巴塔哥尼亚(南美洲)、中亚(苏联)、非洲(加那利群岛，肯尼亚和坦桑尼亚)、亚速尔群岛、欧洲。

地理成分：世界广布成分。

讨论：该种是 *Platismatia* 属中形态变异范围最大的一个种，兼具具粉芽的裂片、粉芽型裂芽至珊瑚型裂芽，或裂芽型分枝的性状。本研究中仅包括一份凭证标本，未见珊瑚型裂芽或裂芽型分枝的性状。

10. 土可曼衣属 Tuckermanopsis Gyeln.

Acta Faun. Fl. Univers., Ser. 2, Bot. **1**(no. 5-6): 6, 1933.

≡ *Cetraria ciliaris* Ach. 1810.

Type species: *Tuckermanopsis ciliaris*(Ach.) Gyeln.

地衣体叶状，裂片宽圆或狭长，边缘具缘毛，上表面橄榄色至褐色，光滑或略具皱褶，下表面具假杯点或无，假根稀疏。子囊盘茶渍型，生于裂片边缘，有时表面生；子囊孢子球形，直径 4～5 μm。分生孢子器边缘生，黑点状；分生孢子哑铃状，长 4～6 μm。

化学：皮层有时含 atranorin；髓层含苔黑素类缩酚酸和缩酚酸环酮。

全世界已知 10 种，中国已知 2 种。

10.1 美洲土可曼衣 图版 14.7

Tuckermanopsis americana(Spreng.) Hale, Bryologist **90**(2): 164, 1987; Chen et al., Mycosystema **25**(3): 503, 2006; Lai et al., Ann. Bot. Fennici **46**: 376, 2009.

≡ *Nephroma americanum* Spreng., Kongl. Vetensk. Akad. Handl.: 49, 1820.

≡ *Cetraria halei* W.L. Culb. & C.F. Culb. Bryologist **70**: 161, 1967.

≡ *Tuckermanopsis halei*(W.L. Culb. & C.F. Culb.) M.J. Lai, Quart. J. Taiwan Mus. **33**: 226, 1980.

地衣体叶状，边缘深裂；裂片伸展，1～4(～8)mm 宽；上表面褐色，微皱，无粉芽和裂芽，边缘有时具缘毛，缘毛细长，褐色；下表面浅褐色，明显皱褶，具稀疏褐色假根，无假杯点。子囊盘常见，裂片边缘生，直径达 6 mm，子囊窄棍棒状，30～40×8～12 μm；子囊孢子椭圆形，5～10×3～5 μm；分生孢子器突出，桶状，黑色，位于裂片边缘或上表面；分生孢子纺锤形，约 6×1 μm。

化学：皮层含有 atranorin；髓层含 alectorinic acid 和 α-collatolic acid。

基物：落叶松属（*Larix*）和桦木属（*Betula*）树枝。

研究标本（11 份）：

内蒙古 科尔沁右翼前旗，海拔 1300 m，1985.7.1，高向群 636（HMAS-L 014980）；额尔古纳左旗，海拔 1500 m，1985.8.16，高向群 1609（HMAS-L 014974），1494（HMAS-L 014975）；阿尔山桑都尔，海拔 1250 m，1991.8.14，陈健斌和姜玉梅 A-240（HMAS-L 014977），A-570（HMAS-L 014979）；呼伦贝尔盟，1963.6.29，陈锡龄 1706（HMAS-L 014982）；

黑龙江 塔河县，海拔 500 m，1984.7.31，高向群 070（HMAS-L 014973）；大兴安岭蒙可心林场，海拔 700 m，1984.8.26，高向群 284-2（HMAS-L 014968），288（HMAS-L 014972）；新林林场，海拔 430 m，1977.8.31，魏江春 3130（HMAS-L 014965），3161-2（HMAS-L 014964）。

文献记载：内蒙古（Chen et al. 2006，p.503 as *Tuckermanopsis americana*），黑龙江（Chen et al. 2006，p.503；Lai et al.，2009，p.376 as *Tuckermanopsis americana*）。

分布：中国、日本、北美洲、欧洲。

地理成分：环北极成分。

讨论：该种在形态上与 *T. ciliaris* 相似，但区别在于化学成分不同，该种含 alectorinic acid 和 α-collatolic acid，而 *T. ciliaris* 含有 olivetoric acid。

10.2　小土可曼衣　图版 14.8

Tuckermanopsis microphyllica（W.L. Culb. & C.F. Culb.）M.J. Lai，Quart. J. Taiwan Mus. **33**：226，1980.

≡ *Cetraria microphyllica* W.L. Culb. & C.F. Culb.，Bryologist 70：161，1967；Wei，Bull. Bot. Res. **1**(3)：86，1981；Wei et al.，Lichenes Officinales Sinenses：43，1982.

地衣体小型叶状，直径 3～4 cm，近圆形或不规则形，疏松地附着于基物，无缘毛、粉芽和裂芽；裂片深裂，宽 3～8 mm；上表面淡褐色至深褐色，光滑，略具光泽；下表面淡褐色，具脉纹状棱脊，假根稀少，无假杯点。子囊盘常见，位于地衣体边缘。分生孢子器位于边缘小刺顶端。

化学：皮层含 atranorin；髓层含 microphyllic acid。

基物：树生。

研究标本（1 份）：

内蒙古 大兴安岭满归，海拔 800 m，1977.4.12，魏江春 3379-2（HMAS-L 019006）。

文献记载：内蒙古（Wei 1981，p.86；魏江春等 1982，p.43 as *Cetraria microphyllica*）。

分布：中国、日本。

地理成分：东亚成分。

讨论：该种同 *Tuckermanopsis americana* 在形态上相近，但它们所含的化学成分不同。该种含 alectorinic acid 和 α-collatolic acid，而后者含有 microphyllic acid。

11. 黄髓衣属 Vulpicida J.-E. Mattsson & M.J. Lai

Mycotaxon **46**：427，1993.

Type species：*Vulpicida juniperinus*(L.)J.-E. Mattsson & M.J. Lai.

地衣体叶状或亚枝状，具背腹性，裂片末端向上翘起；上表面亮黄色或黄绿色，下表面淡黄色，无假杯点，假根少量，位于下表面的近边缘，简单或不规则分支；髓层鲜黄色至橘黄色。子囊盘近边缘或表面生，盘面棕褐色，盘缘细圆齿状；子囊宽棒状，8孢；子囊孢子近球形至球形，单胞。分生孢子器位于裂片表面或边缘小刺之上，大量，黑色，埋生或凸起；分生孢子长瓶颈状或柠檬状。

化学：皮层含 usnic acid；髓层含 pinastric acid 和 vulpinic acid。

全世界已知 6 种，中国已知 3 种。

11.1 桧黄髓衣　图版 16.7

Vulpicida juniperinus(L.)J.-E. Mattsson & M.J. Lai，Mycotaxon **46**：427，1993；Wu & Abbas，Lichens of Xinjiang：101，1998；Lai et al.，Ann. Bot. Fennici **46**：378，2009.

≡ *Lichen juniperinus* L.，Species Plantarum **2**：1147，1753.

≡ *Tuckermanopsis juniperina*(L.)Hale，Wei，Enum. Lich. China：245，1991.

≡ *Cetraria juniperina*(L.)Ach.，Meth. Lich.：293，1803；Wei，Bull. Bot. Res. **1**(3)：86，1981.

地衣体莲座状，直径 3～5 cm；裂片狭窄，宽 1～3 mm，边缘明显上翘；上表面黄色或黄绿色，无粉芽和裂芽；下表面黄色，皱褶，无假杯点，具同色稀疏假根；髓层黄色。子囊盘常见，位于叶面和近边缘，直径 0.5～3 mm，盘面褐色，盘缘细齿状；子囊近棍棒状，8孢；子囊孢子近球形。分生孢子器位于叶面或边缘的小刺之上，黑色分生孢子近双菱形(一端较另一端略大)，1～2×8～9 μm。

化学：皮层含 usnic acid；髓层含 pinastric acid 和 vulpinic acid。

基物：树皮。

研究标本(6 份)：

内蒙古　阿乌尼林场，1985.8.10，高向群 1435(HMAS-L 015184)，1456(HMAS-L 015185)；

黑龙江　潮中林场，海拔 750 m，1984.8.22，高向群 222-1(HMAS-L 015183)；呼中大白山，海拔 1500 m，2000.7.9，黄满荣和魏江春 159(HMAS-L 022299)；海拔 1480 m，2000.7.9，刘华杰 281(HMAS-L 021677)；小白山，海拔 1375 m，2011.7.18，曹叔楠，张颖，刘萌 HY1-243(HMAS-L 127438)。

文献记载：内蒙古(Lai et al. 2009，p.378 as *Vulpicida juniperina*)，吉林(Wei 1981，p.86 as *Cetraria juniperina*；Lai et al. 2009，p.378 as *Vulpicida juniperina*)，新疆(吴继农和阿不都拉·阿巴斯 1998，p.101 as *Vulpicida juniperina*)。

分布：中国、日本、蒙古、俄罗斯，北欧。

地理成分：环北极成分。

讨论：该种与属内其他含 vulpinic acid 的种的主要区别是该种常生长在偃松树枝上，这也是该种以'*juniperinus*'做种加词的原因。

11.2 花黄髓衣 图版 16.8

Vulpicida pinastri(Scop.) J.-E. Mattsson & M.J. Lai，Mycotaxon **46**：428，1993；Wu & Abbas，Lichens of Xinjiang：101，1998；Lai et al.，Ann. Bot. Fennici **46**：378，2009.
≡ *Lichen pinastri* Scop.，Flora Carniolica **2**：382，1772.
≡ *Cetraria pinastri*(Scop.) Gray，Natur. Arrang. Brit. Plants **1**：432，1821；Chen et al.，J. NE Forestry Inst. 3：129，1981a；Wei & Jiang，Proceedings of symposium on Qinghai-Xizang(Tibet)Plateau：1146，1981；Wei et al.，Lichenes Officinales Sinenses：44，1982.

地衣体不规则，小型叶状或近圆形莲座状，直径 2～5 cm；裂片狭窄，0.5～2 mm 宽，裂片边缘上翘并呈波浪起伏状；上表面鲜黄色、暗黄色或黄绿色，具大量镶边的鲜黄色粉芽；下表面枯草黄色、淡黄色或黄褐色，略具棱脊，假根简单，稀疏；髓层鲜黄色。子囊盘和分生孢子器未见。

化学：皮层含 usnic acid；髓层含 pinastric acid 和 vulpinic acid。

基物：树皮和岩石。

研究标本(27 份)：

内蒙古 阿尔山兴安盟，海拔 1700 m，1991.8.10，陈健斌和姜玉梅 A-969(HMAS-L 015106)；海拔 1650 m，1991.8.10，陈健斌和姜玉梅 A-892(HMAS-L 015105)；海拔 1550 m，1991.8.18，陈健斌和姜玉梅 A-696(HMAS-L 015107)；大兴安岭奥科里堆山，海拔 1500 m，1985.8.16，高向群 1608(HMAS-L 015103)；科尔沁右旗，海拔 1300 m，1985.7.1，高向群 629(HMAS-L 015099)；

吉林 长白山，海拔 1800 m，1977.8.5，魏江春 2717(HMAS-L 015110)；海拔 1100 m，1977.8.8，魏江春 2788(HMAS-L 020271)，2771(HMAS-L 020269)；海拔 1800 m，1998.6.21，陈健斌和王胜兰 13079(HMAS-L 020270)，13055(HMAS-L 020267)；海拔 1300 m，1984.7.23，卢效德 847036-1(HMAS-L 020272)；

黑龙江 大兴安岭，潮中林场，海拔 800 m，1984.8.22，高向群 239-2(HMAS-L 015122)；大白山林场，海拔 1400 m，1984.9.3，高向群 398(HMAS-L 015115)；大白山林场，海拔 1200 m，1984.9.3，高向群 400(HMAS-L 015116)；蒙克山林场，海拔 800 m，1984.8.7，高向群 108(HMAS-L 015131)，091-1(HMAS-L 015130)；漠河县，海拔 616 m，2011.7.16，张颖，刘萌，曹叔楠 MH11039(HMAS-L 127256)；

云南 德钦白芒雪山，海拔 3700 m，1981.7.11，汪楣芝 7816(HMAS-L 015097)；海拔 3680 m，2012.9.14，王瑞芳 YX12067(HMAS-L 127437)；

西藏 聂拉木，海拔 4050 m，1966.7.13，姜恕和赵从福 Q42(HMAS-L 020277)；海拔 3910 m，1966.6.22，魏江春和陈健斌 1(HMAS-L 002810)；海拔 3900 m，1966.6.22，

魏江春和陈健斌 1788-1（HMAS-L 003057）；海拔 3930 m，1966.6.22，魏江春和陈健斌 1785-1（HMAS-L 002813），1787（HMAS-L 015134）；吉隆，海拔 3790 m，1975.6.24，陈书坤 29（HMAS-L 015132）；

新疆 阿尔泰山哈纳斯湖，海拔 1800 m，1986.8.4，高向群 1991（HMAS-L 015108）；海拔 1350 m，1986.8.3，高向群 1890（HMAS-L 020275）。

文献记载：内蒙古（魏江春等 1982，p.44 as *Cetraria pinastri*；Lai et al. 2009，p.378 as *Vulpicida pinastri*），吉林和黑龙江（陈锡龄等 1981a，p.129 as *Cetraria pinastri*；Lai et al. 2009，p.378 as *Vulpicida pinastri*），西藏（魏江春和姜玉梅 1981，p.1146；魏江春等 1982，p.44 as *Cetraria pinastri*），新疆（吴继农和阿不都拉·阿巴斯 1998，p.101 as *Vulpicida juniperina*）。

分布：北极–北方地区。

地理成分：环北极成分。

讨论：该种是黄髓衣属内含 vulpinic acid 的种类中唯一具粉芽的种类，此特征使该种易于被区分。

11.3 提来丝黄髓衣 图版 16.9

Vulpicida tilesii（Ach.）J.-E. Mattsson & M.J. Lai，Mycotaxon **46**：428，1993.

≡ *Cetraria tilesii* Ach.，Syn. Meth. Lich.：228，1814.

地衣体近枝状，半直立，呈不规则分叉；裂片略具沟槽，宽 0.5～2 mm；上表面黄绿色、黄色或暗黄色；下表面淡黄色，无假杯点，假根稀少，具大量棱脊和凹陷。子囊盘未见。

分生孢子器位于裂片边缘，黑色，呈突起状。

化学：皮层含 usnic acid；髓层含 vulpinic acid 和 pinastric acid。

基物：地面。

研究标本（5 份）：

新疆 阿尔泰山喀纳斯，海拔 2500 m，1986.8.5，高向群 2118（HMAS-L 015187），2114（HMAS-L 015186），2140-1（HMAS-L 028643），2123（HMAS-L 015188），2127（HMAS-L 015189）。

文献记载：未见。

分布：北极–北方地区。

地理成分：环北极成分。

讨论：该种与黄髓衣属内其他含 vulpinic acid 的种类的区别在于，该种呈半直立的近枝状，下表面具大量棱脊和凹陷。

12. 袋衣属 Hypogymnia（Nyl.）Nyl.

Lichen. Envir. Paris，p.39，1896.

≡ *Parmelia* subgenus *Hypogymnia* Nyl.，Flora **64**：537，1881.

Type species：*Hypogymnia physodes*（L.）Nyl.，Lich. Envir. Paris：39，1896.

≡ *Lichen physodes* L.，Sp. pl.2：1144，1753.

= *Parmelia physodes*（L.）Ach.，Method. Lich.：250，1803.

　　袋衣属地衣体大型叶状；上表面颜色多变，浅灰色至褐色，有时具粉霜；裂片形态多样，狭长，指状，或宽大，有时具粉芽、裂芽或小裂片；裂片肿胀，具上下皮层，髓层常中空，有时中实；下表面常具穿孔，孔有时具边缘；偶有假根；上下皮层分别由假厚壁组织和假薄壁组织组成；分生孢子器常见，黑色点状，凹陷于地衣体上表面，分生孢子透镜形至双纺锤形，大小为 0.5～2.5×3.5～7.5 μm；子囊盘常见，表面生，茶渍型，盘面褐色至黑色，子囊 8 孢，孢子单胞，无色，椭圆形至近球形，大小一般为 2.5～6.5×4.0～10.0 μm，极少为 12.5～14×14～17.5 μm；皮层含 atranorin 或 usnic acid；基物多样，生长于树干、草丛、岩石或土上，最常见于高山针叶树（如云杉和冷杉）。目前全世界袋衣属包括约 110 种，中国 56 种。中国是袋衣属地衣的重要产地。

中国袋衣属分种检索表

1. 叶片宽短，宽 4～8 mm ·· 2
1. 叶片非宽短型，宽约 2 mm ··· 5
　2. 上表面黄绿色 ·· **12.13 黄袋衣 H. hypotrypa**
　2. 上表面灰绿色至褐色 ··· 3
3. 地衣体中空 ··· 4
3. 地衣体髓层实心，有时具由裂芽破裂形成的粉芽 ····················· **12.33 粉末袋衣 H. pulverata**
　4. 表面有散生粉芽 ··· **12.35 中华袋衣 H. sinica**
　4. 表面无粉芽 ··· **12.31 灰袋衣 H. pseudohypotrypa**
5. 上下表面均具孔 ·· 6
5. 仅下表面具孔 ·· 7
　6. 上表面无乳突；裂片有结节和黑色镶边，髓层 PD- ················· **12.15 狭叶袋衣 H. irregularis**
　6. 上表面具乳突，裂片无结皮和黑色镶边，髓层 PD+ ················ **12.20 背孔袋衣 H. magnifica**
7. 地衣体上生长有粉芽 ··· 8
7. 地衣体上无粉芽 ··· 22
　8. 粉芽只位于裂片顶端 ·· 9
　8. 散布于上表面或上表面、裂片顶端都有 ·· 18
9. 粉芽堆为唇形 ·· 10
9. 粉芽堆为头状 ·· 16
　10. 裂片缢缩 ·· **12.37 节肢袋衣 H. subarticulata**
　10. 裂片无缢缩 ··· 11
11. 下表面无孔 ··· 12
11. 下表面具孔 ··· 13
　12. 髓层 PD+ ·· **12.25 袋衣 H. physodes**
　12. 髓层 PD– ·· **12.21 变袋衣 H. metaphysodes**
13. 裂片具黑色镶边 ·· **12.46 条袋衣 H. vittata**
13. 裂片无黑色镶边 ··· 14
　14. 髓层 PD+ ··· **12.14 卷叶袋衣 H. incurvoides**
　14. 髓层 PD– ··· 15
15. 裂片直立 ················· **12.39.2 腋圆袋衣裂片近直立变种 H. subduplicata var. suberecta**

Key to the species of *Hypogymnia* in China

6. Upper surface partly with papillae; lobes without nodes and black border, medulla PD+ ··· 12.20 *H. magnifica*

7. Thallus sorediate··· 8

7. Thallus not sorediate ·· 22

  8. Soredia only terminal ·· 9

  8. Soredia laminal or both laminal and terminal··· 18

9. Soralia lip-shaped ·· 10

9. Soralia capitate··· 16

  10. Lobes constricted at the nodes······································· 12.37 *H. subarticulata*

  10. Lobes not constricted ··11

11. Perforations lacking on the lower surface ·· 12

11. Perforations present on the lower surface··· 13

  12. Medulla PD+·· 12.25 *H. physodes*

  12. Medullla PD-·· 12.21 *H. metaphysodes*

13. Lobes with black border··· 12.46 *H. vittata*

13. Lobes without black border··· 14

  14. Medulla PD+··· 12.14 *H. incurvoides*

  14. Medulla PD- ·· 15

15. Lobes erect··································· 12.39.2 *H. subduplicata* var. *suberecta*

15. Lobes not erect ······························· 12.39.1 *H. subduplicata* var. *subduplicata*

  16. Perforations lacking on the lower surface··································· 12.4 *H. bitteri*

  16. Perforations present on the lower surface·· 17

17. Lobes braching variable, containing olivetoric acid ························· 12.6 *H. capitata*

17. Lobes braching dichotomous, not containing olivetoric acid··············· 12.45 *H. tubulosa* f. *farinosa*

  18. Soredia only laminal ·· 19

  18. Soredia laminal and terminal ·· 21

19. Pruina present near terminal··· 12.40 *H. subfarinacea*

19. Pruina lacking ··· 20

  20. Perforations on the lower surface rimmed, medulla PD+ ······················ 12.17 *H. laxa*

  20. Perforations on the lower surface not rimmed, medulla PD- ·················· 12.28 *H. pseudobitteriana*

21. Soredia formed from isidia; upper surface grayish brown to dark brown, shiny ········ 12.3 *H. austerodes*

21. Soredia not formed from isidia; upper surface grayish green to gray, dull······································

··· 13.41 *H. submundata* f. *baculosorediosa*

  22. Isidiate ·· 23

  22. Not isidiate ·· 27

23. Isidia wart shape ·· 24

23. Isidia globose, rodlike to coralliform ·· 25

  24. Medulla PD+·· 12.38 *H. subcrustacea*

  24. Medulla PD- ···12.3 *H. austerodes*

25. Contaning diffractaic acid ·· 26

25. Not containing diffractaic acid ·· 12.10 *H. duplicatoides*

  26. Isidia much ································· 12.12.1 *H. hengduanensis* ssp. *hengduanensis*

  26. Isidia less ·································· 12.12.2 *H. hengduanensis* ssp. *kangdingensis*

27. Ascospores more than 11 μm in diam ································· 12.19 *H. macrospora*

27. Ascospores less than 11 μm in diam ··· 28

12.1 高山袋衣 图版 17.1

Hypogymnia alpina D.D. Awasthi，Kavaka **12**（2）：91，1984；McCune，Opusc. Philolichenum **11**：12，2012；McCune & Wang，Mycosphere **5**（1）：34，2014.

Type：India. Uttar Pradesh：Uttarkashi District，Gomukh area，right bank，6th moraine，3750 m，on twigs of scandent shrubs，5 July 1976，D.D. Awasthi & S.R. Singh 8567B（LWG，holotype）.

地衣体指状，小型，高 1～3 cm，软骨质；裂片竖立，大部分指状，并行排列，长可达 10 mm，宽 1～2 mm，无缢缩，多分枝，顶端二分叉，钝圆，裂片彼此挨挤，无黑色镶边；上表面灰绿色至浅褐色，平坦，不光滑，无光泽，顶端黄褐色，近顶端处多分生孢子器，聚生，凹陷至鼓起，黑色，点状，分生孢子棒状至微双纺锤形，大小为 1×5 μm；无粉芽、裂芽和小裂片；近顶端附近背腹几乎不分，呈浅黄褐色，其余部分下表面黑色，皱褶，粗糙，微具光泽，孔位于下腋间和下表面近顶端处，有时孔不明显；髓层中空，上髓层白色，下髓层顶端白色，其余深色。上皮层浅黄色，由假厚壁组织组成，厚 14.5～19.5 μm；藻层连续，绿色，厚 24.5～29.5 μm，藻细胞近球形，直径 7.5～12.5 μm；下皮层浅黑色，由假薄壁组织组成，厚 12.5～29.5 μm。子囊盘未见。

化学：上皮层 K+黄色，C-，KC+黄色，P-；髓层 K+浅红色，C-，KC+浅红色，P+橘红色；含有 atranorin、physodalic acid 和 protocetraric acid.

基物：小灌木、树皮、岩表、地上薜丛。

研究标本（30 份）：

四川　小金巴朗山垭口，海拔 4350 m，1982.8.18，王先业，肖勰，李斌 9537（HMAS-L 079396）；德格县东，海拔 3810 m，2007.8.30，王立松等 07-28283（KUN）；乡城县大雪山道班后山，海拔 4650 m，2002.9.12，王立松 02-22347（KUN）；JIULONG CO.，Mt. Ji Chou，alt. 4300 m，L.S. Wang 96-16555b（KUN）；KANGDING CO.，Mt. Zhe Duo，alt. 4000 m，L.S. Wang 96-16338（KUN）；

云南　德钦县白马雪山，海拔 4580 m，2012.7.4，王立松，王欣宇，刘栋 12-34831（KUN），海拔 4412 m，2012.7.4，王立松，王欣宇，刘栋 12-34801（KUN）；DEQIN CO.，Bei Ma Xue Shan，Ya Kou，alt. 4300 m，L.S. Wang 94-15344（KUN）；GONG SHAN CO.，Yen Niu Gu，alt. 2950 m，L.S. Wang 00-19362（KUN）；LIJIANG CO.，Mt. Yu-long-xue，alt. 4100 m，L.S. Wang 9240（KUN）；中甸县哈巴村哈巴雪山，海拔 4560 m，2002.10.26，王立松 02-21972（KUN）；海拔 4600 m，2002.10.26，王立松 02-21727（KUN）；ZHONGDIAN CO.，Mt. Daxue，alt. 4500 m，L.S. Wang 01-20760（KUN）；Daling Village，Mt. Huo Lu，alt. 4150 m，L.S. Wang 83-1232（KUN）；

西藏　林芝县鲁朗镇色季拉山口，海拔 4375 m，2007.8.20，王立松等 07-28392（KUN）；乃东县，海拔 5070 m，2007.8.24，王立松等 07-28566（KUN）；NIE LA MU CO.，Chen S.-k. 26（KUN）；

陕西　太白山大爷海至拔仙台，海拔 3620 m，2005.8.5，魏鑫丽 1799（HMAS-L 085006），1823（HMAS-L 085003），1798（HMAS-L 085007），1824（HMAS-L 085004），1825（HMAS-L 085005），1796（HMAS-L 081529），1797（HMAS-L 079403），1908（HMAS-L 079086）；海拔 3630m，魏鑫丽 1764（HMAS-L 079084），1765（HMAS-L 078980），1766（HMAS-L 079051）；海拔 3700m，2005.8.4，王海英 TBS105（HMAS-L 079085）；二爷海边，海拔 3650 m，2005.8.5，徐蕾 50582（HMAS-L 079053）。

文献记载：四川、云南和西藏（McCune 2012，p.12；McCune and Wang 2014，p.34 as *Hypogymnia alpina*）。

分布：中国、不丹、印度、尼泊尔。

地理成分：喜马拉雅成分。

讨论：该种的标志性特征为地衣体灌丛状，裂片似指状并行排列，顶端背腹面不易区分。该种的地衣体颜色和化学成分与 *Hypogymnia laccata* J.C.Wei & Y.M.Jiang 相似，但主要区别在于 *H. laccata* 地衣体呈紧密的玫瑰形，而该种地衣体裂片指状并行排列。

12.2　弓形袋衣　图版 17.2

Hypogymnia arcuata Tchaban. & McCune，Bryologist **104**（1）：146-150，2001；McCune & Wang，Mycosphere **5**（1）：34，2014.

Type：Russia. Primorsky territory，Lazovsky Pass，mature conifer forest southern Sikhote-Alin Range，24 km NE of Sergeyevka，43°29′N，133°35′E，900 m；McCune & Tchabanenko 24917，September 1999（OSC，isotype!）；China. Shaanxi，Mt. Taibai，2640-2680 m，Mingxing Si et Doumu Gong，ad muscos，Wei J.C. 2496（LE & US，paratype!）.

地衣体叶状，大型，宽度达 14 cm，软骨质，具韧性；裂片狭长型，长 1 cm 以上，宽 1～2 mm，局部微缢缩，多分枝，顶端等二叉分枝，尖细，上卷，露出下表面的穿孔，挨挤重叠，具明显黑色镶边，扁平或微隆起；上表面黄褐色，平滑，具明显光泽；分生孢子器着生于近顶端附近，黑色，圆点状，凹陷至突起于上表面，分生孢子双纺锤形，大小为 1.0×4.5～5.0 μm；无粉芽和裂芽，有小裂片，小裂片位于分枝两侧，狭长，基部缢缩，有些小裂片具有分叉；下表面顶端褐色，其余黑色，皱褶，有明显光泽，具孔，孔位于下表面近顶端、下腋间和下表面，圆形，直径 0.5～1 mm，无边缘，局部孔成串，但不汇合；髓层中空，上髓层和下髓层顶端白色，下髓层其余暗色至黑色。上皮层浅黄褐色，由假厚壁组织组成，厚 22.0～24.5 μm；藻层连续，绿色，厚 24.5～34.5 μm，藻细胞近圆形，直径约 5 μm，为 *Trebouxia*；下皮层深色，由假薄壁组织组成，厚 12.5～14.5 μm。子囊盘数量少，茶渍型，具柄，呈杯状，中空，具纵向沟槽；盘托薄，盘面较平展，微有凹凸，黄褐色，无光泽，直径 2～5 mm；子实上层浅黄色，厚 7.0～12.5 μm；子实层无色，厚 28.5～30.5 μm，子囊棒状，6.0～12.5×18.5～24.5 μm，8 孢，孢子椭圆形，单胞，大小为 3.0～3.5×5.0 μm，侧丝具隔，无分枝，顶端膨大，宽 2.5 μm；子实下层无色，厚 12.5～61.5 μm。

化学：地衣体 K+黄色，C-，KC-，P-；髓层 K-，C-，KC-，P-；含有 atranorin、physodic

acid，（±）conphysodic acid，（±）2 区一未知物(粉色斑点)。

基物：树皮、岩表苔藓层、地上苔藓层。

研究标本(11 份)：

安徽　汪癸璜，无号(HMAS-L 081027)；

湖北　神农架神农顶，海拔 2800 m，无号(HMAS-L 081022)；

云南　德钦县白芒雪山东坡，海拔 3600 m，1981.8.28，王先业，肖勰，苏京军 7585(HMAS-L 081023)；福贡县鹿马登欧鲁底，海拔 3600 m，1982.5.27，苏京军 0852(HMAS-L 081024)；丽江县玉龙雪山，海拔 3750 m，1981.7.27，王先业，肖勰，苏京军 6798(HMAS-L 081025)；

西藏　Gyala, alt. 3820 m，G. Miehe & U. Wündisch 94-215-42/10(HMAS-L 083047)；波密县嘎瓦龙，海拔 3600 m，2004.7.17，魏鑫丽 906(HMAS-L 081020)，918(HMAS-L 081019)；察隅县察瓦龙拱拉，海拔 3600 m，1982.9.27，苏京军 4886(HMAS-L 081760)；

陕西　眉县太白山，放羊寺至文公庙路上，海拔 3380 m，2005.8.3，魏鑫丽 1644(HMAS-L 081749)；明星寺至文公庙，海拔 3180 m，2005.8.4，杨军 YJ232(HMAS-L 081757)。

文献记载：辽宁、吉林和黑龙江(McCune and Tchabanenko 2001，p.146；McCune and Wang 2014，p.34 as *Hypogymnia arcuata*)，四川、云南和陕西(McCune and Tchabanenko 2001，p.146 as *Hypogymnia arcuata*)。

分布：中国、俄罗斯、朝鲜。

地理成分：东亚成分，东亚分布型。

讨论：该种与 *H. fragillima* 外形相似，区别在于该种裂片分叉角度较大，顶端上卷，且露出下表面的孔；下表面孔有成串排列的趋势，但绝无汇合；髓层中常含有 conphysodic acid。研究过程中作者发现借自美国 OSC 标本馆的等模式(Isotype-McCune 24917)实际上为 *H. fragillima*，所以此等模式为错误鉴定，但因未借到 *H. arcuata* 的主模式，并且对副模式(Paratype-Wei J.C. 等 2496)的观察亦支持与 *H. fragillima* 有别，故存在两种可能：一是等模式(Isotype-McCune 24917)(实为 *H. fragillima*)与主模式(holotype)原本混杂在一起，因与 *H. arcuata* 外形相似，因而被错误鉴定，并被分出作为了等模式；二是主模式和等模式一样，实际上为 *H. fragillima*，这样 *H. arcuata* 应该处理为 *H. fragillima* 的异名，而原本 *H. arcuata* 的副模式(Paratype-Wei J.C. 等 2496)则应被赋予一个新名称，并作为新种予以发表。不过这两种可能性的正确与否只有在借到 *H. arcuata* 的主模式后才能最终确定。

12.3　硬袋衣　图版 3.7

Hypogymnia austerodes (Nyl.) Räsänen，Ann. Bot. Soc. Zool.-Bot. Fenn. Vanamo，**18**(1)：13，1943；Wang, The lichens of Mt. Tuomuer areas in Tianshan: 346，1985；Wei, Acta Mycol. Sin. Suppl. I: 383，1986；Wei & Jiang, Lichens of Xizang: 35，1986；Wei, Enum. Lich. China: 114，1991；Wu & Abbas, Lichens of Xinjiang: 93，1998；McCune & Wang，Mycosphere **5**(1)：36，2014.

≡ *Parmelia austerodes* Nyl.，Flora 65：537，1881；Wei，Enum. Lich. China：114，1991. Type：on old logs at Laggan，Alta，1904.6.26，no. 3635（selected by Wei J.C.，lectotype，CANL）.

地衣体叶状，小型至大型，宽度 3～13 cm，软骨质，有韧性；裂片宽短型，长 5～8 mm，宽 2～5 mm，无缢缩，多分枝，彼此挨挤，扭曲，以致难以区分单个裂片，无黑色镶边，顶端浅裂，多分叉，钝圆，平展，微上卷，褐色；上表面黄褐色，不平坦，多隆起皱褶似腊肠状，有光泽，具分生孢子器，但数量极少，稀疏散见于上表面，黑色圆点状，凹陷至突起，分生孢子棒状，大小为 2.0×5.0 µm；密布颗粒状粉芽，粉芽由裂芽破裂而来，或仅具小疣状裂芽，偶见小裂片，位于裂片两侧，小，基部无缢缩；下表面顶端浅褐色，其余黑色，皱褶，无光泽，具孔，只位于下表面，圆形，直径 0.5～0.8 mm，无边缘；髓层中空，上、下髓层均白色。

上皮层浅色，由假厚壁组织组成，厚 17.0～19.5 µm；藻层连续，绿色，厚 24.5 µm左右；下皮层浅褐色，由假薄壁组织组成，厚 12.5～17.0 µm。子囊盘未见。

化学：地衣体 K+黄色，C-，KC-，P-；髓层 K+黄色，C-，KC-，P-；含有 atranorin、physodic acid，（±）conphysodic acid，（±）2 区一未知物质。

基物：树皮、岩表苔层。

研究标本(14 份)：

黑龙江 大白山林场，海拔 1400 m，1984.9.3，高向群 346（HMAS-L 081029）；带岭凉水林场北边，海拔 460 m，1975.10.10，魏江春 2228-3（HMAS-L 081030）；

四川 阿坝阿夷拉山，海拔 3700 m，1983.6.29，王先业和肖勰 11323（HMAS-L 081032）；

西藏 聂拉木，海拔 3930 m，1966.6.22，魏江春和陈健斌 1786-1（HMAS-L 081034）；海拔 3890 m，1966.6.22，魏江春和陈健斌 1820-2（HMAS-L 002632）；海拔 3940 m，1966.6.22，魏江春 1886（HMAS-L 002635）；察隅，海拔 4000 m，无号（HMAS-L 081031）；波密县松宗集镇，海拔 3120 m，2004.7.16，魏鑫丽 795（HMAS-L 002632）；昌都县江达宗神山，海拔 2900 m，2009.9.7，王立松（KUN 09-30722）；

陕西 太白山放羊寺向上，海拔 3300 m，2005.8.4，魏鑫丽 1723（HMAS-L081916）；

新疆 天山北木扎尔台冰川，海拔 320 m，1978.7.23，王先业 0959（HMAS-L000033）；乌鲁木齐南山，海拔 2760 m，1977.5.24，王先业 137（HMAS-L 000032）；天山夏塔温泉，海拔 2700 m，1978.8.3，王先业 01103（HMAS-L 000030）；1978.7.27，卯晓岚 01024（HMAS-L 000031）。

文献记载：四川（McCune and Wang 2014，p.36 as *Hypogymnia austerodes*），西藏（魏江春和姜玉梅 1986，p.35；魏江春 1986，p.383；McCune and Wang 2014，p.36 as *Hypogymnia austerodes*），新疆（王先业 1985，p.346；Wei 1986，p.383；吴继农和阿不都拉·阿巴斯 1998，p.93 as *Hypogymnia austerodes*）。

分布：亚洲、欧洲、北美洲。

地理成分：环北极成分。

讨论：该种的特征与 *H. bitteri* 相似，地衣体叶状，灰褐色至褐色或暗褐色，上表面多少有些皱褶，有时黑色的下表面宽于上表面而使地衣体具有黑色镶边，但该种与 *H. bitteri* 的区别在于它缺乏球形粉芽堆，而是在上表面具有无数的疣状或圆柱形的裂芽。

12.4 暗粉袋衣 图版 17.3

Hypogymnia bitteri(Lynge) Ahti, Ann. Bot. Fenn. **1**：20，1964；Chen et al., J. NE Forestry Inst. **4**：150，1981b；Wei & Jiang, Proceedings of Symposium on Qinghai-Xizang (Tibet) Plateau：1146，1981；Luo, Bull. Bot. Res. **6**(3)：156，1986；Wei & Jiang, Lichens of Xizang：34，1986；Wei, Enum. Lich. China：114，1991.

≡ *Parmelia bitteri* Lynge, Stud. Lich. Flora. Norway，138，1921；Zahlbruckner, Cat. Lich. Univ. 6：26，1930；Wei, Enum. Lich. China：114，1991.

Parmelia obscurata auct. non Bitter：Wei & Chen, Report of Scientific Expedition of the Mt. Jolmo Lungma region：178，1974.

地衣体叶状，中型，宽度 8.5 cm，软骨质。具韧性；裂片宽短型，长 4～10 mm，宽 2～4 mm，无缢缩，多分枝，顶端多分叉，钝圆，挨挤，微有黑色镶边；上表面红褐色，微有皱褶，较光滑，微有光泽，顶端具头状粉芽堆，上表面局部密布颗粒状粉芽，具小裂片，小裂片位于裂片两侧，具分叉，无缢缩，上表面近顶端处稀疏分布分生孢子器，黑色，圆点状，凹陷于地衣体内，分生孢子棒状至双纺锤形，大小为 1.0×5.0～5.5 μm；下表面黑色，皱褶，无光泽，无孔；偶见假根；髓层中空，上髓层白色，下髓层顶端白色，其余暗色。上皮层浅黄色，由假厚壁组织组成，厚 19.5～22.0 μm；藻层连续，绿色，厚 12.5～19.5 μm，藻细胞近圆形，直径约 5 μm；下皮层浅褐色，由假薄壁组织组成，厚 17.0～19.5 μm。子囊盘未见。

化学：皮层：K+黄色，C-，KC-，P-；髓层 K+黄色，C-，KC-，P-；含有 atranorin、physodic acid 和 2 区一未知物质。

基物：树皮和岩表藓丛。

研究标本(43 份)：

内蒙古 阿尔山摩天岭石阶起点，海拔 1300 m，2002.8.3，魏江春等 Aer265(HMAS-L 081064)；阿尔山市桑都尔，海拔 1150 m，1991.8.14，陈健斌和姜玉梅 A-550(HMAS-L 081888)；阿尔山太平岭途中石海，落叶松根部，海拔 1600 m，2002.8.3，魏江春等，Aer255(HMAS-L 081078)；阿尔山市摩天岭石阶起点，海拔 1400 m，2002.8.3，魏江春等 Aer292-1(HMAS-L 081049)；阿尔山市兴安盟太平岭，1991.8.7，陈健斌和姜玉梅 A-183-1(HMAS-L 081891)；阿尔山市兴安盟太平岭，海拔 1700 m，1991.8.10，陈健斌和姜玉梅 A-968(HMAS-L 081889)；额左旗阿乌尼林场，1985.8.10，高向群 1350(HMAS-L 081058)；额左旗阿乌尼林场，1985.8.18，高向群 1326(HMAS-L 081062)；额左旗阿乌尼林场，1985.8.10，高向群 1338(HMAS-L 081080)；科右前旗天池林场，海拔 1300 m，1985.6.27，高向群 541-2(HMAS-L 081059)；科右前旗达尔滨湖，海拔 1300 m，1985.7.1，高向群 656(HMAS-L 081085)；科右前旗兴安林场，海拔 1250 m，1985.7.5，高向群 828(HMAS-L 081084)；

吉林 长白山，海拔 1740 m，1985.6.28，卢效德 0376-1(HMAS-L 081060)，卢效德

0387（HMAS-L 0810682）；长白山北坡温泉站门口，海拔 1800 m，1977.8.5，魏江春 2720-3（HMAS-L 081051），魏江春 2720-1（HMAS-L 003517）；海拔 1800 m，1998.6.21，陈健斌和王胜兰 14003（HMAS-L 031228），陈健斌和王胜兰 14077（HMAS-L 031230）；

黑龙江 大兴安岭潮中林场，海拔 800 m，高向群 296-3-1（HMAS-L 081070），高向群 239-1（HMAS-L 081055），高向群 275-2（HMAS-L 081065）；大兴安岭马林林场，海拔 500 m，1984.8.3，高向群 077（HMAS-L 081056）；大兴安岭塔村林场路边，海拔 500 m，1984.8.3，高向群 068-3（HMAS-L 081066）；大白山林场，海拔 1200 m，1984.9.3，高向群 413（HMAS-L 081061）；漠河县漠河林场，海拔 500 m，1984.8.16，高向群 191（HMAS-L 081057）；蒙克山林场，海拔 800 m，1984.8.7，高向群 137-1（HMAS-L 081054）；阿尔河林场，海拔 450 m，1984.9.7，高向群 461（HMAS-L 081050）；

四川 松潘县黄龙寺，海拔 3300 m，1983.6.13，王先业和肖勰 10651-2（HMAS-L 081063）；巴塘海子山西坡，海拔 4100 m，1983.7.29，苏京军，李滨，文华安 5987-1（HMAS-L 006691）；

云南 中甸县大雪山，海拔 3950 m，1981.9.7，王先业，肖勰，苏京军 6264（HMAS-L 081052）；中甸县碧右林场，海拔 3700 m，1981.8.14，王先业，肖勰，苏京军 5724（（HMAS-L 009519），5354（HMAS-L 009518）；中甸县大雪山，海拔 4100 m，1981.8.7，王先业，肖勰，苏京军 6219（HMAS-L 081043）；海拔 3950 m，1981.9.7，王先业，肖勰，苏京军 6265（HMAS-L 081038）；中甸县小中甸林场，海拔 3650 m，1981.8.22，王先业，肖勰，苏京军 5807（HMAS-L 081892）；

西藏 林芝县八一至米林路上雪卡沟，海拔 3010 m，2004.7.21，魏鑫丽 1031（HMAS-L 081067）；聂拉木县桦林，海拔 3860 m，1966.6.22，魏江春和陈健斌 1889-1（HMAS-L 002641）；聂拉木县桦林，海拔 3850 m，1966.6.22，魏江春，陈健斌，宗毓臣 1839（HMAS-L 002642）；聂拉木县桦林，海拔 3870 m，1966.6.22，魏江春和陈健斌 1882-1（HMAS-L 002639）；聂拉木县桦林，海拔 3940 m，1966.6.22，魏江春和陈健斌 1886-1（HMAS-L 002640）；工布江达县巴松错湖度假村，海拔 3500 m，2004.7.24，胡光荣 h658（HMAS-L 082011）；波密县松宗集镇，海拔 3210 m，2004.7.16，魏鑫丽 862-1（HMAS-L 081069）；

新疆 阿尔泰山哈纳斯湖边，倒木，海拔 1900 m，1986.8.4，高向群 2020（HMAS-L 081077）。

文献记载：内蒙古（陈锡龄等 1981b，p.150；罗光裕 1986，p.156 as *Hypogymnia bitteri*），黑龙江（罗光裕 1986，p.156 as *Hypogymnia bitteri*），西藏（魏江春和陈健斌 1974，p.178 as *Parmelia obscurata*；魏江春和姜玉梅 1981，p. 1146 & 1986，p.34 as *Hypogymnia bitteri*）。

分布：亚洲、北美洲、南美洲、非洲、欧洲。

地理成分：世界广布成分。

讨论：该种与 *H. farinacea* 外形相似，主要区别在于后者不具头状粉芽堆，上皮层易脱落，下表面具孔。另外，该种与 *H. austerodes* 也比较相似，两者的比较已在对 *H. austerodes* 的描述中讨论过，在此不再赘述。

12.5 球叶袋衣 图版 17.4

Hypogymnia bulbosa McCune & L.S. Wang，Bryologist **106**(2)：227，2003；McCune & Wang，Mycosphere **5**(1)：39，2014.

Type：China. Yunnan Province，Caojian Co.，Zi ben Mountain，25°44.2′ N，99°3.5′ E，on *Picea* stump，Wang L-s. 00-18864，12 June 2000(KUN，holotype!).

地衣体近直立，8(～10)cm 宽或长；质地柔软，分枝无规则，偶有丰富的小裂片，这些短小的裂片在底端牢固的紧簇在一起，呈球根状；上表面呈灰绿色至棕色，无粉霜，有时有黑色斑点(dark mottles)和黑色镶边，平滑至微褶皱；裂片宽度 1.0～2.5(～3)mm；宽高比 0.7～2.0，叶片顶端和裂腋有穿孔，下表面偶有穿孔，孔洞具边缘；髓层中空；无粉芽和裂芽，偶有小裂片。子囊盘具柄，直径 12 mm 左右；壶状或漏斗状，柄中空，盘面棕褐色至深褐色；子囊孢子(6.0～)7.0～9.0(～11.5)×(5.5～)6.0～7.5(～10.0)μm；具分生孢子器，分生孢子似纺锤状，5.5～6.0×0.6～0.7 μm。

化学：皮层 K+黄色，C-，KC-，P+浅黄；髓层 K-，C-，KC+橘黄色或红色，P+深黄，橘黄色，或红色，极少 P-；含有 atranorin、physodic acid、physodalic acid 和 protocetraric acid。

基物：针叶树树皮。

研究标本(14 份)：

四川 盐源县百灵公社四大队，海拔 3750 m，1983.8.9，王立松 83-1404(KUN7046)；泸定县贡嘎山海螺沟，海拔 3000 m，1996.8.30，王立松 96-17233(KUN18309)；海拔 2800 m，王立松 96-16295(paratype，KUN)；

云南 福贡县鹿马登公社，海拔 1700 m，1982.5.28，王立松 82-463(KUN3233)；海拔 3750 m，王立松 82-430(paratype，KUN)；贡山县，海拔 3000 m，2000.6.2，王立松 00-19030(KUN17916)；海拔 3300 m，王立松 00-19606(paratype，KUN)；丽江县老君山，海拔 3500 m，王立松 00-20145(paratype，KUN)；禄劝县轿子雪山，海拔 4000 m，2000.9.24，王立松 00-20420(KUN18185)；海拔 3700 m，王立松 96-17052(paratype，KUN)；中甸县小中甸天池，王立松 93-13682(paratype，KUN)；中甸县，1993，王立松 93-13683b；漕涧县自奔山，2000.6.12，王立松 00-18905(KUN17904)，00-18898(KUN17908)；大理苍山电视塔，海拔 3250 m，2001.6.9，王立松 01-20520(KUN18599)。

文献记载：四川和云南(McCune et al. 2003，p.227 as *Hypogymnia bulbosa*)，台湾(McCune and Wang 2014，p.39 as *Hypogymnia bulbosa*)。

分布：中国。

地理成分：中国特有种。

讨论：该种的标志性特征是下表面孔具边缘，裂片边缘偶具假杯点。该种含有袋衣属中典型的化学成分，而另外 4 个下表面孔具边缘的种化学成分与袋衣属相差较大。

12.6 球粉袋衣 图版 17.5

Hypogymnia capitata McCune，Mycosphere，**5**(1)：40，2014.

Type：China. Sichuan Province，Upper Yalong basin，Chola Shan，Dege-Garze，

Manigango，on bark. 31° 52′N，99° 7′E，4730 m，26 Sep. 1994，G. & S. Miehe 94-416-00/06（HMAS-L 082967，isotype!）.

地衣体与基物紧密相连，宽 4 cm 左右；质地柔软，分枝无规则；上表面呈褐色色调，有黑斑，平滑至微褶皱；裂片宽度 2～3 mm，顶端具头状粉芽堆；下表面具稀疏的穿孔，孔洞无边缘；髓层中空，上髓层白色，下髓层白色至灰色。分生孢子器常见，黑色，微突起；分生孢子圆筒形，无色，大小为 5.8～7.8 × 0.8～1.2 μm。子囊盘未见。

化学：皮层 K+黄色，C-，KC-，P+浅黄；髓层 K-，C+红色，KC+红色，P-或 P+橘红色；含有 atranorin、olivetoric acid、physodalic acid 和 protocetraric acid。

基物：针叶树树皮。

研究标本(2 份)：

四川 甘孜藏族自治州德格县雀儿山，海拔 4730 m，1994.9.26，G. & S. Miehe 94-416-00/06（HMAS-L 082967）；巴塘东北 56km 沙鲁里山，海拔 4300 m，2000.8.5，Obermayer 8297（GZU）。

文献记载：四川（McCune and Wang 2014，p.40 as *Hypogymnia capitata*）。

分布：中国。

地理成分：中国特有种。

讨论：该种的标志性特征为具头状粉芽堆，主要化学成分为 olivetoric acid。在 *Hypogymnia* 属中还有两种其裂片顶端也具有粉芽堆：*Hypogymnia submundata* 和 *H. tubulosa*。该种与 *H. tubulosa* 裂片内部暗色，这一性状将两种与 *H. submundata* 区别开来。*Hypogymnia tubulosa* 的裂片一般为规则的二叉分枝，上表面无黑斑，而 *H. capitata* 裂片分枝多变，上表面具黑斑。化学成分是区别 *H. capitata*、*H. submundata* 和 *H. tubulosa* 的重要特征，*Hypogymnia submundata* 和 *H. tubulosa* 含有 physodic 和 3-hydroxyphysodic acids，*Hypogymnia capitata* 不含 physodic acid，而是主要含有 olivetoric acid，这一点在 *Hypogymnia* 属中很罕见。此外，*H. capitata* 分生孢子的形状也很特殊，在 *Hypogymnia* 属中，分生孢子一般为双纺锤形，而 *H. capitata* 的分生孢子为典型的筒状，且有时一端膨大。

12.7 密叶袋衣 图版 17.6

Hypogymnia congesta McCune & C.F. Culb.，Bryologist **106**（2）：227，2003；McCune & Wang，Mycosphere **5**（1）：41，2014.

Type：China. Yunnan Province. Wei Xi Co.，Wei Den Village，Lu Ma Deng Ya Kou，27º5′N，99º10′E，3000 m，26 May 1982，Wang L-s. 82-415（KUN，holotype!）.

地衣体贴生至近直立，长宽约 8 cm，质地柔软，分枝不规则，偶有侧芽，褐色至灰褐色，无粉霜，有时具黑色斑点和黑色镶边，平坦至微弱的褶皱，分散或集中聚集。裂片缢缩膨胀；叶片顶端和裂腋通常有穿孔；下表面具穿孔，孔有边缘；髓层中空；无粉芽，常有小裂片。子囊盘具柄，直径 6～8 mm，壶状或漏斗状，柄中空，盘面褐色至灰褐色，子囊孢子 7～8 × 5.0～5.5 μm；分生孢子杆状或纺锤状，5～6×0.5～0.7 μm。

化学：皮层 K+黄色，C-，KC-，P+淡黄色；髓层 K-，C-，KC-，P+ 慢慢变为橘黄色；含有 atranorin、physodic acid 和 virensic acid。

基物：树皮。

研究标本（3 份）：

四川 甘孜藏族自治州贡嘎山东坡燕子沟，海拔 3200 m，王先业，肖勰，李滨 8533（HMAS-L042365）；

云南 维西县，海拔 3100 m，1993，王立松 82-374（paratype，KUN3099）；泸水县，海拔 3000 m，1981.6.7，王先业，肖勰，苏京军 2710（HMAS-L045369）。

文献记载：云南（McCune et al. 2003，p.227；McCune and Wang 2014，p.41 as *Hypogymnia congesta*）。

分布：中国。

地理成分：中国特有种。

讨论：该种的标志性特征是地衣体中含 virensic acid，该化学成分尚未见于袋衣属其他种中。该种在形态上与 *H. bulbosa* 和 *H. macrospora* 相似，但子囊孢子比 *H. bulbosa* 的大，又比 *H. macrospora* 的小得多。

12.8　肿果袋衣　图版 17.7

Hypogymnia delavayi（Hue）Rass.，Bot. Materialy（Notul. System. e Sect. Cryptog. Inst. Bot. nominee V. L. Komarovii Acad. Sci. URSS），**11**：5，1956；Wei，Bull. Bot. Res. **1**(3)：83，1981；Wu et al.，Wuyi Sci. J. 2：9，1982；Luo，J. NE Forestry Inst. **12**（Supple.）：84，1984；Luo，Bull. Bot. Res. **6**(3)：158，1986；Chen et al.，Fungi and Lichens of Shennongjia：427，1989；Xu，Cryptogamic Flora of the Yangtze Delta and Adjacent Regions：209，1989；Wei，Enum. Lich. China：114，1991.

≡ *Parmelia delavayi* Hue，Bull. Soc. Bot. France，**34**：21，1887；Zahlbruckner，Symbolae Sinicae：194，1930b；Zahlbruckner，Hedwigia **74**：211，1934；Zhao，Acta Phytotax. Sin. **9**：142，1964；Zhao et al.，Prodr. Lich. Sin.：13，1982；Wei，Enum. Lich. China：114，1991.

地衣体叶状，小型，宽 2～4 cm，软骨质；裂片宽短型，长 4 mm 左右，宽 1～2.5 mm，无缢缩，多分枝，顶端浅裂，等二叉分枝，顶端平截，裂片彼此挨挤，微具黑色镶边；上表面污绿色，较平坦，微皱褶，无光泽，具分生孢子器，聚集生长于近顶端附近，黑色，点状，凹陷于地衣体内，分生孢子双纺锤形至棒状，大小为 1.0×6.0～7.5 μm；无粉芽和裂芽，偶具小裂片，小裂片位于裂片两侧，较小，基部无缢缩；下表面黑色，皱褶，无光泽，有孔，孔主要位于下腋间，偶见于下表面，近圆形，直径 1 mm 左右，具边缘；偶见假根；髓层中空，上、下髓层均白色。上皮层浅黄褐色，由假厚壁组织组成，厚 17.0～19.5 μm；藻层连续，黄绿色，厚 27～29.5 μm，藻细胞近球形，直径近 5 μm；下皮层黑色，由假薄壁组织组成，厚 19.5～22.0 μm。子囊盘数量多，簇生，具明显的长柄，幼时圆柱形，成熟后杯状，茶渍型，盘托薄，微内卷，盘面较平展，微有凹凸，深红褐色，无明显光泽，直径 2～6 mm。子实上层深褐色，厚 10 μm 左右；子实层无色，厚 29.5～

32.0 μm，子囊棒状，大小为 24.5～27.0×10.0～12.5 μm，含 8 孢，孢子椭圆形至近圆形，单胞，无色，大小为 4.5×5.0 μm，侧丝有隔，无分枝，顶端膨大，宽 2.0～2.5 μm；子实下层无色，厚 37 μm 左右。

化学：皮层 K+黄色，C-，KC-，P-；髓层 K+黄色，C+黄色，KC-，P-；含有 atranorin、physodic acid，（±）conphysodic acid。

基物：树皮、岩石、地上。

研究标本(40 份)：

吉林 安图县二道白河，海拔 800 m，1984.8.27，卢效德 848363-3（HMAS-L 022374）；长白山，海拔 1100 m，1985.6.24，卢效德 0199（HMAS-L 022375）；长白山，海拔 1100 m，1985.6.24，卢效德 0252（HMAS-L 022373）；长白山，海拔 950 m，1985.6.25，卢效德 0278（HMAS-L 022372）；长白山北坡白山站(和平营子)，海拔 1100 m，1977.8.8，魏江春 2817（HMAS-L 003527），2818（HMAS-L 081098），2827（HMAS-L 081090）；

黑龙江 带岭，红松落枝，海拔 460 m，1975.9.7，魏江春 2193（HMAS-L 006695）；带岭，海拔 450 m，1975.5.14，魏江春 2355-1（HMAS-L 006694）；带岭凉水沟林场柚旁，海拔 400 m，1975.10.11，魏江春 2246-1（HMAS-L 003526）；带岭凉水林场北，海拔 400 m，1975.10.1，魏江春 2039（HMAS-L 081088）；带岭凉水林场旁，海拔 350 m，1975.9.13，魏江春 2319（HMAS-L 006696）；带岭凉水旁(西)，海拔 450 m，1975.10.15，魏江春 2358（HMAS-L 003528），2359（HMAS-L 003529）；穆棱市三新山，海拔 800 m，1977.7.25，魏江春 2620-1（HMAS-L 081094）；穆棱三新山林场，1977.7.23，魏江春 2600-1（HMAS-L 006692）；穆棱三新山林场苗圃后沟，1977.7.21，魏江春 2552-1（HMAS-L 003525）；

湖北 神农架山脚，海拔 2650 m，1984.7.29，陈健斌 10998（HMAS-L 007933）；神农架小龙潭气象站，海拔 2300 m，1984.7.23，魏江春和陈健斌 10656（HMAS-L 007934）；

四川 贡嘎东坡燕子沟，海拔 3500 m，1982.6.28，王先业，肖勰，李滨 8416（HMAS-L 081100），8425（HMAS-L 042399）；贡嘎东坡燕子沟，海拔 2300 m，1982.6.23，王先业，肖勰，李滨 8090（HMAS-L 081099）；马尔康梦笔山，海拔 3700 m，1983.7.4，王先业和肖勰 11483（HMAS-L 081092）；木里县宁朗山东坡，海拔 3800 m，1982.6.4，王先业，肖勰，李滨 7946（HMAS-L 042387）；峨眉山洗象池，海拔 2500 m，1963.8.16，赵继鼎和徐连旺 07441（HMAS-L 110608）；

云南 德钦县白芒雪山东坡，海拔 4100 m，1981.8.29，王先业，肖勰，苏京军 7597-1（HMAS-L 081106）；福贡县上阳左泉大队，海拔 2400 m，1982.6.8，苏京军 1196（HMAS-L 081101）；丽江，海拔 3000 m，1960.12.7，赵继鼎和陈玉本 4975a（HMAS-L 003523），3956（HMAS-L 003522）；丽江雪山，海拔 3000 m，1960.12.7，赵继鼎和陈玉本 4057；丽江雪山，1960.12.8，赵继鼎等 4167（HMAS-L 003520）；丽江雪山，海拔 3600 m，1960.12.8，赵继鼎和陈玉本 4386a（HMAS-L 003521），4348（HMAS-L 003524）；泸水县片马听名湖，海拔 3500 m，1981.6.2，王先业，肖勰，苏京军 2298（HMAS-L 036867）；

西藏 波密县嘎瓦龙，海拔 3600 m，2004.7.17，魏鑫丽 893（HMAS-L 085137），899（HMAS-L 085135），894-1（HMAS-L 085136）；聂拉木县，海拔 3860 m，1966.6.22，魏江春 1813-4（HMAS-L 081087）；左贡县扎义来得梅里西坡，海拔 4500 m，1982.10.8，

苏京军 5378-1（HMAS-L 035137）；左贡扎义来得梅里西坡，海拔 3200 m，1982.10.8，苏京军 5476-1（HMAS-L 035138）。

文献记载：吉林（罗光裕 1986，p.158 as *Hypogymnia delavayi*），黑龙江（罗光裕 1984，p.84；罗光裕 1986，p.158 as *Hypogymnia delavayi*），浙江（徐炳升 1989，p.209 as *Hypogymnia delavayi*），安徽（Wei 1981，p.83 as *Hypogymnia delavayi*），福建（吴继农等 1982，p.9 as *Hypogymnia delavayi*），湖北（陈健斌等 1989，p.427 as *Hypogymnia delavayi*）四川（Zahlbruckner 1934，p.211 as *Parmelia delavayi*），云南（Zahlbruckner 1930b，p.194；赵继鼎 1964，p.142；赵继鼎等 1982，p.13 as *Parmelia delavayi*）。

分布：中国、苏联，大洋洲。

地理成分：东亚-大洋洲间断分布成分。

讨论：该种的一个标志性特征是子囊盘数量多，簇生。其与 *H. lugubris* 外形相似（Elix and Jenkins 1989），通过对 *H. lugubris* 的模式（借自奥地利 W 标本馆）进行观察，发现两者最明显的区别在于该种下表面有穿孔，而 *H. lugubris* 下表面无孔；且后者上下表面无明显区别，子囊盘未知。McCune（2012）通过研究 *Hypogymnia delavayi* 的模式标本，认为早先依据俄罗斯远东及喜马拉雅地区标本鉴定的该种为错误鉴定，应为 *Hypogymnia alpina*。本卷地衣志仍将符合早先概念的标本定为 *H. delavayi*，其是否应为 *H. alpina*，待对 *H. alpina* 和 *H. delavayi* 的模式标本研究后再行确定。

12.9 环萝袋衣　图版 17.8

Hypogymnia diffractaica McCune，Bryologist **106**（2）：228，2003；McCune & Wang，Mycosphere **5**（1）：42，2014.

Type: China. Sichuan Province. Jiulong Co., Tang Gu Xiang, 29º10′ N, 101º30′ E, 3000 m, on *Rhododendron*；11 Sept 1996, Wang L-s. 96-16604（HMAS-L 120372，isotype!）.

地衣体近直立，质地较薄，分枝不规则，有侧芽，上表面白色至灰绿色或棕色，无粉霜，有黑色斑点，有时具有黑色镶边，平坦，不相连或重叠；叶片侧边有小瘤；叶片顶端和裂腋有穿孔；下表面具穿孔，孔洞有边缘；髓层中空；无粉芽，偶有小裂片。偶有子囊盘，近有柄或具柄，直径 6（～7）mm，壶状或漏斗状，盘面棕色至红棕色，子囊孢子 6.2～7.5×5.0～6.5 μm，偶有分生孢子器，分生孢子杆状或纺锤状 3.5～4.0×0.5～0.6 μm。

化学：皮层 K+黄色，C-，KC-，P+浅黄色；髓层 K-，C-，KC-，P-；含有 atranorin、diffractaic acid 和 barbatic acid。

基物：针叶树树皮。

研究标本（6 份）：

四川　木里县丫拉，海拔 3650 m，1983.8.26，王立松 83-1920（paratype，KUN5504）；海拔 3900 m，1983.9.23，王立松 83-2380（paratype，KUN5842）；

云南　禄劝县轿子山，海拔 3900 m，王立松 00-20411（paratype，KUN）；维西县离地坪，海拔 3200 m，1982.5.2，王立松 82-3（paratype，KUN2983）；中甸县大雪山垭口，海拔 4250 m，1993.9.20，胡朝昌 93-13346（paratype，KUN13624）；中甸县天池，1994.9.20，

王立松 94-14916d（paratype）。

文献记载：四川和云南（McCune et al. 2003，p.228；McCune and Wang 2014，p.42 as *Hypogymnia diffractaica*）。

分布：中国。

地理成分：中国特有种。

讨论：该种在地衣体形态上与 *H. hengduanensis* 相似，下表面孔具边缘，裂片狭长，而且袋衣属中目前已知只有此两种地衣体中的主要化学成分为 diffractaic acid。两者最明显的区别在于后者具裂芽。

12.10 针芽袋衣 图版 18.1

Hypogymnia duplicatoides（Oksner）Rass.，Bot. Materialy（Notul. System. e Sect. Cryptog. Inst Bot. nominee V. L. Komarovii Acad. Sci. URSS），**11**：5，1956；Wei，Acta Mycol. Sin. Suppl. I：380，1986；Wei，Enum. Lich. China：114，1991.

≡ *Parmelia duplicatoides* Oxn.，Rhurn. Inst. Botan. ANURSR（Journ. Inst. Botan. Acad. Sci. URSR），**18-19**：222，1938；Wei，Enum. Lich. China：114，1991.

Type：USSR，Khabarovsk，Muchenj，1927.7.18.

地衣体叶状，小型至大型，宽 2～11 cm，软骨质；裂片狭长型，长 5～20 mm，宽 2～3 mm，无缢缩，多分枝，顶端浅裂，大部分等二叉分枝，顶端平截，裂片彼此挨挤，无黑色镶边；上表面黄褐色，平坦，光滑，有光泽，密布球状、小疣状至小棒状裂芽，具分生孢子器，聚集生长于近顶端附近，黑色，点状，凹陷于地衣体内，分生孢子双纺锤形至棒状，大小为 1.0～2.0×5.0～6.0 µm；无粉芽，具小裂片，小裂片位于裂片两侧，较小，基部无缢缩，顶端分叉，其上亦具裂芽；下表面顶端红褐色，其余黑色，皱褶，具光泽，有孔，孔仅位于下表面，圆形，直径 0.5～1.5 mm，无边缘；髓层中空，上、下髓层均白色。

上皮层浅黄色，由假厚壁组织组成，厚 12.5～14.5 µm；藻层连续，黄绿色，厚 37～39.5 µm，藻细胞近球形，直径近 5～7.5 µm；下皮层黑色，由假薄壁组织组成，厚 12.5～17.0 µm。子囊盘未见。

化学：皮层 K+黄色，C-，KC-，P-；髓层 K+亮褐色，C+黄色，KC+亮褐色，P+橘黄色，瞬间变为橘红色；含有 atranorin、physodalic acid、physodic acid、conphysodic acid 和 protocetraric acid。

基物：树皮。

研究标本（4 份）：

吉林 长白山，海拔 1100 m，1985.6.24，卢效德 0139（HMAS-L 014806）；海拔 1100 m，1985.7.24，卢效德 0162（HMAS-L 014805）；

黑龙江 穆棱三新山林场，1977.7.22，魏江春 2590-5（HMAS-L 081120），2577（HMAS-L 090381）。

文献记载：黑龙江（Wei 1986，p.380 as *Hypogymnia duplicatoides*）。

分布：中国、俄罗斯。

地理成分：东亚成分，中国-远东分布型。

讨论：该种与 *H. zeylanica* 外形相似（Wei 1986），区别在于裂芽的形状，该种多为球状，而后者多为卵形或圆柱形，且后者的裂芽常具分叉；化学成分，该种含有 physodalic acid，后者无。

12.11　串孔脆袋衣　图版 18.3

Hypogymnia fragillima（Hillmann ex Sato）Rass.，Bot. Materialy（Notul. System. e Sect. Cryptog. Inst. Bot. nominee V. L. Komarovii Acad. Sci. URSS），**11**：8，1956；Chen et al.，J. NE Forestry Inst. **4**：150，1981；Wei，Bull. Bot. Res. **6**（3）：83，1981；Luo，J. NE Forestry Inst. **12**（Supple.）：84，1984；Luo，Bull. Bot. Res. **6**（3）：159，1986；Wei，Enum. Lich. China：115，1991；Chen，Lichens：496，2011；McCune & Wang，Mycosphere **5**（1）：43，2014.

≡ *Parmelia fragillima* Hillm. ex Sato.，Bull. Biogeogr. Soc. Jap. **6**：112，1936. Hillmann，Repert. Spec. Nov. Regni Veg. **45**：172，1938；Wei，Enum. Lich. China：115，1991.

Type：Russia，Sakhalin，Sakaehama，1932-7-21，Y. Asahina s.n.（TNS，neotype）.

地衣体叶状，中小型，宽 2.5～6 cm，易碎；裂片狭长型，长 5～6 mm，宽 1 mm，无缢缩，多分枝，顶端浅裂，等二叉分枝，顶端尖圆，牛角状，裂片彼此挤挤交叠，无黑色镶边；上表面黄褐色，平坦，光滑，有光泽，有分生孢子器，数量少，散生，分生孢子微纺锤形，大小为 1×5 µm；无粉芽和裂芽，偶见小裂片，小裂片位于裂片两侧，基部无缢缩；下表面黑色，皱褶，具光泽，有孔，孔数量多，位于下腋间和下表面，成串排列，多数汇合，圆形，直径 0.2～1 mm，无边缘；偶见假根；髓层中空，上、下髓层均白色。上皮层浅黄色，由假厚壁组织组成，厚 14.5～17.0 µm；藻层连续，黄绿色，厚 24.5～29.5 µm，藻细胞近球形，直径 5～6 µm；下皮层黑色，由假薄壁组织组成，厚 14.5～17.0 µm。子囊盘未见。

化学：地衣体 K+黄色，C-，KC-，P-；髓层 K-，C-，KC-，P-；含有 atranorin、physodic acid，（±）conphysodic acid。

基物：地上藓丛、草甸丛、树皮、岩表、岩隙土苔层。

研究标本（39 份）：

河北　百花山，岩石，海拔 1200 m，1964.7.16，徐连旺 8379（HMAS-L 003540）；小五台山北山顶，海拔 2750 m，1964.8.16，魏江春 2080-2（HMAS-L 003530）；兴隆县雾灵山百草洼，海拔 1900 m，1998.8.16，陈健斌和王胜兰 296-2（HMAS-L 021663）；兴隆县雾灵山气不愤，海拔 1900 m，2001.5.23，刘华杰 382（HMAS-L 082051）；

内蒙古　巴林右旗赛罕乌拉保护区，海拔 1750 m，2000.7.6，陈健斌 20148-1（HMAS-L 080432）；

吉林　蛟河市大顶子，海拔 1100 m，1991.9.2，陈健斌和姜玉梅 A-1410（HMAS-L 081630）；长白山北坡苔原带，海拔 2200 m，1977.8.10，魏江春 2874-1（HMAS-L 081628）；长白山温泉附近，1994.8.6，魏江春和姜玉梅 94426（HMAS-L 012833）；长白山小天池，1994.8.6，魏江春，姜玉梅，郭守玉 94402（HMAS-L 081631）；汪清县天桥岭秃老婆顶东

坡林中，海拔 710 m，199.6.13，王有智等 440（HMAS-L 081626）；汪清县天桥岭秃老婆顶，海拔 1020 m，1984.8.6，卢效德 848087-10（HMAS-L 081833）；汪清县天桥岭秃老婆顶，1994.8.9，姜玉梅 94584（HMAS-L 081832）；长白山冰场，海拔 1700 m，1994.8.11，郭守玉 94616（HMAS-L 012831）；长白山，1977.8.8，魏江春 2906-1（HMAS-L 003535）；长白县红头山，海拔 1930 m，1983.7.28，魏江春和陈健斌 6269（HMAS-L 082064）；

黑龙江　带岭凉水沟林场北部，海拔 400 m，1975.10.1，魏江春 2017（HMAS-L 003531）；带岭凉水林场旁，海拔 400 m，1975.10.15，魏江春 2390（HMAS-L 003533）；穆棱市三新山，1977.7.23，魏江春 2625（HMAS-L 003539），2610（HMAS-L 003537）；穆棱市三新山林场，鱼鳞松，1977.7.22，魏江春 2583（HMAS-L 003538），2587（HMAS-L 003532）；

四川　松潘县黄龙寺，海拔 3300 m，1983.6.13，王先业和肖勰 10651（HMAS-L 081629）；海拔 3200 m，1983.6.13，王先业和肖肖勰 10643（HMAS-L 081632）；海拔 3250 m，2001.9.23，姜玉梅，赵遵田等 S160，海拔 1900m，1998.8.16，陈健斌和王胜兰 296-2（HMAS-L 033927）；甘孜藏族自治州贡嘎山西坡贡嘎寺，海拔 3500 m，1982.7.30，王先业，肖勰，李滨 9173（HMAS-L 082061）；南坪县九寨沟五彩池，海拔 3000 m，2001.9.22，姜玉梅，赵遵田等 S54（HMAS-L 033914）；峨眉山金顶，海拔 3000 m，1994.6.3，陈健斌 6214（HMAS-L 081840）；

云南　丽江县玉龙雪山扇子峰，海拔 3700 m，1981.8.6，王先业，肖勰，苏京军 6551（HMAS-L 081835）；中甸县碧鼓林场，海拔 3500 m，1981.8.13，王先业，肖勰，苏京军 4446（HMAS-L 081834）；中甸县林业局小中甸林场，海拔 3550 m，1981.8.22，王先业，肖勰，苏京军 6740（HMAS-L 082053）；维西县维登新化海子湖，海拔 3200 m，1982.5.23，苏京军 0690（HMAS-L 081634）；德钦县白芒雪山东坡，海拔 4100 m，1981.8.29，王先业，肖勰，苏京军 7597-2（HMAS-L 082057）；

西藏　林芝县八一镇至鲁朗镇，海拔 4151 m，2004.7.19，黄满荣 1643-2（HMAS-L 085093），1643-3（HMAS-L 085094）；

陕西　太白山斗姆宫向上，海拔 2820 m，2005.8.3，魏鑫丽 1878（HMAS-L 081829）；太白山明星寺以上，海拔 2950 m，2005.8.4，魏鑫丽 1942（HMAS-L 081828）；太白山明星寺至文公庙，海拔 2940 m，2005.8.4，魏鑫丽 1791（HMAS-L 081837），1792（HMAS-L 081836）；

甘肃　舟曲县沙滩林场人命池，海拔 3200 m，2006.7.30，贾泽峰 GS423（HMAS-L 129406）。

文献记载：内蒙古（陈健斌 2011，p.496 as *Hypogymnia fragillima*），吉林（陈锡龄等 1981b，p.150；罗光裕 1986，p.159 as *Hypogymnia fragillima*），黑龙江（魏江春 1981，P.83；陈锡龄等 1981b，p.150；罗光裕 1984，p.84 & 1986，p.159；McCune and Wang 2014，p.43 as *Hypogymnia fragillima*）。

分布：中国、日本、朝鲜、苏联。

地理成分：东亚成分，东亚分布型。

讨论：该种的标志性特征为裂片狭长，上表面隆起，下表面具有成串的孔，且大部分孔汇合。与该种外形相似的种为 *H. arcuata*。关于两者的比较已在 *H. arcuata* 的描述中讨论过，故这里不再重复。

12.12　横断山袋衣　图版 18.4

Hypogymnia hengduanensis J.C. Wei，Acta Mycol. Sin. **3**(4)：214，1984；Wei，Acta Mycol. Sin. Suppl. I：383，1986；Chen et al.，Fungi and Lichens of Shennongjia：428，1989；Wei，Enum. Lich. China：115，1991；McCune et al.，The Bryologist **106**(2)：231，2003；McCune & Wang，Mycosphere **5**(1)：43，2014.

Type：Sichuan，3700 m，*Rhododendron*，1934.10.19，Harry Smith 14078(HMAS-L014185，isotype!).

12.12.1　原亚种　图版 18.4

subsp. **hengduanensis**

地衣体叶状，大型，宽 13～23 cm，质地介于软骨质和脆性之间，边缘平整；裂片较狭长，宽 1～2.5 mm，长 5～20 mm，微有缢缩，多分枝，顶端钝圆，近二分叉，锐角至 U 型，重复交叠覆盖，具黑色镶边；上表面浅黄褐色至暗棕色，局部黑色，平坦，光滑，有光泽，具球形至珊瑚状裂芽，稀疏至密集，上表面与两侧(后者居多)有小裂片，小裂片肿胀，狭长，基部缢缩，多分生孢子器，分生孢子器着生于边缘裂片上，幼时呈褐色，半成熟时黑色，陷于地衣体中或微突起，成熟后完全黑色，球形，突起，中央凹陷；分生孢子双纺锤形至棒状，无色，2.0×5～7.5 μm；下表面顶端褐色，其余黑色，皱褶，具光泽，有孔，孔位于裂片顶端、下腋间和下表面，圆形，具边缘，直径 0.2～1.5 mm；偶见假根；髓层中空，上髓层近边缘处白色，其余褐色，下髓层近顶端白色，其余深色至黑色。

上皮层浅黄褐色，由假厚壁组织组成，厚 14.5～17.0 μm；藻层黄绿色，连续，厚 19.5～24.5 μm；藻细胞近球形，直径 9.5 μm，为 *Trebouxia*；髓层无色，菌丝无隔，宽约 5 μm；下皮层浅褐色，由假薄壁组织组成，厚 12.5 μm。子囊盘未见。

化学：地衣体 K+黄色，C-，KC-，P-；髓层 K+黄色，C+黄色，KC-，P-；含有 atranorin、diffractaic acid、barbatic acid。

基物：树皮和岩表藓层。

研究标本(29 份)：

湖北　神农架猴子石附近，海拔 2800 m，1984.7.30，魏江春 11205(HMAS-L 007950)；神农架姐妹峰，海拔 2950 m，1984.8.2，陈健斌 11282(HMAS-L 007943)；神农架小神农架，海拔 2620 m，1984.7.30，陈健斌 11088(HMAS-L 007949)；神农架，海拔 2300 m，1984.7.29，魏江春 10970(HMAS-L 007948)；神农架大神农架，海拔 3050 m，1984.7.27，陈健斌和魏江春 10912(HMAS-L 007947)；

四川　峨眉山金顶，海拔 3050 m，2001.9.27，赵遵田和姜玉梅 S249(HMAS-L 033932)；峨眉山金顶，1942.8.25，P.C. Chen5565(HMAS-L 009521)；松潘县黄龙寺，海拔 3300 m，1983.6.13，王先业和肖勰 10765(HMAS-L 081651)；卧龙贝母坪，海拔 3300 m，1982.8.26，王先业，肖勰，李滨 9675(HMAS-L 081886)；

云南　维西碧罗雪山东坡，海拔 3250 m，1981.7.11，王先业，肖勰，苏京军 4704（HMAS-L 081650）；丽江县玉龙山，Ahti T.，陈健斌，王立松 46483（HMAS-L 081649）；丽江县玉龙山扇子峰，海拔 3700 m，1981.8.6，王先业，肖勰，苏京军 6659（HMAS-L 081652）；中甸县碧鼓林场，海拔 3500 m，1981.8.13，王先业，肖勰，苏京军 4307（HMAS-L 009524）；中甸碧鼓林场，冷杉树皮，海拔 3500 m，1981.8.13，王先业 4344；中甸县大雪山杜鹃冷杉林内，海拔 4000 m，1987.9.7，王先业，肖勰，苏京军 7244（HMAS-L 081647）；中甸县林业局天宝山，海拔 3400 m，1981.8.19，王先业，肖勰，苏京军 6802（HMAS-L 009526）；

西藏　波密县嘎瓦龙，海拔 3600 m，2004.7.17，魏鑫丽 884（HMAS-L 081644），902（HMAS-L 081641）；察隅县日东齐扎，海拔 3800 m，1982.9.26，苏京军 4837-1（HMAS-L 081636）；察隅县瓦龙拱拉，海拔 3500 m，1982.9.27，苏京军 4869-1（HMAS-L 081648）；工布江达县巴河镇巴松措，海拔 3500 m，2004.7.25，魏鑫丽 1079-2（HMAS-L 081637）；林芝县，海拔 3140 m，2004.7.13，魏鑫丽 721（HMAS-L 081645）；林芝县鲁朗镇，海拔 3800 m，2004.7.19，魏鑫丽 972（HMAS-L 081653）；林芝县鲁朗镇，海拔 3500 m，2004.7.19，魏鑫丽 948（HMAS-L 081400）；

陕西　太白山明星寺向上，海拔 2950 m，2005.8.4，魏鑫丽 1939（HMAS-L 081884）；太白山明星寺向上，海拔 2950 m，2005.8.4，魏鑫丽 1977（HMAS-L 081880），1978（HMAS-L 081881）；

甘肃　舟曲县沙滩林场人命池，海拔 3200 m，2006.7.30，贾泽峰 GS404（HMAS-L 129407）；沙滩林场羊布梁，海拔 3320 m，2006.7.29，贾泽峰 GS309（HMAS-L 129408）；

台湾　海拔 3200 m，2006.8.12，Alexander Mikulin T1（HMAS-L120387）。

文献记载：湖北（陈健斌等 1989，p.428 as *Hypogymnia hengduanensis*），四川和云南（魏江春 1986，p.383；McCune et al. 2003，p.231；McCune and Wang 2014，p.43 as *Hypogymnia hengduanensis*），西藏（McCune amd Wang 2014，p.43 as *Hypogymnia hengduanensis*）。

分布：中国。

地理成分：中国特有种。

讨论：该种的主要特征为上表面具有裂芽，下髓层大部分黑色，髓层含有 diffractaic acid 和 barbatic acid。该种最初报道时，化学成分为 atranorin 和 barbatic acid，但 Wei 和 Bi（1998）利用 TLC 和 HPLC 重新检测，发现该种主要物质为 diffractaic acid，微量 barbatic acid，故对原报道进行了修正。

12.12.2　康定亚种　图版 18.5

subsp. **kangdingensis**

≡ *Hypogymnia kangdingensis*（J.C. Wei）J.B. Chen & J.C. Wei, Chen et al., Fungi and Lichens of Shennongjia: 429, 1989.

模式：四川康定，海拔 3700 m，杜鹃，1934.7.22，Harry Smith 14061（HMAS-L 014188, isotype!）。

地衣体叶状，大型，宽 10～20 cm，质地介于软骨质和脆性之间，边缘平整；裂片较狭长，宽 1～2.5 mm，长 5～15 mm，微有缢缩，多分枝，顶端钝圆，近二分叉，锐角至 U 型，重复交叠覆盖，具黑色镶边；上表面浅黄褐色至暗棕色，局部黑色，平坦，光滑，有光泽，具球形至珊瑚状裂芽，稀疏，上表面与两侧(后者居多)有小裂片，小裂片肿胀，狭长，基部缢缩，多分生孢子器，分生孢子器着生于边缘裂片上，幼时呈褐色，半成熟时黑色，陷于地衣体中或微突起，成熟后完全黑色，球形，突起，中央凹陷；分生孢子双纺锤形至棒状，无色，2.0×5～7.5 μm；下表面顶端褐色，其余黑色，皱褶，具光泽，有孔，孔位于裂片顶端、下腋间和下表面，圆形，具边缘，直径 0.2～1.5 mm；髓层中空，上髓层近边缘处白色，其余褐色，下髓层近顶端白色，其余黑色。上皮层浅黄褐色，由假厚壁组织组成，厚 14.5～17.0 μm；藻层黄绿色，连续，厚 19.5～24.5 μm；藻细胞近球形，直径 9.5 μm，为 *Trebouxia*；下皮层浅褐色，由假薄壁组织组成，厚 12.5 μm。子囊盘未见。

化学：地衣体 K+黄色，C-，KC-，P-；髓层 K+黄色，C+黄色，KC-，P-；含有 atranorin、diffractaic acid 和 barbatic acid。

基物：树皮。

研究标本(3 份)：

湖北 神农架，海拔 2950 m，1984.8.2，陈健斌 11446(HMAS-L 007995)；1984.7.9，陈健斌 10239(HMAS-L 007994)；

四川 康定，海拔 3700 m，1934.7.22，Harry Smith 14061(HMAS-L 014188)。

文献记载：湖北(陈健斌等 1989，p.429 as *Hypogymnia kangdingensis*)。

分布：中国。

地理成分：中国特有成分。

讨论：该亚种与原亚种的主要区别在于上表面裂芽较少。该亚种曾提升至种 *H. kangdingensis*(陈健斌等 1989)，但 Wei(1991)未接受该种，仍将其作为亚种。McCune 等(2003)通过对 *H. hengduanensis* 和 *H. kangdingensis* 的模式标本进行研究，发现两者外形区别很小，化学成分完全相同，亦认为两者的微小区别属于种内的变异，将 *H. kangdingensis* 处理为 *H. hengduanensis* 的异名。本研究认同 Wei(1991)的观点，仍将其作为 *H. hengduanensis* 下的亚种。

12.13 黄袋衣 图版 18.2，图版 18.6

Hypogymnia hypotrypa (Nyl.) Rass. Novosti sistematiki nizshikh rasteniui (Notul. Syetem. e Sect. Cryptog. Inst. Bot. nomine V. L. Komarovii Acad. Sci. URSS)：297，1967；Wei，Enum Lich. China：115，1991；McCune & Wang，Mycosphere 5(1)：45，2014.

≡ *Parmelia hypotrypa* Nyl.，Synopsis Lich. **1**：403，1860；Zahlbruckner，Symbolae Sinicae：194，1930b；Zahlbruckner，Hedwigia **74**：210，1934；Zhao et al.，Prodr. Lich. Sin：10，1982.

= *Hypogymnia hypotrypa* f. *balteata* (Nylander in Hue) Wei，Enum Lich. China，p.115，1991. —*Parmelia hypotrypa* f. *balteata* Nylander in Hue，Nouv. Arch. Mus. Hist. Nat.

3(2)：293，1890.

= *Hypogymnia hypotrypella*(Asahina)Rassadina，Bot. Mater. Otd. Sporov. Rast. Bot. Inst. Komarova Akad. Nauk. S.S.S.R. **13**：23，1960；Lai，Bull. Bot. Res. **6**(3)：210，1980a；Wei & Jiang，Proceedings of symposium on Qinghai-Xizang(Tibet)Plateau：1147，1981；Wei et al.，Lichenes Officinales Sinenses：31，1982；Zhao et al.，Prodr. Lich. Sin.：10，1982；Luo，Bull. Bot. Res. **6**(3)：160，1986；Wei & Jiang，Lichens of Xizang：35，1986；Chen et al.，Fungi and Lichens of Shennongjia：427，1989；；—*Parmelia hypotrypella* Asahina，Acta Phytotax. Geobot. **14**：34，1950；Zhao，Acta Phytotax. Sin. **9**：142，1964.

= *Hypogymnia flavida* McCune & Obermayer，Mycotaxon **79**：24，2001.

Type：2016(BM，lectotype!).

地衣体叶状，大型，宽可达 20 cm，软骨质；裂片明显膨胀，宽 4～8 mm，长 1～1.5 cm，大多等二叉分枝，彼此离散，偶尔具黑色镶边，平坦，顶端截形；上表面黄绿色，平滑，无光泽，粉芽存在或缺失，常微量致难以辨别；分生孢子器散生或聚集于地衣体上表面，有时聚集形成黑色条带；分生孢子棒状至微纺锤形，0.5～1 × 4.5～6 μm；无裂芽和小裂片；下表面黑色，近顶端褐色，皱褶，有光泽，具明显的孔，穿孔位于裂片顶端、下腋间和下表面，孔大，直径达 2 mm；偶见假根；髓层中空，上、下髓层除顶端白色外均为暗褐色至黑色。

上皮层浅黄色，由假厚壁组织组成，厚 19.5～24.5 μm；藻层连续，厚 24.5 μm 左右，藻细胞近球形，绿色，为 *Trebouxia*；髓层菌丝无色，具隔，宽 4.5 μm；下皮层黑色，由假薄壁组织组成，厚 24.5～29.5 μm。

子囊盘缺失或存在，存在时具柄，柄中空；果托缸状，周围缺失或存在粉芽；盘面褐色至红褐色，直径 1～15 mm；子实上层浅褐色，约 10 μm 厚；子实层无色，约 37 μm 厚，子囊棒状，10～12.5 × 27～30 μm，8 孢，孢子单胞，无色，近球形，直径约 5 μm；侧丝线形，具隔，宽 2.5 μm，顶端微膨大；子实下层无色，厚 44～49 μm。

化学：地衣体 K-，C-，KC-，P-；髓层 K-，C-，KC-，P+橘红色；含有 usnic acid、physodalic acid 和 protocetraric acid，conphysodic acid 偶尔存在。

基物：树皮、岩表、苔原带地上、地上草丛中、灌木、河滩地。

研究标本(57 份)：

吉林 长白山，海拔 2200 m，卢效德 848376-0(HMAS-L 022379)；长白山北坡小瀑布旁，海拔 2120 m，1983.8.13，魏江春和陈健斌 6877(HMAS-L 006701)；长白山北坡小瀑布以上，海拔 2200 m，1983.8.13，魏江春和陈健斌 6874(HMAS-L 006702)；长白山抚松县维东边境哨所温泉旁，海拔 1540 m，1983.8.7，魏江春和陈健斌 6674(HMAS-L 081195)；长白山南坡，海拔 1900 m，1983.8.3，魏江春和陈健斌 6548(HMAS-L 006698)；汪清县响水，1984.8，卢效德 848000-1(HMAS-L 022380)；

湖北 神农架，海拔 2750 m，1984.7.27，魏江春和陈健斌 10716(HMAS-L 007970)；神农架大神农架，海拔 3000 m，1984.7.27，陈健斌和魏江春 10871(HMAS-L 007972)，10804(HMAS-L 007971)；神农架大神农架，海拔 3050 m，1984.7.27，陈健斌和魏江春

10891（HMAS-L 081198）；神农架小九湖霸王寨，海拔 2570 m，1984.7.16，陈健斌 10604（HMAS-L 081207）；

重庆 南山区金佛山卧龙潭峡谷，海拔 700 m，2001.10.3，魏江春，赵遵田等 C135（HMAS-L 033913）；

四川 康定，海拔 3700 m，1934.7.22，H. Smith 14060（HMAS-L 008045）；Mt. Daxue, alt. 3150 m，2000.7.28，W.Obermayer 08885（HMAS-L 083046），08629（HMAS-L 082977）；马尔康梦笔山，3700m，1983.7.4，王先业和肖勰 11462（HMAS-L 085181）；峨嵋山金顶，海拔 2800 m，1988.10.26，高向群 3418（HMAS-L 081179）；松潘县黄龙寺，海拔 3300 m，1983.6.13，王、先业和肖勰肖 10806（HMAS-L 081201）；南坪县九寨沟，海拔 2700 m，1983.6.7，王先业和肖勰 10098（HMAS-L 081178）；泸定县贡嘎山三营以上，海拔 3000 m，1998.9.7，郭守玉，无号（HMAS-L 081161）；若尔盖县铁布，海拔 2800 m，1983.6.21，王先业和肖勰 10968（HMAS-L 081246），10972（HMAS-L 081244）；若尔盖县铁布，海拔 1300 m，1983.6.21，王先业和肖勰 10992（HMAS-L 032857）；卧龙贝母坪，海拔 3300 m，1982.8.26，王先业，肖勰，李滨（HMAS-L 081193）；小金县巴朗山，海拔 2700 m，1982.9.4，王先业，肖勰，李滨 9981（HMAS-L 081249）；

云南 中甸县碧鼓林场，海拔 3500 m，1981.8.13，王先业，肖勰，苏京军 4341（HMAS-L 009540）；丽江县玉龙山黑水，海拔 3000 m，1981.8.4，王先业，肖勰，苏京军 4846（HMAS-L 081204）；丽江县玉龙山云杉坪，海拔 3100 m，1981.8.3，王先业，肖勰，苏京军 4933（HMAS-L 081203）；贡山县独龙江龙元，海拔 2500 m，1982.8.30，苏京军 3795（HMAS-L 081224）；泸水县北 68 km 处，海拔 3150 m，1981.6.7，王先业，肖勰肖，苏京军 2687（HMAS-L 033153）；维西县利地坪，海拔 3200 m，1982.5.2，苏京军 0003-1（HMAS-L 081162）；禄劝县轿子雪山，海拔 3200 m，2006.7.19，魏鑫丽 6042（HMAS-L 085189），6034（HMAS-L 085193）；

西藏 Mt. Himalaya, alt. 3900 m，1994.8.13，W.Obermayer 6126（HMAS-L 082972）；Mt. Himalaya, alt. 4000 m，1994.8.10，W.Obermayer 5907（HMAS-L 083045）；Nang County, alt. 3630 m，1994.8.10，G. Miehe & U.Wündisch94160/D1（HMAS-L 082975），Miehe & U. Wündisch 9417740/06（HMAS-L 082976）；Mt. Nyainqwntanglha, alt. 3200 m，1994.8.20，W. Obermayer 7365（HMAS-L 082974）；米林县南伊沟，海拔 3100 m，2004.7.20，胡光荣 h466（HMAS-L 082019）；波密县松宗集镇，海拔 3230 m，2004.7.16，黄满荣 1571（HMAS-L 081190）；波密县松宗集镇，海拔 3120 m，2004.7.16，魏鑫丽 793（HMAS-L 081173）；波密县松宗集镇，海拔 3120 m，2004.7.16，魏鑫丽 826（HMAS-L 081202）；察隅县察瓦龙拱拉，海拔 3900 m，1982.9.27，苏京军 4928-1（HMAS-L 081187）；工布江达县巴河镇巴松措，海拔 3500 m，2004.7.25，黄满荣 1857（HMAS-L 085201）；工布江达县巴河镇巴松措，海拔 3500 m，2004.7.25，魏鑫丽 1098-1（HMAS-L 081176）；米林县扎绕，海拔 2100 m，2004.7.22，魏鑫丽 1067（HMAS-L 081197）；聂拉木县，海拔 3500 m，1966.5.19，魏江春和陈健斌 889（HMAS-L 002647）；聂拉木县，海拔 2650 m，1966.5.13，魏江春和陈健斌 668-3（HMAS-L 081182）；

陕西 太白山斗母宫，海拔 2680 m，1963.6.1，魏江春等 2485（HMAS-L 081185）；

太白山大殿至文公庙，海拔 2920 m，2005.8.4，杨军 YJ222（HMAS-L 081758）；太白山斗姆宫向上，海拔 2860 m，2005.8.3，魏鑫丽 1704（HMAS-L 081718）；太白山明星寺以上，海拔 2900 m，2005.8.4，魏鑫丽 1958（HMAS-L 081714）；

甘肃 舟曲县沙滩林场羊布梁，海拔 3300 m，2006.7.29，贾泽峰 GS267（HMAS-L 129409）；沙滩林场人命池，海拔 3200 m，2006.7.30，贾泽峰 GS421（HMAS-L 129412）；迭部县虎头山，海拔 3600 m，2006.7.25，贾泽峰 GS42（HMAS-L 129410），GS103（HMAS-L 129413）；文县邱家坝，海拔 2620 m，2006.8.4，贾泽峰 GS751（HMAS-L 129411）。

文献记载：吉林（罗光裕 1986，p.160 as *Hypogymnia hypotrypella*），湖北（陈健斌等 1989，p.427 as *Hypogymnia hypotrypella*；McCune and Wang 2014，p.45 as *Hypogymnia hypotrypa*），四川（Zahlbruckner 1930b，p.194 & 1934，p.210 as *Parmelia hypotrypa*；McCune and Wang 2014，p.45 as *Hypogymnia hypotrypa*），云南（Zahlbruckner 1930b，p.194 as *Parmelia hypotrypa*；Lai 1980a，p.210 as *Hypogymnia hypotrypella*；赵继鼎 1964，p.142 as *Parmelia hypotrypella*；赵继鼎等 1982，p.10 as *Hypogymnia hypotrypella*；McCune and Wang 2014，p.45 as *Hypogymnia hypotrypa*），西藏（魏江春和姜玉梅 1981，p.1147 & 1986，p.35 as *Hypogymnia hypotrypella*），陕西（魏江春等 1982，p.31 as *Hypogymnia hypotrypella*；赵继鼎 1964，p.142 as *Parmelia hypotrypella*；赵继鼎等 1982，p.10 as *Parmelia hypotrypa*；McCune and Wang 2014，p.45 as *Hypogymnia hypotrypa*），甘肃（McCune and Wang 2014，p.45 as *Hypogymnia hypotrypa*），台湾（McCune and Wang 2014，p.47 as *Hypogymnia hypotrypa*）。

分布：中国、印度（锡金）、尼泊尔、朝鲜、日本、苏联。

地理成分：东亚成分，东亚分布型。

讨论：Nylander（1860）发表新种 *Parmelia hypotrypa*，报道该种地衣体上表面无粉芽；Asahina（1950）报道另一新种 *Parmelia hypotrypella*，该种与 *P. hypotrypa* 非常相似，唯一的区别为 *P. hypotrypella* 地衣体上表面具有粉芽。Rassadina（1967，1960）分别将以上两种组合到 *Hypogymnia* 属中。但 McCune 和 Obermayer（2001）通过研究 *H. hypotrypa* 的模式标本后发现该种所依据的模式地衣体上都存在微量粉芽，因此将 *H. hypotrypella* 处理为 *H. hypotrypa* 的异名，并同时给予不具粉芽的标本新名称：*H. flavida*（图版 18.2）。因研究中发现 *H. hypotrypa* 和 *H. flavida* 除了有无粉芽这一区别，其他表型特征几乎完全相同，故通过多基因片段及多种物种界定方法对其进行了综合研究（Wei et al. 2016），发现在系统发育树中两者未各自形成独立的分支，而是交叉混合在一起。基于此结果，并结合表型的综合分析，Wei（2019）将 *H. flavida* 处理为 *H. hypotrypa* 的异名。

12.14 卷叶袋衣 图版 18.7

Hypogymnia incurvoides Rass., Nov. Sist. niz. Rast.: 293，1967；Liu et al., Shandong Sci. **31**（3）：111，2018.

地衣体叶状，小型至中型，宽 3～7 cm，软骨质；裂片宽短型，长 4～5 mm，宽 1～2 mm，无缢缩，羽状分枝，弯曲，顶端等二分叉，钝圆，上卷，具唇形粉芽堆，裂片之间离散，具黑色镶边，裂腋宽圆；上表面灰绿色，储存时间久后为灰黄色，平滑，无光泽，有白斑，存在分生孢子器，数量少，零星散生于上表面，凹陷，黑点状，分生孢子双纺锤形至棒状，大小为 $1 \times 5 \sim 6 \ \mu m$；无裂芽，具小裂片，小裂片位于地衣体裂片两侧，基部无缢缩，顶端二分叉；下表面顶端浅褐色，其余黑色，皱褶，粗糙，微具光泽，有孔，但数量很少，位于下腋间和下表面，圆形，直径 0.5 mm 左右，无边缘；偶见假根；髓层中空，上、下髓层均白色。上皮层浅绿色，由假厚壁组织组成，厚 $17 \sim 19.5 \ \mu m$；藻层连续，鲜绿色，厚 $24.5 \sim 29.5 \ \mu m$，藻细胞近球形，直径约 $10 \ \mu m$；下皮层浅褐色，由假薄壁组织组成，厚 $15 \sim 17.5 \ \mu m$。子囊盘未见。

化学：上皮层 K+黄色，C-，KC-，P-；髓层 K-，C-，KC-，P+橘黄色；含有 atranorin、physodalic acid、physodic acid 和 protocetraric acid，（±）conphysodic acid。

基物：树皮和苔藓。

研究标本（15 份）：

内蒙古　科尔沁右翼前旗天池林场，海拔 1300 m，1985.6.27，高向群 541-2（HMAS-L 085131）；额尔古纳左旗阿乌尼林场，1985.8.10，高向群 1379（HMAS-L 085130）；阿尔山市桑都尔，海拔 1250 m，1991.4.14，陈健斌和姜玉梅 A579（HMAS-L 085125）；

吉林　长白山北坡林场，海拔 1800 m，1977.8.16，魏江春 3006（HMAS-L 085123），3046（HMAS-L 085117）；

黑龙江　塔河县马林林场，1984.8.3，高向群 073-1（HMAS-L 085132）；塔河县蒙克山林场，海拔 800 m，1984.8.7，高向群 095-2（HMAS-L 085111）；穆棱县三新山林场，1977.7.22，魏江春 2584-4（HMAS-L 085127）；

西藏　林芝县，海拔 3120 m，2004.7.16，魏鑫丽 797（HMAS-L 085126）；波密县，海拔 3120 m，2004.7.16，魏鑫丽 832（HMAS-L 085119），839（HMAS-L 085120）；

陕西　太白山，海拔 2950 m，2005.8.4，魏鑫丽 1976（HMAS-L 085109）；海拔 2900 m，2005.8.5，魏鑫丽 1959（HMAS-L 085118）；海拔 3150 m，2005.8.4，徐蕾 50526（HMAS-L 085122）；海拔 2780 m，2005.8.3，魏鑫丽 1733（HMAS-L 085121）。

文献记载：内蒙古、吉林、黑龙江、西藏和陕西（刘大乐等 2018，p.111 as *Hypogymnia incurvoides*）。

分布：中国、俄罗斯。

地理成分：东亚成分，中国-远东分布型。

讨论：该种外形与 *H. physodes* 极相似，区别在于，该种下表面具孔；裂片具黑色镶边；裂腋宽圆。该种与 *H. subduplicata* 亦有相似之处，区别在于，该种下髓层白色；下表面的孔少，不位于裂片顶端；髓层 P+，含有 physodalic acid。

12.15　狭叶袋衣　图版 18.8

Hypogymnia irregularis McCune，Mycotaxon **115**：486，2011.

Type：China：Yunnan Province，Jiaoxi Mountain，north of Kunming，26.100°N 102.867°E，3700 m，*Abies georgei* var. *smithii* and *Rhododendron* forest on slopes near hotel，on bark of *Abies*，Sept. 2000，McCune 25576（HMAS-L120374，isotype!）.

地衣体贴生至近直立，长 10（～30）cm，分枝无规则，具等径和不等径分枝，常具侧生芽状体。质地柔软，上表面白色至灰绿色，有时具黑色斑点和黑色镶边，光滑至轻微褶皱，无粉霜，叶片光滑至(不)具有小瘤，宽 0.5～3(～4) mm，常呈弓形，叶宽均匀，仅裂片远端和近结节处轻微膨胀，结节处有时(不)缢缩；叶片顶端、裂腋和下表面常穿孔，孔无边缘；髓层中空；无粉芽和裂芽；边缘具侧生芽状体或小裂片。子囊盘多，具柄，直径达 9 mm，壶状或漏斗状；柄中空，盘面棕褐色；子囊孢子小，亚球形，5～6×4～5 μm；具分生孢子器，棕褐色至黑色，分生孢子似纺锤状，5～6×0.5～0.7 μm。共生藻：绿藻型。

化学：上皮层 K+黄；髓层 K-或 K+浅红棕色至橘红色，P-；含有 atranorin、physodic acid、3-hydroxyphysodic acid 和/或 vittatolic acid。

基物：针叶树树皮。

研究标本(16 份)：

四川 泸定县贡嘎山海螺沟，海拔 2450 m，1996.8.28，王立松 96-17030(KUN17972)；乡城热乌公社热冲牛场，海拔 4400 m，1981.8.9，王立松 81-32560(KUN2372)；卧龙自然保护区，海拔 3200 m，1981.8.21，王立松 96-17683(KUN17984)；平武县杜鹃山垭口，海拔 3210 m，2001.5.21，王立松 01-20621(KUN18590)；盐源县火炉山，海拔 4100 m，1983.7.23，王立松 83-1196(KUN6888)；米易县麻陇北坡山，海拔 3200 m，1983.7.9，王立松 83-829(KUN4821)；

云南 漕涧县自奔山，2000.6.12，王立松 00-18910(KUN17898)；禄劝县轿子山，海拔 4000 m，1992.1.31，王立松 92-12857(KUN12857)；海拔 3900 m，2008.8.22，王立松 08-29698(KUN)；中甸县天池，海拔 3900 m，2001.10.10，王立松 01-20888(KUN18529)；中甸县大雪山垭口，海拔 4270 m，1993.9.18，王立松 93-2751(KUN14605)；大理小岭峰，1945.5.4，王汉臣 4825(KUN1547)；德钦县梅里石村梅里雪山索拉垭口，海拔 4750 m，2000.8.30，王立松 00-19742(KUN18088)；贡山县丙中洛至通达垭口，海拔 3800 m，1999.10.21，王立松 99-18510(KUN17295)；维西县药材地，海拔 3500 m，1982.5.11，张大成 82-83(KUN2711)；

西藏 察隅县察瓦龙，海拔 3300～3700 m，1982.6.30，王立松 82-801(KUN4518)。

文献记载：四川、云南和西藏(McCune 2011，p.486 as *Hypogymnia irregularis*)。

分布：中国、日本、尼泊尔。

地理成分：东亚特有种。

讨论：该种与 *H. vittata* 相似，但无粉芽，且下表面的穿孔分布不规则。

12.16 蜡光袋衣 图版 19.1

Hypogymnia laccata J.C. Wei & Y.M. Jiang, Acta Phytotax. Sin. **18**(3)：387，1980；Wei & Jiang, Proceedings of symposium on Qinghai-Xizang(Tibet) Plateau：1146，1981；Wei & Jiang, Lichens of Xizang：35，1986；Wei, Enum. Lich. China：116，1991；McCune & Wang, Mycosphere **5**(1)：48，2014.

模式：西藏，海拔 4400 m，宗毓臣和廖寅章 506(HMAS-L002650，holotype！HMAS-L002651，isotype！)。

地衣体叶状，中小型，宽 4～8 cm，坚硬型；裂片宽短，宽约 2 mm，长约 5 mm，挨挤，具黑色镶边，无缢缩，多分叉，顶端浅裂，钝圆，具褐色镶边；上表面黄褐色，多皱褶，较粗糙，具强烈蜡样光泽；无粉芽和裂芽，具有小裂片，小裂片位于裂片两侧，小，基部缢缩；分生孢子器数量少，多聚集生长于裂片顶端附近，呈褐色，点状，陷于上皮层中，分生孢子透镜形至双纺锤形，大小为 2～2.5×4.5～5.0 μm；下表面顶端褐色，其余黑色，皱褶，具光泽，有孔，孔位于裂片顶端和下表面，小，直径 0.2～1 mm，无边缘；偶见假根；髓层中空，上、下髓层均呈白色。上皮层深褐色，由假厚壁组织组成，厚 19.5～24.5 μm；藻层暗黄绿色，连续，厚 14.5～19.5 μm；下皮层浅褐色，由假薄壁组织组成，厚 10 μm 左右。子囊盘茶渍型，具短柄，盘托黑色，盘面凹陷，黄褐色，平滑，具光泽，直径 1 mm 左右，未成熟。

化学：上皮层 K+黄色，C-，KC-，P-；髓层 K+黄色，后变成红色，C+黄色，KC-，P+黄色；含有 atranorin、physodalic acid、physodic acid、conphysodic acid 和 protocetraric acid。

基物：树皮、岩石苔藓、地上。

研究标本(24 份)：

吉林　长白山北坡，海拔 1900 m，1977.8.10，魏江春 2900-1(HMAS-L 081593)；

四川　康定，1934.8.18，H.Smith 14011(HMAS-L 008049)；1922.9.9，H.Smith 5246(HMAS-L 008048)，5247(HMAS-L 0808050)；阿坝县阿夷拉山，海拔 3700 m，1983.6.29，王先业和肖勰 11305(HMAS-L 090583)；甘孜藏族自治州贡嘎山东坡燕子沟，海拔 3200 m，1982.6.29，王先业，肖勰，李滨 8493(HMAS-L 042353)；松潘县黄龙寺，海拔 3000 m，1983.6.13，王先业和肖勰 10857-1(HMAS-L 035129)，10867(HMAS-L 032855)；南坪县九寨沟，海拔 2600 m，1983.6.9，王先业和肖勰 10328(HMAS-L 081599)；小金县卧龙自然保护区巴郎山顶，海拔 4443 m，1979.8.8，郑庆珠等 42(HMAS-L 081594)；

云南　德钦县白芒雪山东坡，海拔 4300 m，1981.8.29，王先业，肖勰，苏京军 7614-1(HMAS-L 032729)；丽江县玉龙雪山扇子峰，海拔 4030 m，1981.8.6，王先业，肖勰，苏京军 7078(HMAS-L 081596)；海拔 3600 m，1981.8.5，王先业，肖勰，苏京军 6307(HMAS-L 081595)，6510(HMAS-L 081592)；海拔 3700 m，1981.8.6，王先业，肖勰，苏京军 6547(HMAS-L 081590)；

西藏　波密县嘎瓦龙，海拔 3600 m，2004.7.17，魏鑫丽 908(HMAS-L 081591)；察隅县察瓦龙松塔大队松塔雪山北坡，海拔 3700 m，1982.6.25，苏京军 1622(HMAS-L 083377)；察隅县日东，海拔 4300 m，1982.9.26，苏京军 4811(HMAS-L 009545)；海拔 4600 m，1982.9.26，苏京军 4828(HMAS-L 009544)；海拔 4100 m，1982.9.26，苏京军 4852(HMAS-L 009543)；海拔 4500 m，1982.9.26，苏京军 4785(HMAS-L 009542)；

陕西　太白山八仙台，1963.6.4，魏江春等 2726-1(HMAS-L 038706)；太白山文公庙，海拔 3300 m，1963.6.3，魏江春等 2777-2(HMAS-L 038704)；

甘肃　迭部县虎头山，海拔 3100 m，2006.7.25，贾泽峰 GS136(HMAS-L 129414)。

文献记载：四川和云南(McCune and Wang 2014，p.48 as *Hypogymnia laccata*)，西藏(魏江春和姜玉梅 1981，p.1146 & 1986，p.35；McCune and Wang 2014，p.48 as *Hypogymnia laccata*)。

分布：中国。

地理成分：中国特有成分。

讨论：该种的标志性特征为上表面具强烈蜡样光泽，质地坚硬，分生孢子较宽。

12.17 粉唇袋衣 图版 19.2

Hypogymnia laxa McCune，Bryologist **106**(2)：231，2003；McCune & Wang，Mycosphere 5(1)：48，2014.

Type：China. Yunnan Prov.，Luquan Co.，Jiaozi Mts.，N of Kunming，26°6′ N，102°52′ E，3750 m，2000-9，McCune 25599(OSC，holotype!).

地衣体叶状，中等大小，宽 6～8 mm，软骨质至纸质；裂片细长，长 5～15 mm，宽 1～3 mm，有时具黑色镶边，浅裂，多分枝，末端等二分叉，钝圆，离散；上表面灰绿色，局部灰黄色至褐色，微具光泽至无光泽，较平坦，光滑，微皱，上皮层常脱落，沿皮层裂缝处密布粉芽；无裂芽，具小裂片，小裂片位于裂片两侧和上表面；下表面顶端浅褐色，其余黑色，皱褶，粗糙，无光泽；具孔，孔多数位于下表面，偶尔见于下腋间，直径 0.5～1.5 mm，具边缘；髓层中空，上、下髓层均深色至黑色。子囊盘和分生孢子器未见。

化学：上皮层 K+黄色，C-，KC-，P+浅黄色；髓层 K-，C-，KC+橘红色，P+橘红色；含有 atranorin、physodic acid、physodalic acid、conphysodic acid 和 protocetraic acid。

基物：树皮。

研究标本(7 份)：

四川 南坪县九寨沟，海拔 2000 m，1986.9.23，王立松 86-2531(paratype，KUN9629)；盐源县百灵公社四大队，海拔 3750 m，1983.8.9，王立松 83-1406(paratype，KUN18157)；

云南 禄劝县轿子雪山，海拔 4000 m，2000.9.24，王立松 00-20421(paratype，KUN18186)；海拔 4100 m，1992.1.31，王立松 92-12860(paratype，KUN12860)；海拔 3900 m，2000.9.24，王立松 00-20433(paratype，KUN18184)；丽江县九十九龙潭马鞍山，海拔 3500 m，2000.8.16，王立松 00-20112(paratype，KUN18147)；贡山县独龙江南代，海拔 2200 m，1982.9.4，臧穆 4470(paratype，KUN2195)。

文献记载：四川和云南(McCune et al. 2003，p.231；McCune and Wang 2014，p.48 as *Hypogymnia laxa*)。

分布：中国。

地理成分：中国特有成分。

讨论：该种的主模式产于云南，现保藏于美国 OSC 标本馆，作者仅对其进行了形态学观察，化学显色反应及化学成分的鉴定参考 McCune 等(2003)。该种与 *H. pseudophysodes* 相似，区别在于该种裂片两侧和上表面均具小裂片，裂片顶端无孔，下表面的孔具边缘。

12.18 丽江袋衣 图版 19.3

Hypogymnia lijiangensis J.B. Chen，Acta Mycol. Sin. **13**(2)：107，1994；Wei & Wei，The Lichenologist **44**(6)：784，2012；McCune & Wang，Mycosphere **5**(1)：49，2014.

模式：云南丽江，海拔 3050 m，1981.8.8，王先业等 6991（HMAS-L 013354，holotype!）。

地衣体叶状，中等大小，宽 6～7 mm，软骨质；裂片宽短，长 5～6 mm，宽 1～2 mm，具黑色镶边，深裂，多分枝，有时末端呈二叉，钝圆，离散；上表面淡灰褐色，微具光泽至无光泽，较平坦，光滑，微皱，近边缘处覆盖薄薄的粉霜层，粉霜无界限，粉霜晶型属于水草酸钙石晶型（Wadsten and Moberg 1985）（图版 23. A）；具分生孢子器，数量少，聚集于裂片近顶端，分生孢子透镜形至双纺锤形，个体偏小，一般大小为 1×2.5～3.5 μm，极少长达 5 μm；无粉芽、裂芽和小裂片；下表面顶端深褐色，其余黑色，皱褶，有光泽；具孔，孔多数位于下腋间，偶位于下表面，圆形，直径 0.5～2 mm，无边缘；偶见假根；髓层中空，上髓层白色，下髓层顶端白色，其余深褐色。上皮层淡黄褐色，由假厚壁组织组成，厚 24.5～29.5 μm；藻层连续，黄绿色，厚 24.5 μm 左右，藻细胞近球形，直径 5～7.5 μm，为 Trebouxia；下皮层浅绿色至黑色，由假薄壁组织组成，厚 12.5～22 μm。子囊盘未见。

化学：上皮层 K+黄色，C-，KC+黄红色，P-；髓层 K+黄色，C-，KC-，P+橘红色；含有 atranorin、physodic acid、physodalic acid、conphysodic acid 和 protocetraic acid。

基物：树皮。

研究标本（10 份）：

四川　乡城县无名山南坡，海拔 4000 m，1983.8.2，苏京军，文华安，李滨 6036（HMAS-L 081610）；

云南　丽江县玉龙山下白水河岸，海拔 3060 m，1981.8.7，王先业，肖勰，苏京军 5124（HMAS-L 081920）；维西县攀天阁天麻山，海拔 3000 m，1981.7.29，王先业，肖勰，苏京军 6398（HMAS-L 081917）；中甸县林业局小中甸林场，海拔 3550 m，1981.8.22，王先业，肖勰，苏京军 6732（HMAS-L 090587）；中甸县天宝山林场，海拔 3700 m，1981.8.19，王先业，肖勰，苏京军 5754（HMAS-L 081923），5189（HMAS-L 081921）；

西藏　类乌齐县，1976.7.2，宗毓臣和廖寅章 256-3（HMAS-L 081603）；左贡县扎义来得梅里西坡，海拔 4100 m，1982.10.8，苏京军 5447（HMAS-L 081609）；海拔 4300 m，1982.10.8，苏京军 5494（HMAS-L 081608）；海拔 4200 m，1982.10.8，苏京军 5439（HMAS-L 081607）。

文献记载：四川（Wei and Wei 2012，p.784；McCune and Wang 2014，p.49 as *Hypogymnia lijiangensis*），云南（陈健斌 1994，p.107；Wei and Wei 2012，p.784；McCune and Wang 2014，p.49 as *Hypogymnia lijiangensis*），西藏（Wei and Wei 2012，p.784 as *Hypogymnia lijiangensis*）。

分布：中国。

地理成分：中国特有成分。

讨论：作者借阅了保藏于中国科学院微生物研究所真菌地衣标本馆（HMAS-L）的该种的主模式（Holotype-王先业等 6991），并通过对其他同种标本的观察，发现该种与同时报道的 *H. subpruinosa* 相似，区别在于，该种的裂片离散，具明显的黑色镶边；粉霜只分布于裂片近边缘处，且霜层无界限；孔多数位于下腋间，偶见于下表面；下髓层大部分深褐色。

12.19 大孢袋衣 图版 19.4

Hypogymnia macrospora(J.D. Zhao)J.C. Wei，Enum. Lich. China：116，1991；McCune et al.，**106**(2)：233，2003；McCune & Wang，Mycosphere **5**(1)：51，2014.

≡ *Parmelia macrospora* Zhao，Acta Phytotax. Sin. **9**(2)：143，1964；Zhao et al.，Prodr. Lich. Sin.：12. 1982.

= *Hypogymnia subvittata*(J.D. Zhao)J.C. Wei，Enum. Lich. China：118，1991. —*Parmelia subvittata* J.D. Zhao，Acta Phytotax. Sin. **9**(2)：141，1964.

模式：云南，树干，王汉臣 1065a(HMAS-L 003587，holotype!)。

地衣体叶状，中等大小，宽 9～10 cm，软骨质；裂片狭长型，长 10 mm，宽 1 mm，无缢缩，多分枝，顶端等二分叉，平截，彼此挨挤覆盖，无黑色镶边；上表面黄褐色，不平坦，皱褶，无光泽，具分生孢子器，数量多，黑点状，聚生于裂片近顶端处，凹陷或突起于地衣体，分生孢子双纺锤形至棒状，大小为 1.0×5.0 μm；无粉芽和裂芽，具小裂片，小裂片数量多，位于上表面和裂片两侧，基部缢缩，其上聚生分生孢子器；下表面顶端深褐色，其余黑色，皱褶，粗糙，无光泽，有孔，孔位于裂片顶端、下腋间和下表面，圆形，直径 0.1～2 mm，具明显边缘；髓层中空，上髓层白色，下髓层顶端白色，其余深褐色至黑色。上皮层浅黄色，由假厚壁组织组成，厚 24.5 μm；藻层连续，黄绿色，厚 24.5 μm，藻细胞近球形，直径 10 μm；下皮层浅褐色，由假薄壁组织组成，厚 17～19.5 μm。子囊盘茶渍型，具柄，幼时圆柱形，成熟后杯状，盘托较厚，内卷，盘面凹陷，红褐色，较平滑，微具光泽，直径 4 mm 左右；子实上层黄褐色，厚约 7.5 μm；侧丝简单，宽 3～4 μm，子囊 21～23×50～86 μm，8 孢，孢子简单，无色，椭圆形，大小为 12.5～14×14～17.5 μm。

化学：皮层 K+黄色，C-，KC-，P-；髓层 K+黄色，C+黄色，KC-，P-；含有 atranorin 和 4-*O*-demethylbarbatic acid(norbarbatic acid)。

基物：树皮。

研究标本(2 份)：

云南 中甸县小中甸林场，海拔 3550 m，1981.8.22，王先业，肖勰，苏京军 5579(HMAS-L 080435)；

西藏 察隅县，海拔 4000 m，1982.9.8，苏京军 4313(HMAS-L 009555)。

文献记载：四川(McCune et al. 2003，p.233；McCune and Wang 2014，p.51 as *Hypogymnia macrospora*)，云南(赵继鼎 1964，p.143 as *Parmelia macrospora*；赵继鼎 1964，p.141 as *Parmelia subvittata*；赵继鼎等 1982，p.12 as *Parmelia macrospora*；McCune et al. 2003，p.233；McCune and Wang 2014，p.51 as *Hypogymnia macrospora*)，西藏(McCune and Wang 2014，p.51 as *Hypogymnia macrospora*)。

分布：中国。

地理成分：中国特有成分。

讨论：因标本鉴定过程中除该种的模式外未见其他标本，而模式标本上表面的子囊盘数量较少，故未切片观察，而参考和引用了文献中的记载。该种的标志性特征为大子囊孢子(赵继鼎 1964)，其与 *H. subvittata* 相似，两者是截至目前已知在本属中具有大子囊孢子的种，区别在于，该种裂片无缢缩；小裂片多，且分布于上表面；孔除了分布于下腋间和下表面外，还分布于裂片顶端，并具明显的边缘。

该种最初报道时（赵继鼎 1964），对髓层的颜色反应描述有误，本卷予以纠正。在化学成分鉴定中，TLC 板 5 区具一呈黑色斑点的未知物质，为该种的特有化学成分，由于标本量有限，作者未能最终测定。但 McCune 等（2003）对 *H. macrospora* 进行描述时已确定该未知物质为 4-*O*-demethylbarbatic acid，并指出该成分只存在于该种中，本卷予以引用。

12.20　背孔袋衣　图版 19.5

Hypogymnia magnifica X. L. Wei & McCune，Bryologist **113**（1）：120，2010；McCune & Wang，Mycosphere **5**（1）：51，2014.

Type: China. Yunnan Province, Lijiang Co., Mt. Laojuen, Jiushijiulong Lake, 26.632°N 99.728°E, 4100 m, L.S. Wang 00-20250（HMAS-L 120373，isotype!）.

地衣体叶状，大型，宽达 14 cm，软骨质；裂片宽且长，长 10～20 mm，宽 2～5 mm，无缢缩，生长方向一致，羽状分枝，顶端多为二分叉，钝圆，裂片彼此挨挤，无黑色镶边；上表面污黄绿色至黄褐色，平坦，局部多乳突，光滑，具光泽，有孔，近圆形，凹陷，直径一般小于 0.5 mm，偶尔至 1 mm，无边缘，具分生孢子器，聚生于裂片近顶端，凹陷至鼓起，黑色，点状，分生孢子棒状至微双纺锤形，大小为 2×5～7.5 μm；无粉芽和裂芽，偶具小裂片，小裂片位于裂片两侧，较狭长，基部缢缩；下表面顶端黄褐色，其余黑色，皱褶，粗糙，有光泽，具不显著的孔，孔数量极少，只分布于下表面近顶端处，圆形，直径不超过 1 mm，无边缘；偶见假根；髓层中空，上髓层白色，下髓层顶端白色，其余暗色至黑色。上皮层浅黄褐色，由假厚壁组织组成，厚 8～10 μm；藻层连续，绿色，厚 8～10 μm，藻细胞近球形，直径 10～12.5 μm；下皮层浅褐色，由假薄壁组织组成，厚 12 μm。子囊盘具柄，缸状或杯状，茶渍型，盘托薄，有裂缝，盘面凹陷至微平展，黄褐色至红褐色，有光泽，直径 1～10 mm。子实上层浅黄褐色，厚 10 μm 左右；子实层无色，厚 22.5～30.5 μm，子囊棒状，大小为 30.5～34×10.5～12.5 μm，含 8 孢，孢子椭圆形至近圆形，单胞，无色，大小为 3.5～4.5×5.5～7 μm，侧丝有隔，无分枝，顶端膨大，宽 2 μm；子实下层无色，厚 20.5～24.5 μm。

化学：上皮层 K+黄色，C-，KC-，P-；髓层 K+黄色，C-，KC-，P+橘黄色，瞬间变为橘红色；含有 atranorin、physodalic acid 和 protocetraric acid。

基物：树皮。

研究标本（13 份）：

四川　木里县宁朗山，海拔 3800 m，1982.6.5，王先业，肖勰，李滨 7979（HMAS-L 085030），7958（HMAS-L 085012）；松潘县黄龙寺，海拔 3300 m，1983.6.13，王先业和肖勰 10742-1（HMAS-L 085028）；南坪县九寨沟，海拔 2600 m，1983.6.9，王先业和肖勰 10297（HMAS-L 085022）；

云南　德钦县白芒雪山，海拔 4100 m，1981.8.29，王先业，肖勰，苏京军 7597-1（HMAS-L 085026）；中甸县中甸林业局小中甸林场，海拔 3550 m，1981.8.22，王先业，肖勰，苏京军 5181(HMAS-L 085045)；中甸县小雪山，海拔 3750 m，1981.9.6，王先业，肖勰，苏京军 6160(HMAS-L 085038)；维西县碧罗雪山，海拔 3200 m，1981.7.11，王先业，肖勰，苏京军 6476(HMAS-L 085031)；丽江县玉龙雪山，海拔 3750 m，1981.8.6，王先业，肖勰，苏京军 6538(HMAS-L 085035)；丽江县玉龙雪山，海拔 3750 m，1981.7.27，王先业，肖勰，苏京军 6799(HMAS-L 085046)；

西藏 察隅县日东，海拔 3600 m，1982.9.19，苏京军 4671-1(HMAS-L 085047)；海拔 3400 m，1982.6.26，苏京军 1844(HMAS-L 085029)；察隅县察瓦龙，海拔 4100 m，1982.9.27，苏京军 4934(HMAS-L 085040)。

文献记载：四川和云南(Wei et al. 2010，p.122；McCune and Wang 2014，p.51 as *Hypogymnia magnifica*)。

分布：中国。

地理成分：中国特有成分。

讨论：该种与 *H. pulchrilobata*(Bitter)Elix 外形相似，本研究借到了后者的主模式(保藏于奥地利 W 标本馆)，两者的区别在于，该种下表面的孔不显著；下髓层绝大部分暗色至黑色；地衣体含有 physodalic acid。Elix(1979)报道 *H. pulchrilobata* 上表面具孔，而该种亦具此性状。上表面具孔这一性状在 *Hypogymnia* 属中并不常见，而是 *Menegazzia* 属的典型特征，但是，此两种的化学和子实体特征显示两者确属于 *Hypogymnia* 属。与之类似，Aptroot 等(2003)报道了一新种 *Menegazzia anteforata* Aptroot，M.J. Lai & Sparrius，其标志性特征为下表面具有很多穿孔，而此性状恰是 *Hypogymnia* 属的一般特征。*Hypogymnia* 属与 *Menegazzia* 属中均有种具上表面、下表面穿孔这一特征，是否暗示 *Hypogymnia* 属与 *Menegazzia* 属有更近的亲缘关系抑或只是进化中的一般趋同现象，需待进一步研究。

12.21 变袋衣 图版 19.6

Hypogymnia metaphysodes(Asahina)Rass.，Nov. Syst. Plant. non Vasc.(Acad. Sci. URSS. Inst. Bot. nominee V.L. Komarovii) 1967：291，1967；Lai，Quart. Journ. Taiwan Museum **33**(3，4)：210，1980a；Luo，Bull. Bot. Res.，**6**(3)：160，1986；Wei，Enum. Lich. China：116，1991.

≡ *Parmelia metaphysodes* Asahina，Acta Phytotaxon. Geobot. **14**：33，1950；Wei，Enum. Lich. China：116，1991.

地衣体叶状，小型，宽 2.5～5 cm，软骨质；裂片宽短型，长 2～5 mm，宽 1～2 mm，无缢缩，多分枝，顶端不等二叉分枝，钝圆，具唇形粉芽堆，裂片彼此挨挤，扭曲，无黑色镶边；上表面浅土黄色至黄褐色，平坦，较光滑，无光泽，有分生孢子器，黑点状，聚集生长于裂片近顶端附近，分生孢子双纺锤形至棒状，大小为 $1.0 \times 5.0 \sim 6.0$ μm；无裂芽，偶见小裂片，小裂片位于裂片两侧，基部无缢缩；下表面深褐色至黑色，皱褶，无光泽，无孔；髓层中空，上、下髓层均白色。上皮层浅黄褐色，由假厚壁组织组成，厚 10～14.5 μm；藻层连续，黄绿色，厚 19.5～24.5 μm，藻细胞近球形，直径 7.5～10 μm；下皮层黑色，由假薄壁组织组成，厚约 19.5 μm。子囊盘具柄，柄中部鼓出，坛状，总体杯状，茶渍型，盘托薄，盘面外翻，黄褐色，有光泽，直径 4 mm 左右。子实上层浅黄褐色，厚 10 μm 左右；子实层无色，厚 29.5～32.0 μm，子囊棒状，大小为 24.5～27.0×10.0～12.5 μm，含 8 孢，孢子椭圆形至近圆形，单胞，无色，大小为 3～3.5×5～6 μm，侧丝有隔，无分枝，顶端膨大，宽 2.0～2.5 μm；子实下层无色，厚 37 μm 左右。

化学：皮层 K+黄色，C-，KC-，P-；髓层 K+黄色，C+黄色，KC-，P-；含有 atranorin、physodic acid 和 conphysodic acid。

基物：树皮、地上。

研究标本(16 份)：

内蒙古 阿尔山兴安林场太平岭，海拔 1650 m，1991.8.7，陈健斌和姜玉梅 A-161(HMAS-L 081844)；阿尔山市兴安盟太平岭，海拔 1600 m，1991.8.7，陈健斌和姜玉梅 A-190(HMAS-L 082065)；阿尔山市兴安盟太平岭，海拔 1700 m，1991.8.7，陈健斌和姜玉梅 169-1(HMAS-L 081846)；阿尔山市兴安盟白狼镇鸡冠山，海拔 1350 m，1991.8.20，陈健斌和姜玉梅 A-777-2(HMAS-L 081843)；

吉林 长白山，海拔 1100 m，1985.6.24，卢效德 0258(HMAS-L 022387)；海拔 1000 m，1983.7.26，魏江春和陈健斌 6133(HMAS-L 081619)；海拔 1550 m，1985.8.5，卢效德 1201(HMAS-L 081617)；长白山梯子河，海拔 1650 m，1985.8.1，卢效德 1027(HMAS-L 081613)；

黑龙江 带岭凉水，海拔 458 m，1975.9.14，魏江春 2355(HMAS-L 081618)；带岭凉水沟林场，红松，海拔 450 m，1975.10.15，魏江春 2358-1(HMAS-L 081621)；呼中大白山，海拔 1200 m，2000.7.9，刘华杰 288(HMAS-L 032578)；呼中小白山，海拔 1150 m，2002.7.25，陈健斌和胡光荣 21526(HMAS-L 030690)；呼中小白山，海拔 1225 m，2002.7.25，陈健斌和胡光荣 21590(HMAS-L 030697)；带岭凉水林场，海拔 400 m，2002.7.31，陈健斌和胡光荣 21969(HMAS-L 031155)；穆棱市三新山林场七支流，1977.7.23，魏江春 2596-2(HMAS-L 081620)，2611-4(HMAS-L 081612)。

文献记载：黑龙江(罗光裕 1986，p.160 as *Hypogymnia metaphysodes*)，台湾(Lai 1980a，p.210 as *Hypogymnia metaphysodes*)。

分布：中国、日本、俄罗斯(库页岛)，北美洲。

地理成分：东亚-北美间断分布成分。

讨论：该种的标志性特征为裂片顶端具唇形粉芽堆；下表面无孔。与 *H. physodes* 外形相似，最明显的区别在于该种地衣体不含 physodalic acid。McCune 和 Wang(2014)借阅了 *H. metaphysodes* 的主模式，认为该种不具粉芽，依据一份凭证标本报道了 *H. metaphysodes* 在云南分布，并推测很可能该种在中国被鉴定为其他种。因本卷作者未借阅到该种的模式标本，而中国地衣学家长期普遍认为该种具粉芽，所以这里仍依据具粉芽的标本对 *H. metaphysodes* 予以报道，待借阅研究该种的主模式后，再对此问题进行阐明。

12.22 光亮袋衣 图版 19.7

Hypogymnia nitida McCune & L.S. Wang, Mycosphere **5**(1)：52，2014.

Type：China，Yunnan：Deqin County，Bei Ma Xue Shan，Ya Kou，alt. 4200 m，ca. 28.38°N 99.0°W，10Aug 1993，L. S. Wang 93-13495（KUN）.

地衣体与基物紧密相连，覆瓦状或半悬垂状，宽 10 cm 左右，软骨质；裂片挨挤至微分散，宽 0.5~3 mm，分枝多变，偶有侧向出芽；上表面光滑或微皱，褐色至暗褐色，具光泽，有时具黑斑，无粉霜；下表面黑色，近顶端褐色，强烈皱褶，无孔；无粉芽和裂芽，偶有小裂片；髓层中空，上髓层白色至暗色，下髓层暗色。子囊盘偶见，直径 5~10 mm，亚具柄至具柄，柄呈坛状，整个子囊盘呈漏斗状；盘面褐色；子囊孢子椭圆形，6.3~7.7×4.4~5.3 μm。分生孢子器偶见，分生孢子杆状至微纺锤形，4.8~5.7×0.9~1.2 μm。

化学：地衣体 K+黄色，C-，KC-，P+浅黄色；髓层 K-，C-，KC+橘红色，P-；含有 atranorin、physodic acid、2'-O-methylphysodic acid 和 vittatolic acid。

基物：针叶树皮。

研究标本（4 份）：

四川 泸定县贡嘎山东坡，海拔 4000 m，1982.6.27，Xuan Lu s.n.（KUN 1678）；木里县卡拉村，王立松 83-1793（KUN）；

云南 德钦县白马雪山垭口，海拔 4200 m，1993.8.10，王立松 93-13479（KUN）；中甸县什卡拉雪山，海拔 3600~3780 m，1981.6.20，黎兴江 1952b（KUN）。

文献记载：四川和云南（McCune and Wang 2014，p.52 as *Hypogymnia nitida*）。

分布：中国。

地理成分：中国特有成分。

讨论：该种的标志性特征为上表面光滑褐色，裂片无穿孔，下表面强烈皱褶，地衣体中不含 3-hydroxyphysodic acid。该种形态与 *H. delavayi* 有相似之处，区别在于 *H. delavayi* 地衣体浅灰绿色，下表面和下腋间具孔，地衣体中含有 3-hydroxyphysodic acid。

12.23 乳头袋衣 图版 19.9、图版 19.10

Hypogymnia papilliformis McCune，Tchabanenko & X.L. Wei，Lichenologist，**47**（2）：117，2015.

Type：Russia，Primorsky Krai，Uglovaya Pad，Lazovsky Reserve，43° 0'N 134° 4'E，600 m，mixed conifer–broad-leaved forest，on Pinus koraiensis，12 November 1981，S. Tchabanenko 13（holotypus–OSC）.

地衣体平卧至近直立状，宽达 8 cm，软骨质；裂片分枝多变，中央连续，四周离散，宽 1.5~4（~5）mm；上表面皱褶具明显乳突，灰绿色，无粉霜；下表面具孔，孔位于裂片顶端和下腋间，孔不具边缘；无粉芽、裂芽和小裂片；髓层中空，上下髓层均暗色。子囊盘偶见，无柄至具短柄，直径约 8 mm，子囊盘呈漏斗状；柄中空，盘面褐色；子囊孢子椭圆形，6~7×4.1~4.9 μm。分生孢子器常见，分生孢子筒状至微纺锤形，4.8~6.4×0.9~1.1 μm。

化学：髓层 K-，C-，KC+红色，P-；含有 atranorin、physodic acid、2'-O-methylphysodic acid 和 vittatolic acid。

基物：目前仅见于针叶树树皮。

研究标本（1 份）：

陕西 太白山，海拔 1500 m，2005.6，徐蕾和杨军 1511（HMAS-L 085008，paratype）。

文献记载：陕西（McCune et al. 2015，p. 117 as *Hypogymnia papilliformis*）。

分布：中国、俄罗斯远东。

地理成分：东亚成分，中国-远东分布型。

讨论：该种的标志性特征为上表面的乳突。该种与 *H. yunnanensis* 外形相似，但区别在于该种乳突明显，下表面非网状皱褶，地衣体中不含 3-hydroxyphysodic acid。

12.24　舒展袋衣　图版 19.8

Hypogymnia pendula McCune & L.S. Wang，Mycosphere **5**(1)：55，2014.

Type：China，Yunnan：Jianchuan County，trailhead to Lao Juen Shan，Abies delavayi – Rhododendron forest near hotel，2002.10.18，McCune 26711（KUN，holotype）.

地衣体悬垂状，宽达 12 cm，软骨质；裂片大多数等二叉分枝，宽 0.5~2.5 mm，具侧向出芽，离散或连续至覆瓦状；上表面光滑，微皱或具疣，白色至灰绿色，常具黑色镶边，无粉霜；下表面具孔，孔位于裂片顶端、下腋间和下表面，孔具边缘；无粉芽和裂芽；髓层中空，上下髓层均暗色。子囊盘亚具柄，直径约 20 mm，子囊盘呈漏斗状；柄中空，盘面褐色至红褐色；子囊孢子椭圆形，10~16×8~12 μm。分生孢子器常见，分生孢子筒状至微纺锤形，4.0~5.3×0.8~0.9 μm。

化学：地衣体 K+黄色、C-、KC-、P+浅黄色；髓层 K-、C-、KC+红色、P+橘红色；含有 atranorin、physodic acid、physodalic acid 和 protocetraric acid.

基物：目前仅见于冷杉树皮。

研究标本（1 份）：

云南 中甸县天池，海拔 3750 m，1994.9.20，王立松 94-15531（KUN）。

文献记载：云南（McCune and Wang 2014，p.55 as *Hypogymnia pendula*）。

分布：中国。

地理成分：中国特有成分。

讨论：该种的标志性特征为地衣体悬垂状。该种形态与 *H. macrospora* 相似，区别在于裂片覆瓦状至悬垂状，分枝角度大，地衣体含 physodalic acid、protocetraric acid 和 physodic acid，而 *H. macrospora* 含 4-*O*-demethylbarbatic acid。

12.25　袋衣　图版 20.1

Hypogymnia physodes (L.) Nyl.，Lich. Envir. Paris：39，1896；Wang-Yang & Lai，Taiwania **18**(1)：94，1973；Wei & Chen，Report of Scientific Expedition of the Mt. Jolmo Lungma region：178，1974；Lai，Quart. Journ. Taiwan Museum **33**(3，4)：211，1980a；Chen et al.，J. NE Forestry Inst. **4**：150，1981b；Wei et al.，Lichenes Officinales Sinenses：30，1982；Luo，J. NE Forestry Inst. **12**(Supple.)：84，1984；Wang，The lichens of Mt. Tuomuer areas in Tianshan：346，1985；Luo，Bull. Bot. Res. **6**(3)：161，1986；Wei，Enum. Lich. China：116，1991；Wu & Abbas，Lichens of Xinjiang：93，1998；Chen，

Lichens：497，2011；McCune & Wang，Mycosphere **5**(1)：57，2014；

≡ *Lichen physodes* L.，Spec. Plant.：1144，1753；Zahlbruckner，Catalogus lichenum universalis，**6**：39，1930.Wei，Enum. Lich. China：116，1991. —*Parmelia physodes* (L.)Ach.，Method. Lich.：250，1803；—*Imbricaria physodes* DC. apud Lamb. et DC.，Flore Franç **2**：393，1805；Wei，Enum. Lich. China：116，1991.

地衣体叶状，小型，3.5~5.5 cm，软骨质；裂片宽短型，长 5 mm 左右，宽 1~2 mm，无缢缩，羽状分枝，微有流水冲刷状，微隆起，或有的叶片稍扁平，顶端上卷，钝圆，彼此挨挤，无黑色镶边；上表面绿色、灰绿色、灰白色、浅土黄色，平坦至微有皱褶，光滑，微具光泽或无光泽，具唇形粉芽堆，有分生孢子器，聚集生长于裂片近顶端处，分生孢子双纺锤形至棒状，大小为 1×5~6 μm；无裂芽和小裂片；下表面顶端深褐色，其余黑色，皱褶，有光泽，无孔；偶见假根；髓层中空，上下髓层均为白色。上皮层浅黄色，由假厚壁组织组成，厚 12.5 μm 左右；藻层连续，黄绿色，厚 14.5~19.5 μm，藻细胞近球形，直径 5 μm；下皮层浅黑色，由假薄壁组织组成，厚 10~12.5 μm。子囊盘未见。

化学：地衣体 K+黄色，C-，KC-，P-；髓层 K+浅红色，后变为黄色，C+浅橘黄色，KC+浅红色，P+橘黄色→橘红色；含有 atranorin、physodalic acid、physodic acid、conphysodic acid 和 protocetraric acid。

基物：树皮和岩表。

研究标本(28 份)：

内蒙古 阿尔山摩天岭，松树皮，海拔 1400 m，2002.8.3，魏江春等 Aer289(HMAS-L 081538)；额尔古纳左旗阿乌尼林场，1985.8.10，高向群 1439(HMAS-L 081526)；科尔沁右翼前旗兴安林场，海拔 1250 m，1985.7.5，高向群 866-2(HMAS-L 081527)；

吉林 长白山，海拔 1100 m，1985.6.18，卢效德，0003；长白山，海拔 1100 m，1985.6.24，卢效德 0182(HMAS-L 081540)；长白山，海拔 1250 m，1981.9.23，Timo Koponen 36976a(HMAS-L 017882)；长白山白山站，海拔 1100 m，1977.8.8，魏江春 2827-1(HMAS-L 003607)；长白山北坡白山站，海拔 1100 m，1977.8.8，魏江春 2818-1(HMAS-L 006706)；长白山天池白山宾馆，海拔 1750 m，1984.8.24，卢效德 848331-1(HMAS-L 022390)；汪清县秃老婆顶，海拔 1000 m，1984.8.6，卢效德 848079-1(HMAS-L 022391)；长白山小天池冰场，海拔 1680 m，1984.8.25，卢效德 848355-3(HMAS-L 022392)；临江市北山，海拔 850 m，1985.7.17，卢效德 0558(HMAS-L 022393)；

黑龙江 呼中大白山林场，海拔 1200 m，1984.9.3，高向群 412(HMAS-L 081524)；呼中大白山，海拔 1400 m，2000.7.9，刘华杰 116-2(HMAS-L 021667)；呼中小白山，海拔 900 m，2002.7.25，陈健斌和胡光荣 21616(HMAS-L 030713)；塔河县十九站林场，海拔 350 m，1984.7.27，高向群 042-2(HMAS-L 081543)；漠河县漠河林场，海拔 550 m，1984.8.14，高向群 166-1-1(HMAS-L 081542)；穆棱市三新山林场，1977.7.22，魏江春 2590-3(HMAS-L 081582)，2613(HMAS-L 003604)，2626(HMAS-L 003606)；

重庆 南山区金佛山凤凰寺，海拔 2200 m，2001.10.1，魏江春，姜玉梅，赵遵田 C316-1(HMAS-L 042393)；

四川　甘孜藏族自治州贡嘎山西坡姊妹山，海拔 4350 m，1982.7.29，王先业，肖繺，李滨 9054（HMAS-L 081513）；Dedu He，1994.10.2，G. & S. Miehe & U. Wundisch 9447323/03（HMAS-L 082968）；

云南　维西县碧罗雪山，海拔 3000 m，1981.7.11，王先业，肖繺，苏京军 4581（HMAS-L 023855）；

西藏　波密县松宗集镇，海拔 3120 m，2004.7.16，魏鑫丽 828（HMAS-L 081535），849（HMAS-L 081534）；察隅瓦龙格宝，栎树枯枝，海拔 2600 m，1982.10.3，苏京军，5099（HMAS-L081528）；

新疆　阿尔泰山布尔津加登玉，落叶松基部，海拔 1500 m，1986.8.1，高向群 1796（HMAS-L 081529）；阿尔泰山哈那斯湖边，海拔 1350 m，1986.8.3，高向群 1855（HMAS-L 081562）。

文献记载：内蒙古（陈锡龄等 1981b，p.150；陈健斌 2011，p.497 as *Hypogymnia physdoes*），吉林（陈锡龄等 1981b，p.150 as *Hypogymnia physdoes*），黑龙江（陈锡龄等 1981b，p.150；罗光裕 1984，p.84 & 1986，p.161 as *Hypogymnia physdoes*），陕西（魏江春等 1982，p.30 as *Hypogymnia physdoes*），四川和云南（McCune and Wang 2014，p.57 as *Hypogymnia physdoes*），西藏（魏江春和陈健斌 1974，p.178 as *Hypogymnia physdoes*），新疆（王先业 1985，p.346；吴继农和阿不都拉·阿巴斯 1998，p.93 as *Hypogymnia physdoes*），台湾（Wang-Yang & Lai 1973，p.94 as *Parmelia physdoes*；赖明洲 1980a，p.211 as *Hypogymnia physdoes*）。

分布：亚洲、北美洲、欧洲、非洲、大洋洲。

地理成分：世界广布成分。

讨论：该种为本属的模式种。其标志性特征为裂片羽状分枝，顶端具有唇形粉芽堆，下表面无孔；髓层 P+，含有 physodalic acid。其与相似种 *H. vittata* 的区别在于后者均不具备该种的上述特征，且后者地衣体下表面宽于上表面而致使裂片具有明显的黑色镶边，此特征前者却不具备。该种的另一相似种为 *H. incurvoides*，两者区别见 *H. incurvoides* 的讨论部分。

12.26　类霜袋衣　图版 20.2

Hypogymnia pruinoidea X.L. Wei & J.C. Wei, Lichenologist **44**（6）：784，2012；McCune & Wang, Mycosphere **5**（1）：57，2014.

模式：陕西太白山，海拔 2800 m，2005.8.3，魏鑫丽 1727（HMAS-L 085011，holotype!）。

地衣体叶状，宽达 6 cm，软骨质，与基物疏松相连；裂片短，挨挤，大多数等二叉分枝，中空，宽 0.5~1 mm，长 0.5~2 mm，顶端钝圆；上表面灰绿色，皱褶，无光泽，覆盖薄薄的粉霜，或者粉霜仅限于裂片顶端，覆盖粉霜部分与裸露部分界限明显，粉霜晶型属于草酸钙石 III 晶型和水草酸钙石晶型（Wadsten and Moberg 1985）（图版 23. B）；无粉芽和裂芽，具小裂片；下表面顶端附近浅褐色，其余黑色，皱褶，无光泽，具孔，孔位于裂片顶端、下腋间和下表面，无边缘；偶见假根；髓层中空，上下髓层白色至浅褐色。子囊盘未见。分生孢子器大多聚生于裂片顶端，黑色，点状，陷于地衣体或微突起；

分生孢子纺锤形，大小为 6～7.5×1.0 μm。

化学：地衣体 K+黄色，P-；髓层 K+浅红褐色，KC+浅粉色，P-；含有 atranorin、physodic acid 和 3-hydroxyphysodic acid，大多数标本还含有 vittatolic acid。

基物：树皮。

研究标本(5 份)：

陕西 太白山，海拔 2800 m，2005.8.3，魏鑫丽 1728(HMAS-L 085009，paratype)，1729(HMAS-L 085010，paratype)；海拔 3136 m，2005.8.4，魏鑫丽 1662(HMAS-L 078959，paratype)，1663(HMAS-L 079049，paratype)，1664(HMAS-L 078953，paratype)。

文献记载：陕西(Wei and Wei 2012，p.787 as *Hypogymnia pruinoidea*)，四川(McCune and Wang 2014，P.57 as *Hypogymnia pruinoidea*)。

分布：中国。

地理成分：中国特有成分。

讨论：该种在形态上与 *H. pseudopruinosa* 相似，区别在于地衣体质地为软骨质，裂片等二叉分枝，穿孔多，位于裂片顶端、下腋间和下表面；而 *H. pseudopruinosa* 地衣体质地介于软骨质和纸质之间，裂片近二叉分枝，穿孔主要位于裂片顶端。该种与 *H. pruinosa* 也很相似，但区别在于 *H. pruinosa* 穿孔仅限于裂片顶端，地衣体含 alectoronic acid。

12.27 霜袋衣 图版 20.3

Hypogymnia pruinosa J.C. Wei & Y.M. Jiang, Acta Phytotax. Sin. **18**(3)：386，1980；Wei, Bull. Bot. Res. **1**(3)：84，1981；Wei & Jiang, Lichens Of Xizang：36，1986；Wei, Enum. Lich. China：117，1991；Wei & Wei, The Lichenologist **44**(6)：788，2012；McCune & Wang, Mycosphere **5**(1)：58，2014；

模式：西藏，1975.6.1，宗毓臣和廖寅章 215(HMAS-L 002652，holotype!)。

地衣体叶状，小型，宽 3.5 cm 左右，软骨质；裂片宽短型，宽 1～2 mm，长 2～4 mm，无缢缩，彼此挨挤，分枝少，顶端钝圆，多叉分枝，不同分枝挨挤，角度不明显，无黑色镶边；上表面浅黄褐色，不平坦，微皱褶，无光泽，覆盖白色粉霜，覆盖粉霜部分与裸露部分界限明显，粉霜晶型属于草酸钙石 II 晶型(Wadsten amd Moberg 1985)(图版 23.C)；无粉芽、裂芽和小裂片；下表面顶端附近褐色，其余黑色，皱褶，有光泽，具孔，孔主要位于裂片顶端，少量位于下腋间，圆形，直径 0.5 mm 左右，无边缘；偶见假根；髓层中空，上下髓层白色。上皮层深绿色至浅黄褐色，由假厚壁组织组成，厚 29.5～42 μm；藻层连续，绿色，厚 29.5～32 μm，藻细胞近球形，直径 7.5～8.5 μm；髓层菌丝无色，无隔，宽 2.5 μm 左右；下皮层墨绿色，由假薄壁组织组成，厚 19.5 μm 左右。子囊盘数量多，具柄，茶渍型(lecanorine)，幼小时果托与盘面同色，均为黄褐色，稍大一些时，果柄明显加粗，变短，表面具粉霜，中空；盘面深凹，光滑，有光泽；成熟子囊盘盘面微平，黄褐色，直径达 5 mm；子实上层浅黄褐色，厚 6.0～12.5 μm；子实层无色，透明，厚 24.5～32.5 μm；子囊倒梨形至棒状，大小为 4.0～8.0×18.5～24.5 μm，8 孢；孢子椭圆形，有的近圆形，单胞，无色，大小为 2.5～4.0×4.0～5.0 μm，侧丝有隔，顶端膨大，宽 2～3.5 μm；子实下层无色，紧密，厚度为 20.5～37.0 μm。分生孢子器散生，褐色至黑色，陷于地衣体或微突起；分生孢子棒状至双纺锤形，大小为 1.0×5.0 μm。

化学：地衣体 K+黄色，C-，KC-，P-；髓层 K+黄色，C-，KC-，P-；含有 atranorin 和 3 区一未知物质(254 nm 下呈现紫色荧光)。

基物：树皮。

研究标本(21 份)：

四川 稻城飞龙，海拔 3700 m，1983.7.31，苏京军，李滨，文华安 6029(HMAS-L 006707)；甘孜藏族自治州贡嘎山西坡六巴梭坡，海拔 3600 m，1982.8.4，王先业，肖勰，李滨 9438(HMAS-L 081659)；甘孜藏族自治州贡嘎西坡六巴德梯，海拔 3300 m，1982.7.26，王先业，肖勰，李滨 8925(HMAS-L 081660)；若尔盖县铁布，海拔 2500 m，1983.6.22，王先业和肖勰 11144(HMAS-L 081657)；下河坝，海拔 3100 m，1983.6.28，王先业和肖勰 11249(HMAS-L 081661)；

贵州 威宁县彝族回族自治县哲觉镇，海拔 2366 m，2014.4.28，韩国营 20140428008(HMAS-L 129533)。

云南 呈贡县，海拔 2050 m，Ahti T.，陈健斌，王立松 46703(HMAS-L 081573)；昆明西山，1960.11.2，赵继鼎和陈玉本 2079(HMAS-L 009546)；丽江县玉龙山云杉坪，海拔 3100 m，1981.8.3，王先业，肖勰，苏京军 4829(HMAS-L 081572)；丽江县玉龙山，Ahti T.，陈健斌，王立松 46630(HMAS-L 081662)，46164(HMAS-L 081658)；

西藏 察隅县日东帮果，海拔 3400 m，1982.9.13，苏京军 4603(HMAS-L 081877)；林芝八一至米林路上雪卡沟，海拔 3010 m，2004.7.21，魏鑫丽 1035(HMAS-L 081664)，1030(HMAS-L 081665)；米林县，海拔 3010 m，2004.7.21，黄满荣 1750(HMAS-L 081666)；左贡县扎义区，海拔 4300 m，1982.10.8，苏京军 5492(HMAS-L 081622)；

陕西 太白山大殿向上紫阳台，海拔 2500 m，2005.8.2，魏鑫丽 1624(HMAS-L 081879)；太白山大殿向上紫云台，海拔 2500 m，2005.8.2，魏鑫丽 1990(HMAS-L 081875)，1991(HMAS-L 081873)；太白山斗姆宫向上，海拔 2820 m，2005.8.3，魏鑫丽 1880(HMAS-L 085143)；太白山放羊寺以上，海拔 3300 m，2005.8.4，魏鑫丽 1722(HMAS-L 081876)。

文献记载：四川(Wei and Wei 2012，p.788；McCune and Wang 2014，p.58 as *Hypogymnia pruinosa*)，云南(魏江春 1981，p.84；Wei and Wei 2012，p.788；McCune and Wang 2014，p.58 as *Hypogymnia pruinosa*)，西藏(魏江春和姜玉梅 1986，p.36；McCune and Wang 2014，p.58 as *Hypogymnia pruinosa*)，陕西(Wei and Wei 2012，p.788 as *Hypogymnia pruinosa*)。

分布：中国。

地理成分：中国特有成分。

讨论：该种的标志性特征是地衣体上表面覆盖厚厚的白色粉霜层，且粉霜层边缘界限清晰，孔只位于裂片顶端。

12.28 拟粉袋衣 图版 20.4

Hypogymnia pseudobitteriana (D.D. Awasthi) D.D. Awasthi, Geophytology **1**：101，1971；

Lai，Quart. Journ. Taiwan Museum **33**（3，4）：211，1980a；Wei，Enum. Lich. China：117，1991；McCune & Wang，Mycosphere **5**（1）：59，2014.

≡ *Parmelia pseudobitteriana* D.D. Awasthi，Curr. Sci. **26**：123，1957；Wei，Enum. Lich. China：117，1991.

地衣体叶状，宽 5 cm 左右，质地柔软；裂片挨挤，顶端浅裂，不明显二叉分枝；上表面微皱，无光泽，灰褐色，顶端和上表面上皮层破损，沿破损处多密布颗粒状粉芽，无粉霜；下表面浅褐色，其余黑色，皱褶，无光泽，具孔，孔位于近顶端、下腋间和下表面；偶见假根，髓层中空，上髓层浅褐色至深褐色，下髓层暗色；子囊盘和分生孢子器未见。

化学：髓层 P-；含 atranorin、physodic acid、3-hydroxyphysodic acid。

基物：阔叶树和针叶树树皮。

研究标本（8 份）：

贵州　江口县梵净山，海拔 2100 m，1988.7.3，王立松 88-302（KUN）；

云南　景东县徐家坝，海拔 2600 m，1994.8.24，王立松 94-14391（KUN14525）；景东县哀牢山徐家坝，海拔 2400 m，2006.1，李苏 AL-048（KUN）；昆明，海拔 1900 m，1983.4.14，王立松 83-30c（KUN18163）；武定县狮子山，1988.7.28，王世琼，无号（KUN11001）；云龙县漕涧自奔山，2000.5.19，王立松 00-19533（KUN17913）；禄劝县轿子雪山，海拔 3700 m，2000.9.24，王立松 00-20432（KUN18187）；龙林县松山会战遗址，海拔 2000 m，2012.3.30，王立松 12-33453（KUN）。

文献记载：贵州和云南（McCune and Wang 2014，p.59 as *Hypogymnia pseudobitteriana*），台湾（赖明洲 1980a，p.211 as *Hypogymnia pseudobitteriana*）。

分布：东南亚（中国、印度、巴布亚新几内亚、菲律宾、泰国）。

地理成分：东亚成分，东亚分布型。

讨论：该种的标志性特征是地衣体质地柔软，粉芽表面生。该种与印度种 *H. zeylanica*（R. Sant.）D.D. Awasthi & Kr.P. Singh 在化学上非常相似，区别在于后者具裂芽。

12.29　假杯点袋衣　图版 20.5

Hypogymnia pseudocyphellata McCune & E.P. Martin，Bryologist，**106**（2）：233，2003；McCune & Wang，Mycosphere **5**（1）：59，2014.

Type：China. Yunnan Province，Zhong-dian Co.，TianChi（alpine lake），3750 m，Wang L. S.94-14916c（KUN，holotype!）.

地衣体贴生至近直立，纸质，裂片分散，二叉分枝；上表面浅褐色，无粉霜，具黑斑和黑色镶边；裂片顶端和裂腋具孔；下表面具稀疏的穿孔，孔有边缘；髓层中空；无粉芽和裂芽，偶有小裂片；分生孢子器稀疏，分生孢子未见。子囊盘未见。

化学：皮层 K+黄色，C-，P+浅黄色；髓层 K-，C-，P+橘黄色；含有 atranorin、barbatic acid 和五种未知物质。

基物：树皮。

研究标本（2 份）：

云南　丽江县老君山九十九龙潭石门，海拔 4100 m，2000.8.13，王立松 00-20248（KUN18080）；中甸县小中甸天池，1993，王立松 93-13683e（paratype，KUN）。

文献记载：云南（McCune and Wang 2014，p.59 as *Hypogymnia pseudocyphellata*）。

分布：中国。

地理成分：中国特有种。

讨论：该种的标志性特征是裂片顶端具有假杯点，且地衣体中含有 5 种独特的化学物质，在本属其他种中未见报道，另外该种具有 barbatic acid，不含 diffractaic acid。

12.30　拟指袋衣　图版 20.6

Hypogymnia pseudoenteromorpha Lai，Quart. Journ. Taiwan Museum **33**（3，4）：209，1980；Chen et al.，Fungi and Lichens of Shennongjia：429，1989；Wei，Enum. Lich. China：117，1991.

= *Hypogymnia enteromorpha* f. *inactiva*（Asahina）Kurok.，Misc. Bryol. Lichenol. **5**：129，1971；Wei，Bull. Bot. Res. **1**（3）：84，1981；Wei，Enum. Lich. China：117，1991. —*Parmelia enteromorpha* f. *inactiva* Asahina，Lichens of Japan，II，Genus Parmelia：37，1952；Zhao，Acta Phytoxax. Sin. **9**：142，1964；Wei & Chen，Report of Scientific Expedition of the Mt. Jolmo Lungma region：178，1974；Zhao et al.，Zhao et al.，Prodr. Lich. Sin.：12，1982；Wei，Enum. Lich. China：117，1991.

Type：Japan，Musasi Pref.：Chichibu，Mt. Mitumine-myohogatake，alt. 1300 m，Kurokawa 1956.5.6，Kurokawa 56132（US，holotype!）。

地衣体枝状，小型至大型，宽 4~14 cm，软骨质；分枝狭长，长度可达 3 cm，宽 1~2 mm，无缢缩，多分叉，顶端多为二等分叉，尖圆，分枝之间彼此挨挤，覆盖，无黑色镶边；上表面亮黄褐色，平坦，光滑，具明显光泽，有分生孢子器，黑点状，聚集生长于裂片近顶端附近，凹陷于地衣体内，分生孢子双纺锤形至棒状，大小为 1.0×5.0~6.0 μm；无粉芽和裂芽，具小裂片，小裂片数量多，位于分枝两侧，基部缢缩，顶端有的分叉，尖圆；下表面顶端浅褐色，其余黑色，皱褶，粗糙，无光泽，具孔，孔位于下表面和下腋间，圆形，直径 0.2~1 mm，具边缘；髓层中空，上髓层白色，下髓层顶端白色，其余深色。上皮层浅黄色，由假厚壁组织组成，厚 22~24.5 μm；藻层连续，黄绿色，厚 22 μm 左右，藻细胞近球形，直径 5~7.5 μm；下皮层浅绿色，由假薄壁组织组成，厚 10~12.5 μm。子囊盘具杯状柄，茶渍型，盘托薄，内卷，盘面深凹，浅红褐色，无光泽，直径 3~6 mm。子实上层浅黄色，厚 5~7.5 μm；子实层无色，厚 37~39.5 μm，子囊棒状，大小为 10×24.5~27 μm，内含 8 孢，孢子椭圆形至近球形，单胞，直径约 5 μm，侧丝有隔，无分枝，顶端膨大，宽 2.5 μm；子实下层无色，厚 49 μm。

化学：皮层 K-，C-，KC-，P-；髓层 K-，C+浅红色，KC+浅红色，P-；含有 atranorin、physodic acid 和 conphysodic acid。

基物：树皮和岩表。

研究标本（20 份）：

吉林　长白山北坡，海拔 1100 m，1977.8.8，魏江春 2814-1（HMAS-L 085146）；长

白山天池白山宾馆，海拔 1750 m，1984.8.25，卢效德 848350-1（HMAS-L 022377）；汪清秃老婆顶，海拔 1020 m，1984.8.6，卢效德 848083（HMAS-L 022376）；

黑龙江 呼中小白山，海拔 1180 m，2000.7.8，黄满荣和魏江春 147（HMAS-L 021672）；

湖北 神农架大神农架韭菜垭，海拔 2800 m，1984.7.27，魏江春和陈健斌 10738（HMAS-L 008000）；神农架猴子石对面山，海拔 2660 m，1984.7.12，陈健斌 10429（HMAS-L 007998）；神农架姐妹峰，海拔 3000 m，1984.8.2，陈健斌 11361-1（HMAS-L 007996），11360（HMAS-L 007997）；神农架神农顶，海拔 2950 m，1984.7.9，陈健斌 10339（HMAS-L 007999）；

四川 峨眉山千佛顶，海拔 3100 m，1964.11.14，魏江春 2259（HMAS-L 045363）；

云南 大理，王汉臣 1068（HMAS-L 003616），4827b（HMAS-L 003614），1067（HMAS-L 003615）；大理，1945.5.4，王汉臣 4823b（HMAS-L 003617）；丽江县雪山，海拔 3600 m，1960.12.8，赵继鼎和陈玉本 4395（HMAS-L 085149），4328（HMAS-L 085145）；

西藏 聂拉木县，海拔 3840 m，1966.6.22，魏江春和陈健斌 1814（HMAS-L 111180）；

陕西 太白山，桑志华 309（HMAS-L 003613）；太白山放羊寺附近，海拔 3200 m，1963.6.3，魏江春等 2581（HMAS-L 038698）；明星寺附近，海拔 2600 m，2004.7.17，魏江春等 2523（HMAS-L 028424）。

文献记载：湖北（陈健斌等 1989，p.429 as *Hypogymnia pseudoenteromorpha*），云南（赵继鼎 1964，p.142；赵继鼎等 1982，p.12 as *Parmelia enteromorpha*），西藏（魏江春和陈健斌 1974，p.178 as *Parmelia enteromorpha*），陕西（魏江春 1981，p.84 as *Hypogymnia enteromorpha* f. *inactiva*；赵继鼎 1964，p.142；赵继鼎等 1982，p.12 as *Parmelia enteromorpha*）。

分布：中国、日本。

地理成分：东亚成分，中国-日本分布型。

讨论：1980 年以前 *H. enteromorpha* 一度被报道在亚洲有分布，Lai（1980a）澄清了该问题，认为其在亚洲的报道实际为错误鉴定，同时报道了该种。这说明该种与 *H. enteromorpha* 有相似之处，研究过程中，作者借阅了 *H. pseudoenteromorpha* 的主模式（保藏于 US）和一份定名为 *H. enteromorpha* 的标本（保藏于 FH），发现两者外形区别较为明显，一为裂片的不同：*H. enteromorpha* 的裂片细长，弯曲回旋，而 *H. pseudoenteromorpha* 的裂片较之宽短，无弯曲；二为下表面的不同：*H. enteromorpha* 的下表面呈节肢状缢缩，*H. pseudoenteromorpha* 的下表面无此特征；三为孔的不同：*H. enteromorpha* 的孔数量极少，位于裂片顶端和下表面，而 *H. pseudoenteromorpha* 的孔数量较多，位于下腋间和下表面。该种最初发表时，作者未对子实体进行描述，本研究对此做了补充。

12.31 灰袋衣 图版 20.7

Hypogymnia pseudohypotrypa（Asahina）Ajay Singh，Lichenology in the Indian Subcontinent 1966-77（Lucknow）：2，1980.

≡ *Parmelia pseudohypotrypa* Asahina，in Nuno，Journ. Jap. Bot. **39**(4)：99，1964.

Type：Sikkim(Jongri-Gamotang). leg. M. Togashi, Bot. Exped. to Eastern India, 1960, in Herb. Asahina, now in TNS(holotype).

地衣体叶状，小型，宽3～5 cm，质地介于软骨质至易碎之间；裂片宽短型，长度5 mm左右，宽2～3 mm，无缢缩，多分枝，顶端等二叉分枝，截形，彼此挨挤交叠，偶具黑色镶边；上表面橄榄绿色至污绿色，局部平坦，光滑，有光泽，局部皱褶，粗糙，无光泽，有分生孢子器，点状，聚集生长于裂片近顶端附近，褐色至黑色，凹陷于地衣体内，分生孢子双纺锤形至棒状，大小为1.0×5.0～6.0 μm；无粉芽和裂芽，具小裂片，小裂片位于裂片两侧，数量多，个体小，基部缢缩；下表面顶端浅黄褐色，其余黑色，皱褶，粗糙，无光泽，具孔，孔位于裂片顶端、下腋间和下表面，圆形，直径0.2～1.5 mm，无边缘；偶见假根；髓层中空，上、下髓层均白色。上皮层浅褐色，由假厚壁组织组成，厚19.5～22 μm；藻层连续，鲜绿色，厚27～29.5 μm，藻细胞近球形，直径5～7.5 μm；下皮层深褐色，由假薄壁组织组成，厚17～19.5 μm。子囊盘未见。

化学：皮层 K+黄色，C-，KC-，P-；髓层 K+黄色，C-，KC-，P-；含有 atranorin 和 physodic acid。

基物：树皮。

研究标本(10 份)：

安徽 黄山狮子峰，海拔1600 m，1988.5.2，高向群 2846(HMAS-L 081566)；

云南 福贡县鹿马登欧鲁底碧罗雪山西坡，海拔3200 m，苏京军 0988(HMAS-L 081568)；维西县维登新化大队海子，海拔3500 m，1982.5.25，苏京军 0814(HMAS-L 081569)；

陕西 眉县太白山，海拔3120 m，2005.8.4，徐蕾 50346(HMAS-L 081936)，50345(HMAS-L 081937)；太白山大爷海至拔仙台，海拔2820 m，2005.8.5，魏鑫丽 1877(HMAS-L 081737)；太白山放羊寺向上，海拔2950 m，2005.8.4，魏鑫丽 1666(HMAS-L 081736)；太白山放羊寺以上，海拔3220 m，2005.8.4，魏鑫丽 1672(HMAS-L 081735)；太白山放羊寺以上，海拔2950 m，2005.8.4，魏鑫丽 1668(HMAS-L 081734)；太白山放羊寺以上，海拔3126 m，2005.8.4，魏鑫丽 1840(HMAS-L 081733)。

文献记载：西藏(魏江春 1991，p.117 as *Hypogymnia pseudohypotrypa*)。

分布：中国、印度(锡金)。

地理成分：东亚成分，中国-喜马拉雅分布型。

讨论：Singh(1980)和魏江春(1991)对该种均做了相同的处理，即将该种从 *Parmelia* 属组合到 *Hypogymnia* 属中，因时间先后问题，所以魏江春(1991)的分类学处理为无效发表。该种与 *H. hypotrypa* 外形相似，区别在于：该种上表面污绿色，而后者为黄绿色；该种上表面绝无粉芽，而后者有时具粉芽；该种地衣体含 atranorin，不含 usnic acid，后者相反。该种与 *H. sinica* 更为相似，唯一的区别在于该种上表面无粉芽，而 *H. sinica* 的上表面具微量粉芽。

12.32 拟霜袋衣 图版 20.8

Hypogymnia pseudopruinosa X.L. Wei & J.C. Wei, Mycotaxon **94**: 155, 2005; Wei & Wei, The Lichenologist **44**(6): 788, 2012; McCune & Wang, Mycosphere 5(1): 62, 2014.

模式: 云南德钦县, 高山柏枯枝, 海拔 4100 m, 1981.8.29, 王先业, 肖勰, 苏京军 7606(HMAS-L 081927, lectotype!)。

地衣体叶状, 与基物紧密相连, 软骨质至纸质; 裂片近二叉分枝, 长 5 mm, 宽 1~2 mm, 无缢缩, 顶端钝圆; 上表面灰绿色至暗黄褐色, 局部黑色, 平坦, 微皱褶, 近顶端覆盖厚厚的粉霜层, 且霜层有明显界限, 粉霜晶型属于水草酸钙石晶型(Wadsten and Moberg 1985)(图版 23.D); 有分生孢子器, 褐色至黑色, 点状, 聚集生长于裂片近顶端附近, 分生孢子小棒状, 微纺锤形, 个体小, 大小为 1.0×2.5 μm(极少至 5 μm); 无粉芽、裂芽和小裂片; 下表面顶端褐色, 其余黑色, 皱褶, 粗糙, 有光泽, 具孔, 孔数量少, 主要位于裂片顶端, 圆形, 直径 0.5~1.5 mm, 无边缘; 髓层中空, 上髓层白色至浅褐色, 下髓层白色至深褐色。上皮层浅黄色, 由假厚壁组织组成, 厚 12.5~14.5 μm; 藻层连续, 绿色, 厚 10~14.5 μm, 藻细胞近球形, 直径 7.5~9.5 μm; 髓层菌丝无色, 直径约 2 μm; 下皮层浅黄色, 由假厚壁组织组成, 厚约 10 μm。子囊盘数量少, 具柄, 杯状, 茶渍型, 盘托薄, 盘面凹陷至微平展, 黄褐色至红褐色, 有光泽, 直径 1~3 mm。子实上层浅黄褐色, 厚 7~9 μm; 子实层无色, 厚 32~36 μm, 子囊棒状, 大小为 23.5~25×8~14 μm, 含 8 孢, 孢子椭圆形至近圆形, 单胞, 无色, 大小为 5.5~7×3.5~4 μm, 侧丝有隔, 无分枝, 顶端微膨大, 宽 2 μm; 子实下层无色, 厚 27~36 μm。

化学: 上皮层 K+黄色, P-; 髓层 K+黄色, P-; 含有 atranorin 和 physodic acid。

基物: 树皮。

研究标本(7 份):

四川 马尔康县王家寨沟, 海拔 4160 m, 1958.6.18, 无号(HMAS-L 085150); 德格县, 海拔 3810 m, 2007.8.30, 王立松等 07-28282, 07-28284(KUN); 九龙县鸡丑山, 海拔 3700 m, 2009.9.10, 王立松 09-30933(KUN);

陕西 太白山斗母宫以下, 海拔 2600 m, 1988.7.10, 马承华 074(HMAS-L 081694); 太白山南坡, 海拔 3200 m, 2011.7.22, 魏鑫丽 w11139(HMAS-L 300042), w11143(HMAS-L 300048), w11150(HMAS-L 300125)。

文献记载: 云南(Wei and Wei 2012, p.788 as *Hypogymnia pseudopruinosa*), 陕西(Wei and Wei 2012, p.788; McCune and Wang 2014, p.62 as *Hypogymnia pseudopruinosa*)。

分布: 中国。

地理成分: 中国特有成分。

讨论: 该种与 *H. macrospora* 外形相似, 区别在于该种裂片近顶端覆盖厚厚的一层粉霜, 子囊孢子小。研究中发现该种的主模式中混有 *H. laccata*, 两种的裂片部分紧密交叠, 以致于 *H. pseudopruinosa* 在发表时表型描述中混杂了 *H. laccata* 的部分特征: 上表面具有光泽, 髓层 PD+(含有 physodalic acid)。按照国际植物命名法规 ICBN Art. 9.9, 重新指定了候选模式(Wei and Wei 2012)。

12.33 粉末袋衣 图版 21.1

Hypogymnia pulverata(Nyl.)Elix，Brunonia **2**：217，1979.

≡ *Parmelia mundata* var. *pulverata* Nyl. apud Cromb.，J. Linn. Soc. Bot. **17**：395，1879.

= *Parmelia physodes* var. *soluta* Müll. Arg.，Flora，Jena **66**：76，1883.

= *Parmelia subteres* var. *pulverulenta* A. Zahlbr.，Denkschr. Akad. Wiss.，Wien **104**：361，
　　1941.

= *Hypogymnia mundata* f. *sorediosa*(Bitt.)Rassad.，Bot. Mater. Gerb. Bot. Inst. V. A.
　　Komarova **11**：11，1956；Luo，Bull. Bot. Res. **6**(3)：161，1986；Wei，Acta Mycol.
　　Sin. Suppl. **I**：328，1986；Wei，Enum. Lich. China：116，1991. —*Parmelia mundata*
　　f. *sorediosa* Bitt.，Hedwigia **40**：255，1901；Wei，Enum. Lich. China：116，1991.

　　Type：*Lichen dendrosmae* on cortice *Dendrosmae lucida*，in sylvos umbrosia. Montis
Tabularis [Tasmania]，leg. R. Brown，No. 550，Iter Australiense 1802(BM，holotype!).

　　地衣体叶状，小型至大型，宽 4～13 cm，软骨质；裂片宽短型，长 2～6 mm，宽 1～
2 mm，无缢缩，多分枝，顶端二分叉或三分叉，顶端钝圆，裂片彼此挨挤交叠，无黑色
镶边；上表面灰色至黄褐色，无光泽，密布粉状粉芽，有分生孢子器，黑点状，几乎聚
集生长于裂片近顶端附近，分生孢子双纺锤形至棒状，大小为 1×5 μm；无裂芽，偶见小
裂片，小裂片位于裂片两侧，基部缢缩；下表面顶端褐色，其余黑色，皱褶，无光泽，
无孔；偶见假根；髓层中实，白色。上皮层浅黄色，由假厚壁组织组成，厚 14.5～19.5 μm；
藻层连续，黄绿色，厚 49～59 μm，藻细胞近球形，直径 5 μm；髓层无色，厚约 445.5 μm；
下皮层黑色，由假薄壁组织组成，厚约 10～12.5 μm。子囊盘未见。

　　化学：皮层 K+黄色，C-，KC-，P-；髓层 K+浅红色，C+黄色，KC+浅血红色，P+
橘黄色；含有 atranorin、physodalic acid 和 physodic acid。

　　基物：树皮。

　　研究标本(3 份)：

　　吉林　长白山北坡温泉站门口林边，海拔 1800 m，1977.8.5，魏江春 2720(HMAS-L
021666)；长白山冰场，海拔 1800 m，1977.8.16，魏江春 3022(HMAS-L 021665)；长白
山冰场，海拔 1800 m，1977.8.16，魏江春 3050-1(HMAS-L 021664)。

　　文献记载：吉林(魏江春 1986，p.328；罗光裕 1986，p.161 as *Hypogymnia mundata* f.
sorediosa)。

　　分布：中国、苏联、日本，大洋洲。

　　地理成分：东亚-大洋洲间断分布成分。

　　讨论：Wei(1986)报道了中国新记录 *H. mundata* f. *sorediosa*，并收录在其后的 *An
Enumeration of Lichens in China*(Wei 1991)中。但该名称之前已被处理为 *H. pulverata* 的异
名(Elix 1979；Lai 1980a)，故 Wei(1986)的报道间接证明了 *H. pulverata* 在中国的分布。
研究过程中借阅了 *H. pulverata* 的主模式(保藏于 BM)。该种的标志性特征为：上表面密
布粉状粉芽；髓层中实。本属目前已知髓层中实的种共有 4 个：*H. pulverata*、*H. mundata*、
H. tubularis(Bitter 1901；Elix 1979；Wei 1986)和 *H. oroarctica*(Krog 1974)。该种与 *H.
mundata* 的主要区别为：前者具粉芽，髓层 P+；后者具裂芽，髓层 P-。该种与 *H. tubularis*

的区别为：前者具粉状粉芽，裂片宽；后者无粉芽，裂片细小。该种与 *H. oroarctica* 的区别为：前者具粉状粉芽，裂片无结节；后者无粉芽，裂片有结节。

12.34　石生袋衣　图版 21.2

Hypogymnia saxicola McCune & L.S. Wang，Mycosphere **5**（1）：63，2014.

Type：China，Yunnan Province，Luquan County，Jiaozixue Mountain，north of Kunming，on top of shoulder of mountain，outcrops and *Rhododendron* and *Juniperus*（*Sabina*）scrub in subalpine，4200 m，rock crevices in cliff，2000.9，McCune 25561（holotype，KUN；isotype，OSC）.

地衣体贴伏状至近直立叶状，宽达 10 cm，纸质，易碎；裂片分枝多变，等二叉或非等二叉分枝，宽 0.5～2 mm；上表面灰色至深褐色，具黑斑，无黑色镶边，光滑，无粉霜；下表面具孔，孔位于裂片顶端、下腋间和下表面；髓层中空，上下髓层均暗褐色；子囊盘和分生孢子器未见。

化学：皮层 K+黄色，C-，KC-，P-；髓层 K-，KC+红色，P-；含有 atranorin、physodic acid 和 vittatolic acid。

基物：岩石，苔藓。

研究标本（2 份）：

四川　九龙县鸡丑山，海拔 4300 m，王立松 96-17426（KUN）；

云南　禄劝县轿子雪山，海拔 4100 m，1992 1.31，王立松 93-12923（KUN）。

文献记载：四川和云南（McCune and Wang 2014，p.63 as *Hypogymia saxicola*）。

分布：中国。

地理成分：中国特有成分。

讨论：该种生长基物为岩石，与生长于岩石的 *H. irregularis* 和 *H. vittata* 相似，区别在于该种下表面的穿孔稀疏，且大部分位于下表面中央，地衣体质地易碎；而 *H. irregularis* 穿孔数量多，且在下表面排列不规则，质地呈软骨质，不易碎。*Hypogymnia vittata* 有时也生于岩石，但其具有唇形粉芽堆。

12.35　中华袋衣　图版 21.3

Hypogymnia sinica J.C. Wei & Y.M. Jiang，Acta Phytotax. Sin. **18**：386，1980；Wei，Enum. Lich. China：117，1991；McCune & Wang，Mycosphere **5**（1）：64，2014.

模式：西藏，聂拉木曲乡德青塘附近，桦树皮，海拔 3600 m，1966.5.21，魏江春和陈健斌 1110（HMAS-L002655，holotype!），1117（HMAS-L 002656，paratype!）.

地衣体叶状，小型，宽 2～4 cm，易碎；裂片宽短型，长 5～10 mm，宽 2～4 mm，无缢缩，多分枝，顶端等二分叉，截形，彼此离散，具黑色镶边；上表面黄褐色，较平坦，微粗糙，无光泽，皮层破裂处形成微量粉芽，具分生孢子器，仅聚生于裂片顶端附近，分生孢子双纺锤形至棒状，大小为 1.0×5.0 μm；无裂芽和小裂片；下表面黑色，微皱褶，具光泽，有孔，孔位于裂片顶端、下腋间和下表面，圆形，直径 0.5～3 mm，有边缘；髓层中空，上髓层白色，下髓层深色。

上皮层浅黄褐色，由假厚壁组织组成，厚 14.5～17 μm；藻层连续，黄绿色，厚

24.5 µm，藻细胞近球形，直径 5 µm；下皮层浅褐色，由假薄壁组织组成，厚 14.5～17 µm。子囊盘未见。

化学：K+黄色，C-，KC-，P-；髓层 K+黄色，C-，KC-，P-；含有 atranorin 和 physodic acid。

基物：树皮。

研究标本(5 份)：

四川 松潘县黄龙，海拔 3180 m，2001.9.23，赵遵田和姜玉梅 S134-1(HMAS-L 082010)；

云南 禄劝县转龙乡轿子雪山，海拔 3814 m，2007.5.20，王立松等 07-27855(KUN)；海拔 3750 m，2006.9.26，王立松 06-27068(KUN)；云龙县漕涧自奔山，海拔 3150 m，2005.5.28，王立松 05-24374(KUN)；

西藏 聂拉木县，海拔 3660 m，1966.5.21，魏江春和陈健斌 1117(HMAS-L 002656)。

文献记载：云南(McCune and Wang 2014，p.64 as *Hypogymnia sinica*)，西藏(McCune and Wang 2014，p.64 as *Hypogymnia sinica*)。

分布：中国。

地理成分：中国特有成分。

讨论：该种与 *H. pseudohypotrypa* 相似，区别在于该种具微量粉芽。魏江春(1991)曾将该种处理为 *H. pseudohypotrypa* 的异名，但 McCune 和 Obermayer(2001)认为有无粉芽这一性状足以作为划分两种的依据，故重新将 *H. sinica* 提升为一独立种。由于目前缺乏其他方面的性状数据，作者暂遵循最新发表的文献，以两种对待，待日后加之更全面的数据予以检验。

12.36 长叶袋衣 图版 21.4

Hypogymnia stricta(Hillmann) K. Yoshida，Bull. natn. Sci. Mus.，Tokyo，**B 27**(2，3)：36，2001；McCune，The Bryologist **112**(4)：824，2009；McCune & Wang，Mycosphere **5**(1)：67，2014.

≡ *Parmelia elongata* var. *stricta* Hillmann，Repertorium Specierum Novarum Regni Vegetabilis，**45**：171-177，1938.

= *Hypogymnia vittata* f. *stricta*(Hillmann) Kurok.，Misc. Bryol. Lich. **5**：130，1971.

地衣体叶状，大型，宽度可达 12 cm 以上，软骨质；裂片细长，长 1～2 cm，宽 2 mm 左右，离散，顶端尖细，等二叉分枝；上表面灰绿色，平滑，无明显光泽，有时具白斑；无粉芽和裂芽，具小裂片；下表面顶端褐色，其余黑色，具孔，孔主要位于下腋间，偶见于下表面；髓层中空，上髓层白色至褐色，下髓层暗。子囊盘偶见，具柄，漏斗状，盘面直径 9 mm 左右，褐色；子囊孢子 5.5～7.0× 4.3～5.6 µm。分生孢子器常见，分生孢子微纺锤形，4.7～5.3× 0.9～1.1 µm。

化学：含有 atranorin、physodic、3-hydroxyphysodic acid 和 2'-*O*-methylphysodic acid。

基物：树皮。

研究标本(4 份)：

四川　小金县四姑娘山长瓶沟，海拔 3600 m，2002.6.1，王立松 02-21051（KUN18652）；木里县丫拉烧香梁子，海拔 3800 m，1983.8.22，王立松 83-1806（KUN5754）；

云南　中甸县大雪山，海拔 3800 m，2000.8.24，王立松 00-19819（KUN18127）；中甸县天宝山，海拔 3700 m，1981.6.5，黎兴江和王立松 81-25（KUN2008）。

文献记载：四川（McCune and Wang 2014，p.67 as *Hypogymnia stricta*），云南（McCune 2009，p.824；McCune and Wang 2014，p.67 as *Hypogymnia stricta*），台湾（McCune 2009，p.824；McCune and Wang 2014，p.67 as *Hypogymnia stricta*）。

分布：中国、日本。

地理成分：东亚成分，中国-日本分布型。

讨论：该种外形与不具粉芽的 *H. vittata* 相似，但髓层空腔颜色为白色至浅褐色，上皮层具横纹，常具侧向出芽和分枝。

12.37　节肢袋衣　图版 21.5

Hypogymnia subarticulata（J.D. Zhao，L.W. Hsu & Z.W. Sun）J.C. Wei & Y.M. Jiang，Lichens of Xizang：37，1986；Chen et al.，Fungi and Lichens of Shennongjia：429，1989；Wei，Enum. Lich. China：117，1991；McCune，The Bryologist **112**（4）：825，2009；McCune & Wang，Mycosphere **5**（1）：68，2014.

≡ *Parmelia vittata* var. *subarticulata* Zhao et al. Acta Phytotax. Sin. **16**（3）：95，1978；Zhao et al.，Prodr. Lich. Sin.：9，1982；Wei，Enum. Lich. China：117，1991.

模式：云南丽江玉龙山母猪沟，海拔 3000 m，1960.12，赵继鼎和陈玉本 4414（HMAS-L 002571，holotype!）。

地衣体叶状，小型，宽 3～4 cm，软骨质；裂片宽短型，长 5～6 mm，宽 1～2 mm，明显缢缩，多分枝，顶端等二分叉，浅裂，钝圆，具唇形粉芽堆，彼此挨挤交叠，有时具黑色镶边；上表面黄褐色，平坦，光滑，无光泽，具分生孢子器，仅聚生于裂片顶端附近，分生孢子双纺锤形至棒状，大小为 1.0×5.0 μm；无裂芽，具小裂片，小裂片位于裂片两侧，有的顶端二分叉，基部明显缢缩；下表面顶端深褐色，其余黑色，皱褶，粗糙，微具光泽，有孔，孔位于下腋间和下表面，近圆形，直径 0.2～1 mm，有边缘；偶见假根；髓层中空，上髓层白色，下髓层深色至黑色。上皮层深黄色，由假厚壁组织组成，厚 22～24.5 μm；藻层连续，淡绿色，厚 24.5 μm，藻细胞近球形，直径 5 μm；下皮层浅褐色，由假薄壁组织组成，厚 13.5～14.5 μm。子囊盘未见。

化学：皮层 K+黄色，C-，KC-，P-；髓层 K-，C-，KC-，P+橘黄色；含有 atranorin、physodalic acid、physodic acid 和 protocetraric acid。

基物：树皮和岩表藓土层。

研究标本（20 份）：

湖北　神农架，海拔 2300 m，魏江春 10968-1（HMAS-L 008002），10657-1（HMAS-L 008005）；神农架大神农架，海拔 3050 m，1984.7.27，陈健斌和魏江春 10914（HMAS-L 008004）；神农架神农架顶，海拔 2800 m，1984.7.9，陈健斌 10311-1（HMAS-L 008003）；

四川　Mt. Hengduan，alt. 3570 m，2000.8.13，W. Obermayer 09804（HMAS-L 082970）；

峨眉山金顶，海拔 3050 m，1994.6.2，陈健斌 6182-2（HMAS-L 081900）；峨眉山洗象池以上，海拔 2500 m，1963.8.16，赵继鼎和徐连旺 07456（HMAS-L 042411）；峨眉山太子坪，海拔 2800 m，1963.8.18，赵继鼎和徐连旺 8051（HMAS-L 081310）；

云南　丽江县玉龙山，海拔 2900 m，1987.8.22，R.Moberg & R. Santesson 7853-1（HMAS-L081324）；丽江县干河坝，1987.8.22，魏江春 9195（HMAS-L 081325）；丽江县干河坝，1987.8.22，魏江春 9196（HMAS-L 090697）；丽江县玉龙山黑水，海拔 3000 m，1981.8.4，王先业，肖勰，苏京军 4967（HMAS-L081323）；中甸县大雪山，海拔 4250 m，1981.9.8，王先业，肖勰，苏京军 7305（HMAS-L 009553）；中甸县大雪山垭口，海拔 4200 m，1981.9.7，王先业，肖勰，苏京军 7309（HMAS-L081313）；

西藏　波密县嘎瓦龙，海拔 3600 m，2004.7.17，魏鑫丽 890（HMAS-L 082023）；波密县松宗集镇，海拔 3120 m，2004.7.16，魏鑫丽 824（HMAS-L 081318）；工布江达县巴河镇巴松措，海拔 3500 m，2004.7.25，魏鑫丽 1079-1（HMAS-L 082022）；聂拉木县曲乡德青塘附近，海拔 3710 m，1966.5.21，魏江春和陈健斌 1119-1（HMAS-L 003005）；

陕西　太白山北坡明星寺，海拔 3100 m，1992.7.28，陈健斌和贺青 6182（HMAS-L 080482），6179（HMAS-L 080481）。

文献记载：湖北（陈健斌等 1989，p.429 as *Hypogymnia subarticulata*），四川（McCune and Wang 2014，p.68 as *Hypogymnia subarticulata*），云南（赵继鼎等 1978 p.95 & 1982，p.9 as *Parmelia vittata* var. *subarticulata*；McCune and Wang 2014，p.68 as *Hypogymnia subarticulata*），西藏（魏江春和姜玉梅 1986，p.37 as *Hypogymnia subarticulata*），台湾（McCune 2009，p.825 as *Hypogymnia subarticulata*）。

分布：中国。

地理成分：中国特有成分。

讨论：该种与 *H. vittata* 相似，区别在于该种裂片缢缩，含有 physodalic acid。

12.38　亚壳袋衣　图版 21.6

Hypogymnia subcrustacea (Flot.) Kurok., Misc. bryol. lichen., Nichinan 5（9）：130，1971；
　　Wei, Acta Mycol. Sin. Suppl. I：381，1986；Wei, Enum. Lich. China：117，1991.
　≡ *Imbricaria physodes* f. *subcrustacea* Flot., Koerb. Lichenogr. Germ. Specimen：11，1846；
　　Wei，Enum. Lich. China：117，1991.— *Parmelia physodes* var. *subcrustacea* (Flot.) Zahlbruckner, Cat. Lich. Univ. **10**：530，1940. — *Hypogymnia physodes* f. *subcrustacea* (Flot.) Rassad. Nov. System. Plant. non vascul.：291，1967.

地衣体叶状，小型，宽 3～5 cm，软骨质；裂片宽短型，长 5～6 mm，宽 2～3 mm，无缢缩，类羽状分枝，顶端浅裂，无规则分叉，钝圆，彼此离散，无黑色镶边；上表面土黄色，平坦，较滑，无光泽，有裂芽，小疣状，具分生孢子器，黑点状，仅聚生于裂片顶端附近，分生孢子双纺锤形至棒状，大小为 1.0×5.0 μm；无粉芽，具小裂片，小裂片位于裂片两侧，其上亦具裂芽，基部无缢缩；下表面顶端红褐色，其余黑色，微皱褶，较光滑，具光泽，有孔，孔数量极少，只位于下表面，圆形，直径 0.1～1 mm，无边缘；偶见假根；髓层中空，上髓层白色，下髓层顶端白色，其余深色。上皮层黄褐色，由假厚壁组织组成，厚 12.5～14.5 μm；藻层连续，黄绿色，厚 24.5 μm，藻细胞近球形，直径 5～7.5 μm；下皮层浅黑色，由假薄壁组织组成，厚 22～24.5 μm。子囊盘未见。

化学：皮层 K+黄色，C-，KC-，P-；髓层 K+黄色，C+浅红色，KC-，P+橘黄色；含有 atranorin、physodalic acid、physodic acid 和 conphysodic acid。

基物：树皮。

研究标本(2 份)：

吉林　长白山，海拔 1100 m，1985.6.24，卢效德 0123(HMAS-L 022400)；

黑龙江　穆棱三新山林场，1977.7.22，魏江春 2590(HMAS-L 012582)。

文献记载：黑龙江(魏江春 1986，p.381 as *Hypogymnia subcrustacea*)。

分布：中国、日本。

地理成分：东亚成分，中国-日本分布型。

讨论：该种的标志性特征为上表面具裂芽，孔仅位于下表面，且数量极少。这与 Wei(1986)报道的该种下表面无孔有出入。该种与 *H. hokkaidensis* 相似，区别在于，该种下表面有孔；地衣体中含有 physodalic acid。

12.39　腋圆袋衣　图版 21.7

Hypogymnia subduplicata(Rassad.)Rassad.，Nov. Syst. non Vascul.(Acad. Sci. URSS. Inst. Bot. nominee V.L. Komarovii)，**10**：196-200，1973；Luo，Bull. Bot. Res. **6**(3)：163，1986；Chen et al.，Fungi and Lichens of Shennongjia：430，1989；Wei，Enum. Lich. China：117，1991.

　≡ *Parmelia subduplicata* Rassad. Bot. Materialy(Notul. System. e Sect. Cryptog. Inst. Bot. nominee V.L. Komarovii Acad. Sci. URSS)，**9**：14，1953；Wei，Enum. Lich. China：117，1991.

12.39.1　原变种

var. subduplicata

地衣体叶状，小型至大型，宽 2～11 cm；质地脆弱，易碎；裂片狭长型，长 5～15 mm，1～2 mm，无缢缩，重复分枝，顶端钝圆，二等分叉，彼此离散，无黑色镶边，顶端具有唇形粉芽堆，两侧具小裂片，肿胀，基部缢缩，有些小裂片顶端也具有唇形粉芽堆；上表面浅黄褐色，平滑，具光泽；下表面顶端浅褐色，其余黑色，皱褶，有光泽，裂片顶端、下腋间和下表面均具孔，孔圆形，直径 0.2～0.5 mm，无边缘；偶见假根；髓层中空，上髓层白色，下髓层近顶端白色，其余深褐色。上皮层淡黄色，由假厚壁组织组成，厚 17.0～22.0 μm；藻层连续，厚 24.5 μm 左右，藻细胞球形，直径 7.5～10.0 μm，为 *Trebouxia*；髓层中空，厚度无法度量；下皮层浅褐色，由假薄壁组织组成，厚 12.5～14.5 μm。子囊盘和分生孢子器未见。

化学：上皮层 K+黄色，C-，KC-，P-；髓层 K+淡红色，C+淡红色，KC-，P-；含有 atranorin、physodic acid，(±)conphysodic acid。

基物：树皮。

研究标本(52 份)：

吉林 长白山天文峰，海拔 1900 m，1984.8.28，卢效德 848417-1（HMAS-L 081304）；长白山，海拔 1100 m，1985.6.24，卢效德 0150（HMAS-L 081252）；长白山北坡岳桦林内，海拔 1900 m，1977.8.10，魏江春 2900-3（HMAS-L 006711）；长白山冰场，海拔 1800 m，1977.8.16，魏江春 3019（HMAS-L 006712）；长白山天池冰场下，海拔 1680 m，1984.8.25，卢效德 848353（HMAS-L 081268），848355-5（HMAS-L 081254）；汪清县秃老婆顶北坡，1996.6.11，魏江春等 273（HMAS-L 081267）；长白山小天池，海拔 1700 m，1977.8.12，魏江春 2909（HMAS-L 006714）；长白县杜香道班途中 60 km，海拔 1700 m，1983.7.27，魏江春和陈健斌 6204-1（HMAS-L 081255）；

黑龙江 马林林场，海拔 500 m，1984.8.3，高向群 078-1（HMAS-L 081303）；蒙克山林场，海拔 700 m，1984.8.26，高向群 284-1（HMAS-L 081302）；穆棱市三新山林场，1977.7.21，魏江春 2552-3（HMAS-L 081298），2586-1（HMAS-L 081297）；

湖北 神农架，海拔 2390 m，1984.8.4，陈健斌 11501（HMAS-L 008008）；神农架，海拔 2300 m，1984.8.3，陈健斌和魏江春 11387（HMAS-L 008006）；神农架大龙潭，海拔 2350 m，1984.7.8，陈健斌 10200（HMAS-L 008007）；神农架大龙潭，海拔 2300 m，1984.7.8，陈健斌 10198（HMAS-L 008010）；神农架小龙潭气象站，海拔 2300 m，1984.7.23，魏江春和陈健斌 10657（HMAS-L 008009）；

四川 马尔康县梦笔山，海拔 3700 m，1983.7.4，王先业和肖勰 11459（HMAS-L 085164），11453（HMAS-L 085162）；峨眉山金顶，海拔 3050 m，2001.9.27，赵遵田和姜玉梅 S250（HMAS-L 033926）；峨眉山金顶，海拔 3050 m，1994.6.2，陈健斌 6182（HMAS-L 081852）；甘孜藏族自治州贡嘎山西坡贡嘎湾，海拔 3750 m，1982.7.30，王先业，肖勰，李滨 9206（HMAS-L 081253）；九寨沟，桦树，海拔 2950 m，1983.6.8，王先业和肖勰 10174（HMAS-L 081305）；木里县宁朗山西坡，海拔 3800 m，1982.6.8，王先业，肖勰，李滨 8046（HMAS-L 042386）；松潘县黄龙，树皮，海拔 3180 m，2001.9.23，S134-2；卧龙巴郎江口，1994.6.9，陈健斌 6323-2（HMAS-L 081853）；卧龙贝母坪，海拔 3300 m，1982.8.19，王先业，肖勰，李滨 9557（HMAS-L 081270）；乡城县大雪山，海拔 4150 m，1981.9.8，王先业，肖勰，苏京军 6210（HMAS-L 081308）；小金县巴郎山磨子沟，海拔 2900 m，1982.9.4，王先业，肖勰，李滨 9965（HMAS-L 081857）；雅江县剪子弯山，海拔 3800 m，1983.8.6，苏京军，李滨，文华安 6058（HMAS-L 045374）；

云南 德钦县，海拔 4000 m，1984.4.5，王先业，肖勰，苏京军 3463（HMAS-L 081258）；丽江县玉龙山，海拔 3300 m，1980.11.12，姜玉梅 343-1（HMAS-L 006722）；维西县碧罗雪山，海拔 3000 m，1981.7.11，王先业，肖勰，苏京军 6470（HMAS-L 081623）；中甸县大雪山，海拔 2950 m，1981.9.7，王先业，肖勰，苏京军 6266（HMAS-L 081256）；中甸县小中甸林场，海拔 3600 m，1981.8.22，王先业，肖勰，苏京军 6734（HMAS-L 081269）；

西藏 Mt. Himalaya, alt. 4140 m, 1989.9.24，B.Dickor K-84-10（HMAS-L 082973）；波密县松宗集镇，海拔 3210 m，2004.7.16，魏鑫丽 856（HMAS-L 081292）；波密县松宗集镇，海拔 3230 m，2004.7.16，黄满荣 1577（HMAS-L 081293）；察隅县察瓦龙永枝，1935.8.1，王启无 21575（HMAS-L 081271）；工布江达县巴河镇巴松措公路旁，海拔 3500 m，2004.7.25，魏鑫丽 1087-1（HMAS-L 081277）；林芝县鲁朗镇，海拔 3100 m，2004.7.19，

黄满荣 1733（HMAS-L 081290）；聂拉木县曲乡，海拔 3670 m，1966.5.21，魏江春和陈健斌 1140（HMAS-L 006718）；聂拉木曲乡，海拔 3660 m，1966.5.21，魏江春和陈健斌 1118（HMAS-L 081251）；聂拉木县曲乡，海拔 3580 m，1966.5.20，魏江春和陈健斌 1029-1（HMAS-L 006720）；

陕西 太白山北坡斗母宫至平安寺，海拔 2750 m，1992.7.26，陈健斌和贺青 5876（HMAS-L 081858）；太白山明星寺以上，海拔 2940 m，2005.8.4，魏鑫丽 1679（HMAS-L 081869）；太白山明星寺以上，海拔 2950 m，2005.8.4，魏鑫丽 1827（HMAS-L 081866）；太白山明星寺至文公庙路上，海拔 2970 m，2005.8.4，魏鑫丽 1685（HMAS-L 081867）；

甘肃 迭部县虎头山，海拔 3500 m，2006.7.25，贾泽峰 GS4（HMAS-L 129418）；海拔 3350 m，贾泽峰 GS117（HMAS-L 129417）；海拔 3720 m，贾泽峰 GS103-1（HMAS-L 129416）；海拔 3450 m，贾泽峰 GS30（HMAS-L 129415）。

文献记载：黑龙江（罗光裕 1986，p.163 as *Hypogymnia subduplicata*），湖北（陈健斌等 1989，p.430 as *Hypogymnia subduplicata*）。

分布：中国、俄罗斯远东。

地理成分：东亚成分，中国-远东分布型。

讨论：该种与 *H. physodes* 和 *H. vittata* 外形相似，与前者的区别在于本种裂腋宽圆，下表面具孔，地衣体中不含 physodalic aicd；与后者的区别在于本种裂腋宽圆，裂片顶端具孔，上表面宽于下表面。

12.39.2 裂片近直立变种　图版 21.8

var. **suberecta** Luo, Bull. Bot. Res. **6**（3）：164；Wei, Enum. Lich. China：118，1991.

Type: Jilin, Mt. Changbai, 1852-1900 m, 1984, Luo G.Y. no. 1757-1（NEFI, holotype）.

地衣体近枝状，中等大小，宽 4～6 cm；质地脆弱，易碎；分枝近直立状，长 4～8 mm，宽 1～2 mm，无缢缩，重复分枝，顶端钝圆，二等分叉，彼此离散，无黑色镶边，顶端具有唇形粉芽堆，两侧具小裂片，肿胀，基部缢缩，顶端具有唇形粉芽堆；上表面浅黄褐色，较平滑，有光泽，老分枝上具明显乳突和小裂片；下表面顶端浅褐色，其余黑色，皱褶，有光泽，裂片顶端、下腋间和下表面均具孔，孔圆形，直径 0.2～0.5 mm，无边缘；髓层中空，上髓层白色，下髓层近顶端白色，其余深褐色。上皮层淡黄色，由假厚壁组织组成，厚 17.0～22.0 μm；藻层连续，厚 24.5 μm 左右，藻细胞球形，直径 7.5～10.0 μm，为 *Trebouxia*；下皮层浅褐色，由假薄壁组织组成，厚 12.5～14.5 μm。子囊盘和分生孢子器未见。

化学：上皮层 K+黄色，C-，KC-，P-；髓层 K+淡红色，C+淡红色，KC-，P-；含有 atranorin、physodic acid，（±）conphysodic acid。

基物：树皮。

研究标本（1 份）：

吉林 长白山白山宾馆东岳桦林中，海拔 1750 m，1984.8.28，卢效德 848421-13（HMAS-L 037445）。

文献记载：吉林（罗光裕 1986，p.164 as *Hypogymnia subduplicata* var. *suberecta*）。

分布：中国。

地理成分：中国特有成分。

讨论：该变种与原变种的区别在于，裂片大多直立；老裂片上表面具明显乳突和小裂片。

12.40　亚粉袋衣　图版 22.1

Hypogymnia subfarinacea X.L. Wei & J.C. Wei，Mycotaxon **94**：156，2005；Wei & Wei，The Lichenologist **44**(6)：789，2012.

模式：四川南坪县九寨沟，铁杉树干，海拔 2151 m，1983.6.10，王先业和肖勰 10582（HMAS-L 081924，holotype!）。

地衣体叶状，小型，宽 2.5～4 cm，软骨质；裂片宽短型，长 3～5 mm，宽 1.5～2.5 mm，无缢缩，多分枝，顶端钝圆，多为二分叉，裂片彼此挨挤，无黑色镶边；上表面灰褐色，平坦，微皱褶，晦暗，无光泽，常脱落，密布颗粒状粉芽，成堆存在，有时连接在一起形成囊状结构，近顶端覆盖薄薄的粉霜层，霜层无界限，粉霜晶型属于草酸钙石 II 晶型和水草酸钙石晶型（Wadsten and Moberg 1985）（图版 23.E）；无裂芽和小裂片；下表面顶端褐色，其余黑色，皱褶，粗糙，有光泽，具孔，孔数量多，位于下腋间和下表面，圆形，直径一般 2 mm，具边缘；偶见假根；髓层中空，上、下髓层均白色。上皮层浅黄色，由假厚壁组织组成，厚约 14.5 μm；藻层连续，绿色，厚 20.5～22.5 μm，藻细胞近球形，直径 7.5～10 μm；下皮层浅褐色，由假薄壁组织组成，厚 12～14.5 μm。子囊盘和分生孢子器未见。

化学：上皮层 K-，C-，KC-，P-；髓层 K+黄色，C-，KC-，P+橘黄色，瞬间变为橘红色；含有 atranorin、physodalic acid、physodic acid、conphysodic acid 和 protocetraric acid。

基物：树皮和地上。

研究标本(5 份)：

云南　丽江县玉龙山，海拔 2900 m，1981.8.8，王先业，肖勰，苏京军 6456（HMAS-L 082993），6896（HMAS-L 009549）；海拔 2600 m，1981.8.11，王先业，肖勰，苏京军 7781（HMAS-L 009548）；维西县攀天阁，海拔 2500 m，1981.7.25，王先业，肖勰，苏京军 4231（HMAS-L 082990）；

西藏　察隅县，海拔 3250 m，无号（HMAS-L 082992）。

文献记载：云南（Wei and Wei 2012，p.789 as *Hypogymnia subfarinacea*）。

分布：中国。

地理成分：中国特有成分。

讨论：该种与 *H. farinacea* 外形相似，区别在于，该种裂片离散；裂片近顶端覆盖粉霜；地衣体含有 physodalic acid。与该种相似的另一种为 *H. pseudophysodes*，但两者的主要区别在于，该种的裂片顶端附近具粉霜；粉芽堆形状特殊；穿孔不位于裂片顶端。

12.41　亚洁袋衣粉芽变型　图版 22.2

Hypogymnia submundata f. **baculosorediosa** Rass.，the Academy of Sciences of the U.S.S.R. Handbook of the lichens of the U.S.S.R.，297，1971；Chen et al.，J. NE Forestry Inst. **4**：

150，1981b；Wei，Enum. Lich. China：118，1991.

地衣体叶状，小型，宽 3 cm 左右，软骨质；裂片宽短型，长 2～5 mm，宽 1～2 mm，无缢缩，多分枝，顶端等二分叉，钝圆，上卷，彼此挨挤交叠，无黑色镶边；上表面污绿色，较平坦，微皱褶，无光泽，近顶端密布粉芽；无裂芽，具小裂片，小裂片位于裂片两侧，上表面密布粉芽，顶端二分叉，基部缢缩；下表面顶端褐色，其余黑色，皱褶，粗糙，无光泽，有孔，孔仅位于下表面，圆形，直径 0.2～1.5 mm，无边缘；偶见假根；髓层中空，上髓层白色，下髓层顶端白色，其余深色。上皮层浅黄色，由假厚壁组织组成，厚 14.5～17.5 μm；藻层连续，黄绿色，厚 24.5 μm 左右，藻细胞近球形，直径 5～7.5 μm；下皮层浅绿色至浅褐色，由假薄壁组织组成，厚 12.5～14.5 μm。子囊盘和分生孢子器未见。

化学：皮层 K+黄色，C-，KC-，P-；髓层 K-，C-，KC-，P-；含有 atranorin、physodic acid 和 conphysodic acid。

基物：树皮。

研究标本（26 份）：

吉林　长白山，海拔 1100 m，1985.6.24，卢效德 0164-1（HMAS-L 081578）；长白山，海拔 1760 m，1985.6.27，卢效德 0324-1（HMAS-L 081577）；长白山，海拔 1700 m，1985.7.27，卢效德 0948（HMAS-L 081576）；长白山，海拔 1700 m，1985.7.30，卢效德 0947（HMAS-L 022395）；长白山梯子河，海拔 1650 m，1985.8.1，卢效德 1052（HMAS-L 022399）；1985.8.3，卢效德 1256（HMAS-L 022396）；长白山天池林场，海拔 1680 m，1984.8.25，卢效德 848355-3（HMAS-L 022394）；长白山维东边防哨所温泉旁，云杉枯枝，海拔 1540 m，1983.8.7，魏江春和陈健斌 6684（HMAS-L006724）；长白维东哨所，1983.8.8，魏江春和陈健斌 6748（HMAS-L 006723）；汪清县秃老婆顶，海拔 900 m，1984.8.6，卢效德 848077-6（HMAS-L 022398）；汪清县响水，1984.8，卢效德 848000-4（HMAS-L 022397）；

黑龙江　呼中小白山，海拔 1400 m，2002.7.25，陈健斌和胡光荣 21588（HMAS-L 030696）；穆棱市三新山林场苗圃后沟，1977.7.21，魏江春 2552-2（HMAS-L 003629）；

安徽　黄山光明顶，海拔 1800 m，1962.8.23，赵继鼎和徐连旺 5832（HMAS-L 003620）；黄山狮子峰，海拔 1610 m，1962.8.22，赵继鼎和徐连旺 5749（HMAS-L 003630），5745（HMAS-L 003622），5748（HMAS-L 003621）；1962.8.20，赵继鼎和徐连旺 5488（HMAS-L 003619），5515（HMAS-L 003623），5498（HMAS-L 003624）；

贵州　梵净山，海拔 1500 m，2004.8.5，魏江春和张涛 G491-3（HMAS-L 083271）；海拔 2030 m，2004.8.3，魏江春和张涛 G582（HMAS-L 083277）；

云南　保山县高黎贡山林场，海拔 2500 m，1980.12.9，姜玉梅 913（HMAS-L 003628），919（HMAS-L 003626），728-5（HMAS-L 003627）；海拔 2400 m，1980.12.9，姜玉梅 731-1（HMAS-L 003625）。

文献记载：内蒙古和吉林（陈锡龄等 1981b，p.150 as *Hypogymnia submundata*），贵州（Zhang 2006，p.8 as *Hypogymnia submundata*）。

分布：中国、日本。

地理成分：东亚成分，中国-日本分布型。

讨论：该种与 H. farinacea 相似，区别在于该种上皮层不易破碎，粉芽较之后者少，且只分布于裂片近顶端处。

12.42 亚霜袋衣　图版 22.3

Hypogymnia subpruinosa J.B. Chen，Acta Mycol. Sin. **13**(2)：107，1994；Wei & Wei，The Lichenologist **44**(6)：790，2012；McCune & Wang，Mycosphere **5**(1)：70，2014.

模式：云南中甸，小中甸，海拔 3600 m，高山柏树皮，1981.8.22，王先业，肖勰，苏京军 7094(HMAS-L 013351，holotype!)。

地衣体叶状，中等大小，宽 6～7 mm，软骨质，但皮层易碎；裂片宽短，扭曲变形，挨挤，长 1 cm 左右，宽约 2 mm，无黑色镶边，不规则浅裂，有时末端微呈二叉，钝圆，边缘平展；上表面黄褐色，微具光泽至无光泽，中央部分皱褶，隆起似腊肠状，近边缘平坦处和上表面(数量少)覆盖薄薄的粉霜层，顶端粉霜无界限，上表面的粉霜有明显界限，粉霜晶型属于草酸钙石 III 晶型和水草酸钙石晶型(Wadsten and Moberg 1985)(图版 23.F)；分生孢子器数量多，分布于上表面，幼时褐色，陷于皮层中，成熟后黑色，微鼓起，分生孢子棒状，个体偏小，大小为 $1.0 \times 2.5 \sim 3.5$ μm(极少至 5 μm)；无粉芽、裂芽和小裂片；下表面顶端深褐色，其余黑色，皱褶，有光泽；具孔，但数量少，只位于近顶端附近，圆形，直径 0.5～1 mm，无边缘；偶见假根；髓层中空，上、下髓层均呈白色。上皮层淡黄褐色，由假厚壁组织组成，厚 24.5～29.5 μm；藻层连续，黄绿色，厚 24.5 μm 左右，藻细胞近球形，直径 10 μm 左右，为 Trebouxia；下皮层浅绿色至黑色，由假薄壁组织组成，厚 12.5～22 μm。子囊盘茶渍型，具短柄，柄呈坛状，干瘪，盘面凹陷，褐色，有光泽，直径 1～6 mm。子实上层淡黄褐色，厚度 7.5～14.5 μm；子实层无色，厚度 27.0～36.5(～39)μm，子囊无色，棒状，$29 \sim 39 \times 13 \sim 20$ μm，子囊内 8 孢，孢子单胞，无色，亚圆形至椭圆形，$4.5 \sim 6.0 \times 6.0 \sim 7.5$ μm；侧丝无色，分枝有隔，直径 1～1.5 μm；子实下层无色，厚度 30.5～42.5(～49)μm。

化学：上皮层 K+黄色，C-，KC+黄红色，P-；髓层 K+黄色，C-，KC-，P+橘红色；含有 atranorin、physodic acid、physodalic acid、conphysodic acid 和 protocetraic acid。

基物：树皮。

研究标本(20 份)：

黑龙江　带岭凉水林场，无号(HMAS-L 081688)；

四川　巴塘县，海拔 4220 m，1994.6.26，G. Miehe & U. Wündisch 94-12-23/02(HMAS-L 082978)；马尔康县梦笔山，海拔 3700 m，1983.7.4，王先业和肖勰 11503(HMAS-L 033911)；马尔康县王家寨沟 14 沟，海拔 4160 m，1958.6.18，无号(HMAS-L 045365)；松潘县黄龙，海拔 3180 m，2001.9.23，赵遵田等 S145(HMAS-L 033924)；若尔盖县铁布，海拔 2500 m，1983.6.22，王先业和肖勰 11131(HMAS-L 081691)；下阿坝，海拔 3100 m，1983.6.28，王先业和肖勰 11213(HMAS-L 032868)；

云南　丽江县干河坝，1987.8.22，魏江春 9196-2(HMAS-L 081687)；丽江县玉龙山白水河谷，海拔 2900 m，1981.8.8，王先业，肖勰，苏京军 4920(HMAS-L 081685)；中甸县吉沙林场，海拔 3500 m，1981.8.20，王先业，肖勰，苏京军 5503(HMAS-L 081898)；

中甸县林业局天宝山，海拔 3800 m，1981.8.19，王先业，肖勰，苏京军 6808（HMAS-L 081899）；

陕西 海拔 4200 m，1994.8.26，W.Obermayer 7419（HMAS-L 083048）；海拔 4245 m，1994.9.16，G. & S.Miehe & U.Wündisch 94316/04-1（HMAS-L 082979）；察隅，枯枝，海拔 4100 m，s.n.；察隅县，海拔 4100 m，无号（HMAS-L 081686）；林芝县八一至米林路上雪卡沟，海拔 3010 m，2004.7.21，魏鑫丽 1036（HMAS-L 0035127）；米林县公路附近，海拔 3011 m，2004.7.20，胡光荣 h452（HMAS-L 082016）；左贡县扎义来得梅里西坡，海拔 4100 m，1982.10.8，苏京军 5444（HMAS-L 081693）；海拔 4200 m，1982.10.8，苏京军 5439-1（HMAS-L 081692）；海拔 4300 m，1982.10.8，苏京军 5490（HMAS-L 081690）；

陕西 太白山放羊寺以上，海拔 3126 m，2005.8.4，魏鑫丽 1675（HMAS-L 081897）。

文献记载：黑龙江（Wei and Wei 2012, p.790 as *Hypogymnia subpruinosa*），四川（Wei and Wei 2012, p.790；McCune and Wang 2014, p.70 as *Hypogymnia subpruinosa*），西藏（Wei and Wei 2012, p.790；McCune and Wang 2014, p.70 as *Hypogymnia subpruinosa*），陕西（Wei and Wei 2012, p.790 as *Hypogymnia subpruinosa*）。

分布：中国。

地理成分：中国特有成分。

讨论：该种与 *H. pruinosa* 外形相似，区别在于，该种的粉霜主要分布于裂片近边缘处，且霜层较薄；孔只位于下表面近顶端处；地衣体内含有 physodic acid 和 physodalic acid。

12.43　台湾高山袋衣　图版 22.4

Hypogymnia taiwanalpina M.J.Lai，Quart. Journ. Taiwan Museum **33**（3，4）：212，1980b；Wei，Enum. Lich. China：118，1991.

Type：Taiwan，Taichung County：Mt. Sylvia，ca. 2800 m，Lai 9300（US，isotype!）.

地衣体叶状，小型，宽 3～5 cm，软骨质；裂片细长型，长大于 10 mm，宽 1～2 mm，无缢缩，多分枝，顶端二叉分枝，尖细，彼此离散，具黑色镶边；上表面浅灰黄色，不平坦，多小瘤状乳突，无光泽；无粉芽和裂芽，具小裂片，小裂片位于裂片两侧，顶端尖细，基部缢缩；下表面黑色，皱褶，粗糙，无光泽，有孔，孔位于下腋间和下表面，圆形，直径 1～1.5 mm，无边缘；髓层中空，上髓层白色，下髓层暗色至黑色。子囊盘常见，具短柄，茶渍型，盘托薄，盘面微凹陷至凸起，较平滑，无光泽，黄褐色，直径一般大于 10 mm；未见子囊孢子。分生孢子器未见。

化学：含有 atranorin、physodic acid、physodalic acid、protocetraric acid，（±）conphysodic acid。

基物：树皮。

研究标本（1 份）：

台湾 台中西尔维亚山，海拔 2800 m，赖明洲 9300（US，isotype）。

文献记载：台湾（Lai 1980b, p. 212 as *Hypogymnia taiwanalpina*）。

分布：中国台湾。

地理成分：中国特有成分。

讨论：作者对产于台湾的该种等模式仅进行了形态学观察，化学成分的鉴定参考

Lai（1980）。该种与 *H. imshaugii* 相似，区别在于该种下髓层暗色至黑色，髓层中不含diffractaic acid。

12.44 狭孢袋衣 图版 22.5

Hypogymnia tenuispora McCune & L.S. Wang，Mycosphere **5**（1）：70，2014.

Type：China，Yunnan Province，Luquan County，Jiaozixue Mt.，north of Kunming，high plateau，with outcrops and scrub *Rhododendron*；on *Sorbus* in steep，shrubby riparian gully on mountain slope，26.10°N 102.87°E，4100 m，2000.9，McCune 25573（holotype，KUN）。

地衣体贴伏状，宽达 7 cm，软骨质；裂片分枝多变，宽 1～3 mm，无黑色镶边；上表面平滑至微皱，灰绿色至褐色，有时存在黑斑；下表面具孔，常位于裂片顶端和下腋间；无粉芽和裂芽，小裂片少见；髓层中空，上髓层白色至褐色，下髓层深色。子囊盘常见，具短柄，漏斗状，盘面直径 6 mm 左右，褐色，子囊孢子 10.8～11.8×4.1～5.4 μm。分生孢子器常见，未见分生孢子。

化学：皮层 K+黄色，C-，KC-，P-；髓层 K-，C-，KC+橘红色，P-；含有 atranorin、physodic acid 和 vittatolic acid，有时含 2′-*O*-methylphysodic acid。

基物：阔叶树树皮。

研究标本（1 份）：

云南 禄劝县轿子雪山，海拔 4100 m，2000.9，McCune 25593（KUN，holotype）。

文献记载：云南（McCune and Wang 2014，p. 70 as *Hypogymnia tenuispora*）。

分布：中国。

地理成分：中国特有种。

讨论：该种的标志性特征为子囊孢子比其他种细。该种裂片和子囊盘拥挤，与 *H. bulbosa* 和 *H. congesta* 相似，区别在于 *H. tenuispora* 的子囊孢子比 *H. bulbosa* 和 *H. congesta* 的细长，孔无边缘。

12.45 管袋衣粉芽变型 图版 22.6

Hypogymnia tubulosa f. **farinosa**（Hillmann）Rass.，Nov. Syst. Plant. non Vascul.（Acad. Sci. URSS. Inst. Bot. nominee V.L. Komarovii）1967：294，1967；Luo，Bull. Bot. Res.6（3）：165，1986；Wei，Enum. Lich. China：118，1991.

≡ *Parmelia tubulosa* f. *farinosa* Hillm.，Verhandl. Bot. Ver. Prov. Brandenburg，65：64，1923；Wei，Enum. Lich. China：118，1991.

地衣体叶状，小型，宽 1.5～3 cm，软骨质；裂片宽短型，长 2～4 mm，宽 1.5～2 mm，无缢缩，多分枝，顶端不等二叉分枝，钝圆，彼此离散，无黑色镶边，顶端具头状粉芽堆；上表面浅黄褐色，平坦，光滑，微具光泽，具分生孢子器，数量少，黑点状，位于裂片近顶端附近，分生孢子双纺锤形至棒状，大小为 1.0×5.0 μm；无裂芽，具小裂片，小裂片位于裂片两侧，基部无缢缩；下表面黑色，皱褶，粗糙，微具光泽，有孔，孔位于下腋间和下表面，圆形，直径 1～1.5 mm，无边缘；偶见假根；髓层中空，上、下髓层均白色。上皮层浅黄色，由假厚壁组织组成，厚 12.5 μm 左右；藻层连续，黄绿色，厚

24.5～37 μm，藻细胞近球形，直径 5～7.5 μm；下皮层浅黑色，由假薄壁组织组成，厚12.5～19.5 μm。子囊盘未见。

化学：皮层 K+黄色，C-，KC-，P-；髓层 K+黄色，C+黄色，KC-，P-；含有 atranorin、physodic acid 和 conphysodic acid。

基物：树皮。

研究标本(3 份)：

福建 武夷山挂墩，海拔 1800 m，1999.9.19，陈健斌和王胜兰 14440-1(HMAS-L 081999)，14437-5(HMAS-L 081998)；

湖北 神农架，海拔 2300 m，1984.7.8，陈健斌，无号(HMAS-L 081914)。

文献记载：内蒙古(罗光裕 1986，p.165 as *Hypogymnia tubulosa* f. *farinosa*)。

分布：亚洲、北美洲、欧洲。

地理成分：环北极成分。

讨论：该变型的标志性特征为裂片顶端具头状粉芽堆。*Hypogymnia bitteri* 有时也具头状粉芽堆，但其与该变型的不同之处在于，除了头状粉芽堆外，上表面有时兼具薄层粒状粉芽，下表面无孔。

12.46 条袋衣 图版 22.7

Hypogymnia vittata (Ach.) Parrique，Act. Soc. Linn. Bordeaux 53：66，1898；Lai，Quart. Journ. Taiwan Museum **33**(3，4)：212，1980a；Chen et al.，J. NE Forestry Inst. **4**：150，1981；Wei & Jiang，Proceedings of symposium on Qinghai-Xizang(Tibet) Plateau：1147，1981；Wei & Jiang，Lichens of Xizang：37，1986；Wei，Enum. Lich. China：118，1991；McCune & Wang，Mycosphere **5**(1)：71，2014.

≡ *Parmelia physodes* var. *vittata* Ach.，Method. Lich.：250，1803.Wei，Enum. Lich. China：118，1991. —*Parmelia vittata* (Ach.) Röhl.，Deutschl. Fl.，Abth. 2(Frankfurt) **3**：109，1813；Zahlbruckner，Symbolae Sinicae：193，1930b；Zhao，Acta Phytotax. Sin. **9**：141，1964；Wang-Yang & Lai，Taiwania **18**(1)：94，1973；Wei & Chen，Report on the Scientific Investigations(1966-1968) in Mt. Qomolangma district：178，1974；Wei，Enum. Lich. China：118，1991. —*Ceratophyllum vittatum* (Ach.) M. Choisy，Bull. mens. Soc. linn. Lyon **20**：138，1951. —*Menegazzia vittata* (Ach.) Gyeln.，Annls Mus. natn. Hung.，n.s. **28**：281，1934.

地衣体叶状或小枝状，中等大小，宽 5～6 cm，软骨质；裂片狭长型，长 10～20 mm，宽 1～1.5 mm，无缢缩，多分枝，顶端一般二分叉，钝圆，具唇形粉芽堆，彼此挨挤，有黑色镶边；上表面灰色、灰白色、灰绿色、黄褐色或褐色，较平坦，光滑，具光泽，有分生孢子器，黑点状，聚集生长于裂片近顶端处，分生孢子双纺锤形至棒状，大小为 1×5 μm；无裂芽，具小裂片，小裂片位于裂片两侧，亦具黑色镶边，有些等二分叉，顶端具唇形粉芽堆，基部缢缩；下表面顶端褐色，其余黑色，皱褶，粗糙，有光泽，具孔，孔位于下腋间和下表面，圆形，直径 0.2～1.5 mm，无边缘；髓层中空，上髓层白色，下髓层近顶端白色，其余深色至褐色。上皮层浅黄褐色，由假厚壁组织组成，厚 22～23.5 μm；藻层连续，黄绿色，厚 24.6 μm，藻细胞近球形，直径 5～7.5 μm；下皮层浅褐色，由假薄壁组织组成，厚 10～12.5 μm。子囊盘茶渍型，具柄，幼时呈囊状至坛状，顶端缢缩，子囊盘茶渍型，成熟时柄呈杯状，杯状体表面不平坦，具纵向皱褶；果托薄，微内卷，有粉霜；盘面凹陷或微平展至对折，浅黄褐色、红褐色至深褐色，具光泽，直径 1～5.5 mm。子实上层浅黄色，厚 8 μm；子实层无色，厚 35～37 μm；子囊棒状，28.5～30.5×8 μm，8 孢；孢子单胞，椭圆形至近圆形，无色，4～6×4～5 μm；子实下层无色，致密，厚 26.5～30.5 μm。

化学：地衣体 K+黄色，C-，KC-，P-；髓层 K-，C-，KC+浅红色，P-；含有 atranorin 和 physodic acid，有时含 conphysodic acid。

基物：树皮、灌木、草甸、冻原藓层、岩表。

研究标本（55 份）：

内蒙古 额左旗阿乌尼林场，朽木，1985.8.10，高向群 1430（HMAS-L 081350）；

吉林 长白山，海拔 1750 m，1985.6.26，卢效德 0312（HMAS-L 014803）；长白山鹿鸣峰，海拔 2540 m，1984.8.20，卢效德 848263-2（HMAS-L 014804）；长白山梯子河，海拔 1550 m，1985.8.5，卢效德 1189（HMAS-L 022408）；长白山天池，海拔 2150 m，1984.8.19，卢效德 848237（HMAS-L 014802）；汪清县秃老婆顶北坡，1996.6.11，魏江春，姜玉梅，王有智 254（HMAS-L 081465）；长白山园池，海拔 1300 m，1984.7.23，卢效德 847044（HMAS-L 022407）；

黑龙江 呼中，海拔 900 m，2002.7.26，陈健斌和胡光荣 21634（HMAS-L 030706）；蒙克山林场，海拔 800 m，1985.8.10，高向群 109（HMAS-L 081351）；穆稜市三新山，1977.7.21，魏江春 2561-2（HMAS-L 081449）；呼中大白山，海拔 1500 m，2000.7.9，刘华杰 099（HMAS-L 024073）；

四川 海拔 4500 m，1994.9.26，G. & S. Miehe & U. Wündisch 94-419-00/01（HMAS-L 082981）；阿坝阿夷拉山，海拔 3700 m，1983.6.29，王先业和肖勰 11321（HMAS-L 081460）；峨眉山，海拔 2500 m，1963.8.16，赵继鼎和徐连旺 7523-1（HMAS-L 009567）；峨眉山大乘寺以上，海拔 2500 m，1964.11.14，魏江春 2308-2（HMAS-L 081409）；峨眉山金顶，海拔 3000 m，1960.7.9，马启明等 287（HMAS-L 003644）；峨眉山太子坪，海拔 2800 m，1963.8.18，赵继鼎和徐连旺 8146（HMAS-L 081461）；甘孜藏族自治州贡嘎山西坡贡嘎寺，海拔 3500 m，1982.7.30，王先业，肖勰，李滨 9144（HMAS-L 081386）；米亚罗莫子沟，海拔 2800 m，1960.9.11，王春明，韩玉先，马启明 868（HMAS-L 003645）；若尔盖县铁布，海拔 2800 m，1983.6.21，王先业和肖勰 11000（HMAS-L 081457）；卧龙贝母坪，海拔 3300 m，1982.8.26，王先业，肖勰，李滨 9676（HMAS-L 081370）；

云南 保山县高黎贡山白华岭林场，海拔 2750 m，1980.12.11，姜玉梅 833-5（HMAS-L 081377）；丽江县黑白水林业局三大湾 50 km，海拔 3140 m，1980.11.10，姜玉梅 136（HMAS-L 081375）；中甸县大雪山，海拔 4100 m，1981.9.7，王先业，肖勰，苏京军 7296（HMAS-L 009560）；中甸县吉沙林场，海拔 3500 m，1981.8.20，王先业，肖勰，苏京军 5365（HMAS-L 009561）；中甸县林业局，海拔 3500 m，1981.8.16，王先业，肖勰，苏京军 5874（HMAS-L 009564）；中甸县小中甸林场，海拔 3600 m，1981.8.21，王先业，

肖楠，苏京军 5261（HMAS-L 009566）；

西藏 海拔 3500 m，1994.8.30，W.Obermayer 7638（HMAS-L 082984）；海拔 3000 m，1994.8.21，W.Obermayer 6935（HMAS-L 082986）；海拔 4320 m，1989.10.10，B. Dickoré K-67-11b（HMAS-L 082982）；海拔 4410 m，1994.7.22，G. Miehe & U.Wündisch 94-88-16/03（HMAS-L 082983）；海拔 4200 m，1994.7.22，G. Miehe & U.Wündisch 94-87-17/0（HMAS-L 082905）；海拔 3800 m，1994.8.20，G. Miehe & U.Wündisch 94-208-6f（HMAS-L 082987），94-208-6H（HMAS-L 082989）；海拔 4320 m，1989.10.10，B. Dickoré K-67-11（HMAS-L 082980）；察隅县日东帮果，海拔 2400 m，1982.9.7，苏京军 4168（HMAS-L 009557）；察隅县日东帮果，海拔 3600 m，1982.9.9，苏京军 4349（HMAS-L 009558），4354（HMAS-L 009559）；工布江达县巴河镇巴松措公路旁，海拔 3500 m，2004.7.25，魏鑫丽 1102（HMAS-L 081348）；林芝县冷山，海拔 3368 m，2004.7.14，黄满荣 1491（HMAS-L 081349）；林芝县冷水沟，海拔 3210 m，2004.7.14，魏鑫丽 759（HMAS-L 081346）；林芝冷水沟，树皮，海拔 3390 m，2004.7.14，魏鑫丽 764（HMAS-L 081345）；米林县扎绕，松树，海拔 2040 m，2004.7.22，魏鑫丽 1056（HMAS-L 081347）；聂拉木县曲乡，海拔 3450 m，1966.5.21，魏江春和陈健斌 1098（HMAS-L 002659）；聂拉木县曲乡河西岸，海拔 3460 m，1966.5.21，魏江春和陈健斌 1074（HMAS-L 002658）；亚东县，海拔 3020 m，1975.8.7，宗毓臣 68-4（HMAS-L 022556）；聂拉木县樟木，海拔 3300 m，1966.5.11，魏江春和陈健斌 489（HMAS-L 022550），491（HMAS-L 022549）；波密县松宗集镇，海拔 3120 m，2004.7.16，魏鑫丽 805（HMAS-L 085138）；

陕西 太白山北坡明星寺，海拔 3100 m，1992.7.28，陈健斌和贺青 6403（HMAS-L 081904）；太白山明星寺，海拔 2850 m，1988.7.12，马承华 180（HMAS-L 081509）；

甘肃 舟曲县沙滩林场人命池，海拔 2900 m，2006.7.30，贾泽峰 GS401（HMAS-L 129420）；海拔 2690 m，2006.8.4，贾泽峰 GS715（HMAS-L 129421）；文县邱家坝，海拔 2620 m，2006.8.4，贾泽峰 GS753（HMAS-L 129419）。

新疆 阿尔泰山哈纳斯，2004.5.27，魏江春 w4（HMAS-L 082040）。

文献记载：黑龙江（陈锡龄等 1981b，p.150 as *Hypogymnia vittata*），四川（McCune and Wang 2014，p.71 as *Hypogymnia vittata*），陕西（Zahlbruckner 1930b，p.193 as *Parmelia vittata*），云南（赵继鼎 1964，p.141 as *Parmelia vittata*；McCune and Wang 2014，p.71 as *Hypogymnia vittata*），西藏（魏江春和陈健斌 1974，p.178 as *Parmelia vittata*；魏江春和姜玉梅 1981，p.1147 & 1986，p.37 as *Hypogymnia vittata*），台湾（Wang-Yang and Lai 1973，p. 94 as *Parmelia vittata*；赖明洲 1980a，p.212；McCune and Wang 2014，p.71 as *Hypogymnia vittata*）。

分布：中国、日本、蒙古，欧洲、北美洲、南美洲、大洋洲、喜马拉雅地区。

地理成分：世界广布成分。

讨论：该种与本属的模式种 *H. physodes* 在外形上最为相似，区别已在 *H. physodes* 的描述中介绍，在此不再赘述。

12.47　云南袋衣　图版 22.8

Hypogymnia yunnanensis Y.M. Jiang & J.C. Wei, Acta Mycol. Sin. **9**(4)：293，1990；Wei, Enum. Lich. China：119，1991.

模式：云南丽江黑白水，海拔 3000 m，松树干，1980.11.1，姜玉梅 286（HMAS-L 008551，Holotype!）。

地衣体叶状，中等大小，宽 8 cm 左右，软骨质；裂片介于宽短型，长 3～5 mm，宽 2 mm 左右，无缢缩，多分枝，顶端二分叉，钝圆，上翘，彼此挨挤，无黑色镶边；上表面灰绿色至土黄色，平坦，凹凸，具许多乳突，无光泽，有分生孢子器，黑点状，聚集生长于裂片近顶端处，分生孢子双纺锤形至棒状，大小为 1×3.5 μm，少数长达 5 μm；无粉芽和裂芽，具小裂片，小裂片位于裂片两侧，有些顶端二分叉，基部无缢缩；下表面顶端褐色，其余黑色，网格状皱褶，粗糙，无光泽，具孔，孔位于下腋间和下表面，圆形，直径 1～1.5 mm，无边缘；偶见假根；髓层中空，上、下髓层均白色。上皮层浅黄色，由假厚壁组织组成，厚 12.5～15 μm；藻层连续，黄绿色，厚 24.5 μm，藻细胞近球形，直径 5～6 μm；下皮层浅褐色，由假薄壁组织组成，厚 10～12.5 μm。子囊盘数量较多，有柄，幼时柄呈圆筒状至坛状，中空，成熟后柄变短，呈杯状，盘茶渍型（lecanorine）；盘面凹陷或微平展至对折，浅黄褐色、红褐色至深褐色，微具光泽，直径 1～15 mm。子实上层浅黄褐色，厚 10～12.5 μm；子实层无色，厚 37 μm；子囊棒状，10～12.5×24.5～27 μm，8 孢；孢子单胞，椭圆形至近圆形，无色，3.5～4×5.5～7 μm；侧丝有隔，无分枝，顶端膨大，宽 2.5 μm；子实下层无色，厚 34.5～37 μm。

化学：地衣体 K+黄色，C-，KC-，P-；髓层 K+黄色，C-，KC-，P-；含有 atranorin、physodic acid、conphysodic acid。

基物：树皮。

研究标本（15 份）：

黑龙江　穆棱市三新山林场，1977.7.23，魏江春 2613-1（HMAS-L 081702）；

云南　丽江县玉龙雪山，海拔 3000 m，1981.8.8，王先业，肖勰，苏京军 6698（HMAS-L 081707）；丽江县黑白水林业局阳坡，海拔 3000 m，1980.11.11，姜玉梅 291（HMAS-L 081706）；丽江县干河堤，1987.8.22，魏江春 9176（HMAS-L 081700）；丽江县玉龙山，Ahti T.，陈健斌，王立松 46425（HMAS-L 081701）；丽江县玉龙雪山白水岸边，海拔 3600 m，1981.8.8，王先业，肖勰，苏京军 6195（HMAS-L 009569）；呈贡县，海拔 2050 m，Ahti T.，陈健斌，王立松 46702（HMAS-L 081696）；德钦县白芒雪山东坡，海拔 3400 m，1981.8.28，王先业，肖勰，苏京军 7656（HMAS-L 081697）；贡山县丙中洛青拉桶松塔雪山南坡，海拔 2600 m，1982.6.24，苏京军 1470（HMAS-L 081704），1481（HMAS-L 035140），1544（HMAS-L 081705）；维西县白济汛，海拔 2100 m，1981.7.13，王先业，肖勰，苏京军 3730（HMAS-L 081708）；维西县攀天河，海拔 2500 m，1981.7.25，王先业，肖勰，苏京军 4202（HMAS-L 009568）；

西藏　左贡县扎义来得，海拔 2900 m，1982.10.8，苏京军 5298（HMAS-L 081703）；海拔 3200 m，1982.10.8，苏京军 5477-2（HMAS-L 081699）。

分布：中国。

地理成分：中国特有成分。

讨论：该种的标志性特征为上表面密布乳突，下表面呈明显网格状皱褶。本研究发现该种原始描述中化学成分鉴定有误：髓层 P-，含有 atranorin、physodic acid 和 physodalic acid。因化学成分 physodalic acid 常和髓层 P+伴随产生，所以对该种的模式（Holotype，姜 286）重新进行了化学检测，发现髓层 P-，含有 atranorin、physodic acid 和 conphysodic acid。McCune（2012）通过研究 *Hypogymnia delavayi* 的模式标本，认为该种与 *H. delavayi* 特征完全相符，*H. yunnanensis* 应为 *H. delavayi* 的异名。但 Divakar 等（2019）对袋衣属分子系统学的研究显示，来自云南初定名为 *H. yunnanensis* 但在该文中以 *H.* aff. *delavayi* 引证的 3 份标本，在系统发育树中并未与 *H. delavayi* 相聚在一起。故本卷仍将 *H. yunnanensis* 作为独立种处理，其是否确为 *H. delavayi* 的异名有待进一步研究。

未研究分类单位

1. 齿厚枝衣

Allocetraria denticulata (Hue) A. Thell & Randlane，Flechten Follmann Contr. Lich.：363，1995.

≡ *Cetraria denticulata* Hue，Nouv. Archiv. Mus..(Paris)，4，I：85，1899.

Type：China，Yunnan，Yen-tze-hay，Delavay，on ground，08.08.1888(holotype-PC).

该种以裂片顶端锯齿状、边缘突起物形态特殊、上皮层厚三个性状能很好地与其他类群分开，为中国特有种。但目前该种只知主模式保藏于 PC 标本馆，Hue(1899)首次报道了该种在中国分布，其后可能被遗忘，直至魏江春(1991)再次提及此种。然而，研究过程中未见到模式标本。该种目前仍不确定。

2. 栗卷岛衣

Cetraria ericetorum Opiz，Seznam Rostlin Kveteny Ceské：175，1852.

= *Cetraria crispa* (Ach.) Nyl.，Norrlin & Nylander，Herb. Lich. Fenn.，nos. 105-107，1875.

= *Cetraria libertina* Stuckenb.，Bot. Mater. Inst. Sporov. Rast. Glavn. Bot. Sada RSFSR **4**：31. 1926.

= *Lichen islandicus* var. *tenuifolius* Retz.，Fl. Scand. Prodr.：227. 1779.

= *Cetraria tenuifolia* (Retz.) R. Howe，Torreya **15**：219. 1915.

该种的主要特征为裂片上表面边缘具有线形假杯点，与该种形态最为相似的 *Cetraria laevigata* 裂片下表面边缘具有线形假杯点。陈锡龄等(1981a)和陈健斌等(1989)分别报道过该种在内蒙古和吉林(陈锡龄等 1981a)及湖北神农架(陈健斌等 1989)有分布，但本研究未见陈锡龄等(1981a)引证的标本，而陈健斌等(1989)的凭证标本经检查，正确种名应为 *Cetraria laevigata*。所以本研究未见该种。

3. 岛衣东方变型

Cetraria islandica ssp. orientalis (L.) Ach.，Method. Lich.：293，1803

≡ *Lichen islandicus* L.，Sp. pl.，**2**：1145，1753.

该变种分布于远东地区，与原变种的区别在于所含化学成分不同(Kärnelft et al. 1993)。Sato(1939)报道过该变种在中国有分布，魏江春(1991)在《中国地衣综览》中收录，但研究中未见此变种。

4. 硬膜斑叶

Cetrelia monachorum (Zahlbr.) W.L. Culb. & C.F. Culb.，Syst. Bot. **1**(4)：326，1976.

≡ *Parmelia monachorum* Zahlbr.，Symbolae Sinicae **3**：191，1930.

Type：China，Szechwan，Döko Pass SW of Muli，Handel-Mazzetti 7399Y(holotype-WU).

该种的主要特征为上表面的假杯点小且突起、具粉芽，髓层中主要含有 imbricaric

acid。形态和化学特征与之最为相似的种为 *Cetrelia cetrarioides*，很长一段时间内 *C. monachorum* 被视为 *C. cetrarioides* 种下的一个化学型(Culberson and Culberson 1968)。两者最为明显的区别在于化学成分的不同，*C. monachorum* 主要含有 imbricaric acid，而 *C. cetrarioides* 主要含有 perlatolic acid(Culberson and Culberson 1968，Obermayer and Mayrhofer 2007)。该种模式基于采集自中国四川的标本，后期陈健斌(1986)报道过，魏江春(1991)收录在《中国地衣综览》中。本卷作者研究陈健斌(1986)报道该种所依据的标本后发现实际为错误鉴定，正确名称应为 *Cetrelia japonica*，所以研究中未见真正 *C. monachorum* 的标本。

5. 亮黄类斑叶

Cetreliopsis laeteflava(Zahlbr.)Randlane & Saag，in Randlane，Thell & Saag，Cryptog. Bryol. Lichénol. **16**：51，1995.

≡ *Cetraria laeteflava* Zahlbr.，Feddes Repert. Spec. Nov. Reg. Veg. **33**：60，1933. —*Cetraria straminea* var. *laeteflava*(Zahlbr.)Räsänen， Kuopion Luonnon Ystäväin Yhdistyksen Julkaisuja **B2**(6)：45，1952.

该种的主要特征为具边缘粉芽堆，是本属中唯一具粉芽的种；地衣体主要含有 fumarprotocetraric acid 和 salazinic 类似物 Cph-1。该种分布于中国台湾和菲律宾，Lai 等(2007)在"中国梅衣科岛衣类属群之分类纲要"中曾收录过该种，但本研究中未见。

6. 皱果类斑叶

Cetreliopsis rhytidocarpa(Mont. & Bosch)M.J. Lai，Quart. J. Taiwan Mus. **33**：218，1980.

≡ *Cetraria rhytidocarpa* Mont. & Bosch，in Miquel，Pl. Jungh. **4**：430，1857.

该种地衣体上表面黄色，上下表面具有小而平的假杯点。该种以其白色髓层区别于 *Cetreliopsis endoxanthoides*，无粉芽区别于 *Cetreliopsis laeteflava*，无缘毛区别于 *Cetreliopsis papuae*，假杯点周围无突起物区别于 *Cetreliopsis asahinea*(Randlane et al. 1995)。Lai 等(2007)在"中国梅衣科岛衣类属群之分类纲要"中曾收录过该种，但本研究中未见。

7. 北极地指衣中华亚种

Dactylina arctica subsp. chinensis(Follmann)Kärnefelt & A. Thell，Nova Hedwigia **62**(3-4)：504，1996.

≡ *Dactylina chinensis* Follmann，Willdenowia **5**：8，1968.

Type：China，Shaanxi，1934，Fenzel(B17643).

该亚种的主要形态特征与原亚种相同，如地衣体指状，裂片中空，皮层中含有 usnic acid；区别在于化学成分不同，该亚种髓层中主要含有 physodalic acid，而原变种髓层中主要含有 gyrophoric acid。Follmann 等(1968)以采集自中国陕西的标本为模式发表了 *Dactylina chinensis*，魏江春(1991)在《中国地衣综览》中收录。但该种与 *Dactylina arctica* 除了化学成分不同外，并无其他差异，所以 Kärnefelt 和 Thell(1996)将其处理为 *Dactylina arctica* 种下亚种。该亚种目前已知仅在中国陕西海拔 3000 m 以上的高山分布，本研究未见该亚种标本。

8. 暗粉袋衣多粉变型

Hypogymnia bitteri f. erumpens（Hillm.）Rassad. Nov. Syst. Plant. nonVasc. **1967**：296，
1967.

　≡ *Parmelia obscurata* f. *erumpens* Hillm. Rabenh，krypt. Flora 9（3）：78，1936.

　　本变型地衣体通常除裂片末端具头状粉芽堆外，其上表面还覆有薄层粒状粉芽。本变型在中国仅由罗光裕（1986）基于内蒙古、吉林和黑龙江的标本报道。在《中国地衣综览》（Wei 1991）中有收录。

9. 暗粉袋衣棕色变型

Hypogymnia bitteri f. obscurata（Bitt.）Rassad. Nov. Syst. Plant. nonVasc. **1967**：296，1967.

　≡ *Parmelia obscurata* f. *obscurata* Bitt. Hedwigia **40**：214，1901.

　　本变型地衣体为暗棕色，裂片同典型种。变型在中国仅由罗光裕（1986）基于内蒙古、吉林和黑龙江的标本报道。在《中国地衣综览》（Wei 1991）中有收录。

10. 泡袋衣

Hypogymnia bullata Rassad. Nov. Syst. Plant. nonVasc. **1967**：295，1967.

　　本种地衣体莲座形，裂片短，中空，上表面浅白灰色，除末端外，密布颗粒状粉芽和不规则的头状突起；下表面浅黑色，有光泽，具圆形穿孔。粉芽为浅白灰色，覆盖在膨大的头状突起上，似头状粉芽堆。子囊盘未见。本种中国仅由罗光裕（1986）基于黑龙江的标本报道。在《中国地衣综览》（Wei 1991）中有收录。

11. 粉袋衣

Hypogymnia farinacea Zopf，Justus Liebigs Annln Chem. **352**：42，1907.

　≡ *Parmelia bitteriana* Zahlbruckner，Verhandl. Zool-Bot. Gesellsch. Wien，**76**：95，
1927. —*Hypogymnia bitteriana*（Zahlbruckner）Ras. Lichenotheca Fennica：no. 152，1947.

　　本种地衣体为不规则莲座形或不定形，裂片闭合，中空，上表面深灰色，微具光泽，通常具细皱纹，特别是中间部分比较明显；下表面黑色，有或无光泽，无穿孔；粉芽发达，白色，呈颗粒状分布；子囊盘罕见。本种中国仅由罗光裕（1986）基于吉林和黑龙江的标本报道。在《中国地衣综览》（Wei 1991）中有收录。

12. 表纹袋衣

Hypogymnia lugubris（Pers.）Krog，Norsk Polarinstitutt Skrifter **144**：99，1968.

　≡ *Parmelia lugubris* Pers.，Gaudich. 1826.

　　本种地衣体中等大小至大型，直立至近直立生长于苔原、苔藓、树干和岩石上；裂片明显肿胀，具黑斑，或一般颜色较暗，等二叉分枝；髓层 P+ 橘红色。本种由国外地衣学家 Jatta（1902）和 Zahlbruckner（1930b）基于陕西的标本报道，由魏江春收录于《中国地衣综览》（Wei 1991）中。

13. 日光山袋衣

Hypogymnia nikkoensis (Zahlbruckner) Rassad.，Nov. sist. Niz. Rast. **4**：294，1967.

≡ *Parmelia nikkoensis* Zahlbr.，Bot. Mag. Tokyo **41**：346，1927.

本种地衣体小型，裂片旋转后暴露部分呈褐色，等二叉分枝；子囊盘从柄上明显扩展形成喇叭状；髓层 K+ 慢慢变为红褐色，KC+ 橘红色，P-。本种由陈锡龄等（1981b）基于内蒙古的标本报道。由魏江春收录于《中国地衣综览》（Wei 1991）中。

14. 袋衣斑点变型

Hypogymnia physodes f. maculans (H. Olivier) Rass.，Nov. sist. Niz. Rast. **4**：292，1967.

≡ Parmelia physodes f. maculans H. Olivier.

本变型地衣体外形与 *H. physodes* var. *platyphylla* 相似，但其上表面具黑色斑点。本变型由罗光裕（1986）基于黑龙江的标本报道。由魏江春收录于《中国地衣综览》（Wei 1991）中。

15. 拟袋衣

Hypogymnia pseudophysodes (Asahina) Rass.，Nov. sist. Niz. Rast. **4**：294，1967.

≡ *Parmelia pseudophysodes* Asahina，J. Jap. Bot. **26**(4)：100，1951.

本种地衣体常形成花环状，或者裂片呈覆瓦状；有粉芽；具穿孔；含 atranorin 和 physodic acid。本种由 Wang-Yang 和 Lai（1973）、王先业（1985）和罗光裕（1986）基于台湾、吉林和新疆的标本报道。魏江春收录于《中国地衣综览》（Wei 1991）中。

16. 腋圆袋衣皱褶变种

Hypogymnia subduplicata var. rugosa G.Y. Luo，*Bull. bot. Res.*，Harbin **6**(3)：164，1986.

本变种与原种的区别是，地衣体为莲座型，裂片宽短，闭合，高度皱褶；上表面凹凸不平，近中央皱纹密集；有侧生小裂片；唇形粉芽堆特别发达，老的皱褶呈鸡冠状。本变种是由罗光裕（1986）基于吉林和黑龙江的标本发表的新变种。由魏江春收录于《中国地衣综览》（Wei 1991）中。

17. 条袋衣拟小孔变型

Hypogymnia vittata f. hypotropodes (Nyl.) J.C. Wei，Enum. Lich. China (Beijing)：118，1991.

≡ *Parmelia hypotropodes* Nyl. Flora，LVII：16，1874. —*Imbricaria hypotropodes* Jatta，Nuovo Giorn. Bot. Italiano ser.2，**9**：471，1902.

本变种与原种的最大区别在于下表面的孔非常小。本变种最早由国外地衣学家 Jatta（1902）、Zahlbruckner（1930b）和 Hue（1887）基于陕西和云南的标本以 *Parmelia hypotropodes* 和 *Imbricairia hypotropodes* 报道。魏江春（1991）将其做了新组合，并处理为 *H. vittata* 种下的变型。

18. 条袋衣暗尖变型

Hypogymnia vittata f. hypotrypanea(Nyl.)Kurok.，Misc. Bryol. & Lichenol. **5**(9)：130，
  1971.

≡ *Parmelia vittata* var. *hypotrypanea* Nyl.，A. Zahlbr.，Cat. Lich. Univ.，**6**：51，1929.

本变型与原变型的最大区别在于裂片顶端变尖、颜色变暗。由罗光裕(1986)基于吉
林和黑龙江的标本报道。由魏江春(1991)收录在《中国地衣综览》中。

19. 条袋衣拟袋衣变型

Hypogymnia vittata f. physodioides Rass.，in Kopaczevskaja et al.，Nov. sist. Niz. Rast. **10**：
  197，1973.

≡ *Hypogymnia duplicata* f. *physodioides* Rassad. Nov. Syst. Plant. Non Vasc.：202，1965.

本变型由罗光裕(1986)基于黑龙江的标本报道，后由魏江春(1991)根据最新分类系
统将其收录在《中国地衣综览》中。

20. 台湾宽叶衣

Platismatia formosana(Zahlbr.)W.L. Culb. & C.F. Culb.，Contr. U. S. Natl. Herb. **34**：529，
  1968.

≡ *Cetraria formosana* Zahlbr.，Feddes Repert. Spec. Nov. Reg. Veg. **33**：59，1933.

该种的主要特征是地衣体具有明显的宽网状结构，裂片上具有长、锐利且连续的嵴。
该种与 *Platismatia erosa* 形态非常相似，但 *P.erosa* 的嵴更柔和一些。该种分布于日本和
中国台湾(Culberson and Culberson. 1968；Lai 1980b)，魏江春(1991)在《中国地衣综览》
中收录。本研究未见该种标本。

21. 涂氏宽叶衣

Platismatia tuckermanii(Oakes)W.L. Culb. & C.F. Culb.，Contr. U. S. Natl. Herb. **34**：549，
  1968.

≡ *Cetraria tuckermanii* Oakes，in Tuckerman，Amer. J. Sc. Arts **45**：48，1843.

= *Cetraria lacunosa* Ach. f. *atlantica* Tuck.，Proc. Amer. Acad. Arts **1**：208，1848.

= *Cetraria atlantica*(Tuck.)Du Rietz，Bot. Not. 10，1925.

该种与本属其他种差别明显。该种地衣体宽网状，无深嵴，不含 fumarprotocetraric
acid，这些性状使其可以与 *Platismatia lacunosa* 区分开来。该种主要分布于北美洲
(Culberson and Culberson 1968)，Moreau 和 Moreau(1951)曾报道过该种在中国河北分布，
魏江春(1991)在《中国地衣综览》中收录。本研究未见该种标本。

22. 阿克萨松萝岛衣

Usnocetraria oakesiana(Tuck.)M.J. Lai & J.C. Wei，in Lai et al.，J. Natnl. Taiwan Mus.
  60(1)：58，2007.

≡ *Cetraria oakesiana* Tuck.，Boston J. Nat. Hist. **3**：445，1841. —*Tuckermanopsis*
  oakesiana(Tuck.)Hale，in Egan，Bryologist **90**：164，1987. —*Allocetraria oakesiana*

（Tuck.）Randlane & A. Thell，in Thell et al.，Flechten Follmann，Contributions to Lichenology in Honour of Gerhard Follmann（Cologne）：363，1995.

松萝衣属 *Usnocetraria* M.J. Lai & J.C. Wei 最初建立时包括 11 种（Lai et al. 2007），迄今被承认的仅 1 种，即模式种 *Usnocetraria oakesiana*，中国已知 1 种。该种的主要特征为裂片狭长，边缘具粉芽，近下表面的髓层浅黄色，地衣体含松萝酸。陈健斌等（1989）曾报道过湖北有 *Cetraria oakesiana* 的分布，但经检查，其凭证标本为错误鉴定，正确名称应为 *Nephromopsis laureri*。Lai 等（2007）报道中国岛衣类群地衣时包括此种，但并未引证标本。本研究中未见该种。

参 考 文 献

Acharius E. 1803. Methodus qua omnes detectos lichens secundum organa carpomorpha ad genera, species et varietates redigere atque observationibus illustrate tentavit E. Acharius: Stockholmiae: 1-393.

Adler MT. 1990. An artificial key to the genera of the *Parmeliaceae* (Lichens, *Ascomycotina*). *Mycotaxon*, **38**: 331-347.

Ahti T. 1964. Macrolichens and their zonal distribution in boreal and arctic Ontario. *Annales Botanici Fennici*, **1**: 1-35.

Anders J. 1928. Die Strauch-und Laubflechten Mitteleuropas. Verlag von Gustav Fischer: 136-142.

Aptroot A, Lai MJ, Sparrius LB. 2003. The genus *Menegazzia* (Parmeliaceae) in Taiwan. *Bryologist*, **106(1)**: 157-161.

Asahina Y. 1934. Aufzahlung von *Cetraria*-Arten aus Japan (II). *Journal of the Hattori Botanical Laboratory*, **10**(8): 474.

Asahina Y. 1935. *Nephromopsis*-Arten aus Japan. *Journal of the Hattori Botanical Laboratory*, **11**(1): 10.

Asahina Y. 1950. Lichenes Japoniae novae vel minus cognitae. *Acta Phytotaxonomica et Geobotanica*, **14**: 33-35.

Asahina Y. 1951. Lichenes Japoniae novae vel minus cognitae (2). *The Journal of Janpanese Botany*, **26**(4): 97.

Asahina Y. 1952. Lichens of Japan II. Genus *Parmelia*. pp. 162, Tokyo.

Awasthi DD. 1957. Catalogue of the lichens from India, Nepel, Pakistan, and Ceylon. *Beihefte Zur Nova Hedwigia*, **17**: 1-137.

Awasthi DD. 1987. A new position for *Platysma thomsonii* Stirton. *Journal of the Hattori Botanical Laboratory*, **63**: 367-372.

Awasthi DD. 1988. A key to the macrolichens of India and Nepel. *Journal of the Hattori Botanical Laboratory*, **65**: 207-302.

Bertsch K. 1955. Flechtenflora von Sudwestdeutschland. Eugen Ulmer Stuttgart/Z. Ludwigsburg: 57-61.

Bitter G. 1901. Zur Morphologie und Systematik von *Parmelia*, Untergattung *Hypogymnia*. *Hedwigia*, **40**: 171.

Brodo IM. 1973. Substrate ecology. *In*: Ahmajian V, Hale M. The lichens. New York and London: Academic Press: 401-441.

Bruns TD, White TJ, Taylor JW, 1991. Fungal molecular systematics. *Annual Review of Ecology and Systematics*, **22**: 525-564.

Brusse FA, Karnefelt I. 1991. The new southern hemisphere lichen genus *Coelopogon* (Lecanorales, Ascomycota), with a new species from Southern Africa. *Mycotaxon*, **42**: 35-41.

Carbone I, Kohn LM, 1993. Ribosomal DNA sequence divergence within internal transcribed spacer 1 of the *Sclerotiniaceae*. *Mycologia*, **85**: 415-427.

Chen JB. 1986. A study on the lichen genus *Cetrelia* in China. *Acta Mycologica Sinica* Supplement **1**: 386-396 (in Chinese). (陈健斌: 中国斑叶属地衣的研究.真菌学报增刊)

Chen JB. 1994. Two new species of *Hypogymnia*. *Acta Mycologica Sinica*, **13**(2): 107-110 (in Chinese). (陈健斌: 袋衣属二新种. 真菌学报)

Chen JB. 2011. Lichens. *In*: Yong SP, Xing LL, Li GL. Biodiversity Catalogue of Saihanwula Nature Reserve. Hohhot: Inner Mongolia University Press: 489-510 (in Chinese). (陈健斌: 地衣. 见: 雍世鹏, 邢莲莲, 李

桂林. 赛罕乌拉自然保护区生物多样性编目. 呼和浩特: 内蒙古大学出版社)

Chen JB. 2015. Flora Lichenum Sinicorum, Vol. 4, *Parmeliaceae*(I). Beijing: Science Press: 1-321(in Chinese). (陈健斌: 中国地衣志第四卷, 梅衣科(I). 北京: 科学出版社)

Chen JB, Wu JN, Wei JC, 1989. Lichens of Shennongjia. *In*: Mycological and Lichenological Expedition to Shennongjia, Academia Sinica. Fungi and Lichens of Shennongjia. Beijing: World Publishing Corp: 386-493(in Chinese). (陈健斌, 吴继农, 魏江春. 1989. 神农架地衣. 见: 中国科学院神农架真菌地衣考察队. 神农架真菌和地衣. 北京: 世界图书出版公司)

Chen LH, Gao XQ. 2001. Two new species of *Nephromopsis*(*Parmeliaceae*, *Ascomycota*). *Mycotaxon*, **77**: 491-496.

Chen LH, Zhou QM, Guo SY. 2006. Two species of cetrarioid lichens new to China. *Mycosystema*, **25**(3): 502-504.

Chen XL, Zhao CF, Luo GY. 1981a. A list of lichens in north-eastern China. *Journal of North-Eastern Forestry Institute*, **3**: 127-135. (陈锡龄, 赵从福, 罗光裕. 东北地衣名录. 东北林学院学报)

Chen XL, Zhao CF, Luo GY. 1981b. A list of lichens in north-eastern China(II). *Journal of North-Eastern Forestry Institute*, **4**: 150-160. (陈锡龄, 赵从福, 罗光裕. 东北地衣名录(二). 东北林学院学报)

Christiansen EW. 1957. Flechtenflora von Nordwestdeutschland. Gustav Fischer Verlag Stuttgart: 310-315.

Crespo A, Cubero OF. 1998. A molecular approach to the circumscription and evalution of some genera segregated from *Parmelia s. lat. Lichenologist*, **30**(4-5): 369-380.

Crespo A, Gavilán R, Elix JA, Gutiérrez G. 1999. A comparison of morphological, chemical and molecular characters in some parmelioid genera. *Lichenologist*, **31**(5): 451-460.

Crespo A, Kauff F, Divakar PK, del Prado R. 2010. Phylogenetic generic classification of parmelioid lichens(*Parmeliaceae*, *Ascomycota*)based onmolecular, morphological and chemical evidence. *Taxon*, **59**: 1735-1753.

Culberson CF. 1972. Improved conditions and new data for the identification of lichen products by a standardized thin-layer chromatographic method. *Journal of Chromatography*, **72**: 113-125.

Culberson CF, Kristinsson H. 1970. A standardized method for the identification of lichen products. *Journal of Chromatography*, **46**: 85-93.

Culberson CF, Culberson WL, Johnson A. 1977. Second supplement to 'Chemical and Botanical Guide to Lichen Products'. St. Louis: The American Bryological and Lichenological Society: 1-400.

Culberson WL, Culberson CF. 1965. *Asahinea*, a new genus in the *Parmeliaceae. Brittonia*, **17**: 182-190.

Culberson WL, Culberson CF. 1968. The lichen genera *Cetrelia* and *Platismatia*(*Parmeliaceae*). *Contributions from the United States National Herbarium*, **34**: 449-558.

Dahl E. 1950. Studies in the macrolichen flora of southwest Greenland. *Meddel. om Gronland,* **150(2)**: 1-176.

Divakar PK, Wei XL, McCune B, Cubas P, Boluda CG, Leavitt SD, Crespo A, Tchabanenko S, Lumbsch HT. 2019. Parallel Miocene dispersal events explain the cosmopolitan distribution of the Hypogymnioid lichens. *Journal of Biogeography*, **46**: 945-955.

Dodge CW. 1959. Some lichens of tropical Africa. III. Parmeliaceae. *Ann. Missouri Bot. Gard.*, **46**: 39-193.

Dodge CW. 1973. Lichen flora of the Antarctic continent and adjacent islands. pp. 205. Phoenix Publishing.

Duncan UK, James PW. 1970. Introduction to British Lichens. Arbroath: T Buncle & Co: 292.

Elenkin A. 1901. Lichenes Florae Rossiae et regionum confinium orientalium Fasc.1. *Acta Horti Petropolitani* **19**: 1-52.

Elenkin A. 1904. Lichenes Florae Rossiae et regionum confinium orientalium Fasc.2,3,4. *Acta Horti*

Petropolitani, **24 (1)**: 1-118.

Elix JA. 1979. A taxonomic revision of the lichen genus *Hypogymnia* in Australasia. *Brunonia*, **2**: 175-245.

Elix JA. 1993. Progress in the generic delimitation of *Parmelia sensu lato* lichens (*Ascomycotina*: *Parmeliaceae*) and a Synoptic key to the *Parmeliaceae*. *Bryologist*, **96** (3): 359-383.

Elix JA, Jenkins GA. 1989. New Species and New Records of *Hypogymnia* (Lichenized *Ascomycotina*). *Mycotaxon*, **35** (2): 469-476.

Eriksson O, Hawksworth DL. 1986. Outline of the ascomycetes. *Systema Ascomycetum*, **5**: 185-324.

Esslinger TL. 1971. *Cetraria idahoensis*, a new species of lichen endemic to Western North America. *Bryologist*, **74** (3): 364-369.

Esslinger TL. 2003. *Tuckermanella*, a new cetrarioid genus in western North America. *Mycotaxon*, **85**: 135-141.

Fink B. 1963. The Lichen Flora of the United States. pp. 324-326.The University of Michigan Press.

Follmann G, Huneck S, Weber WA. 1968. Mitteilungen uber Flechteninhaltsstofe LIV. Zur Chemotaxonomie des Dactylina /Dufourea-Komplexes. *Willdenowia,* **5(1)**: 7-13.

Gao XQ. 1991. Studies in species of the lichen genus *Asahinea*. *Nordic Journal of Botany-Section of Lichenology*, **11**: 483-485.

Gargas A, DePriest PT, Grube M, Tehler A. 1995a. Multiple origins of lichen symbioses in fungi suggested by SSU rDNA phylogeny. *Science*, **268**: 1492-1495.

Gargas A, Depriest PT, Taylor JW. 1995b. Positions of multiple insertions in SSU rDNA of lichen-forming fungi. *Molecular Biology and Evolution*, **12**: 208-218.

Goward T. 1985. *Ahtiana*, a new lichen genus in the Parmeliaceae. *Bryologist*, **88**: 367-371.

Goward T. 1986. *Brodoa*, a new lichen genus in the *Parmeliaceae*. *Bryologist*, **89**: 219-223.

Goward T. 1988. *Hypogymnia oceanica*, A new lichen (*Ascomycotina*) from the Pacific Northwest of North America. *Bryologist*, **91** (3): 229-232.

Goward T, Ahti T. 1992. Macrolichens and their zonal distribution in Wells Gray Provincial Park and its vicinity, British Columbia, Canada. *Acta Botanica Fennica*, **147**: 1-60.

Goward T, McCune B. 1993. *Hypogymnia apinnata* sp. nov., a new Lichen (*Ascomycotina*) from the Pacific Northwest of North America. *Bryologist*, **96** (3): 450-453.

Groner U, LaGreca S. 1997. The 'Mediterranean' *Ramalina panizzei* north of the Alps: morphological, chemical and rDNA sequence data. *Lichenologist*, **29**: 441-454.

Guo SY. 2000. Analysis of geography of the lichen genus *cladonia* from china. *Mycosystema*, **19** (2): 193-199 (in Chinese). (郭守玉: 中国石蕊属的地理学分析.菌物系统)

Guojia Cehuiju Diming Yanjiusuo. 1994. Zhongguo Diminglu—Zhonghua Renmin Gongheguo Dituji Diming Suoyin (Gazetteer of China—An index to the Atlas of the People's Republic of China). Beijing: Sinomap Press: 1-316 (in Chinese). (国家测绘局地名研究所: 国地名录－中华人民共和国地图集地名索引. 北京：中国地图出版社)

Gyelnik V. 1933. Lichenes varii novi criticique. *Acta Fauna et Flora Univ. Bucuresti\Acta pro Fauna et Flora Univ. Bucuresti, Ser. II: Botanica*, **1(5-6)**: 3-10.

Hale ME. 1983. The Biology of Lichens. London: Edward Arnold: 1-199.

Hale ME. 1986. *Arctoparmelia*, a new genus in the *Parmeliaceae* (*Ascomycotina*). *Mycotaxon*, **25**: 251-254.

Harmand A. 1928. Lichen d'Indo-Chine recueillis per M. V. Demange. *Anal. Cryptog. Exot.* **1 (4)**: 319-337.

Havaas J. 1918. Lichenvegetationen ved Mosterhavn. *Bergen Mus. Arb.* 1917/18, I, Naturv. raekke **2**: 1-39.

Hawksworth DL, Kirk PM, Sutton BC, Pegler DJ. 1995. Anisworth & Bisby's Dictionary of the Fungi. 8th ed. Wallingford: CAB International.

Henssen A, Jahns HM. 1974. *Lichenes. Eine Einführung in die Flechtenkunde.* Stuttgart: Georg Thieme Verlag: 1- 467.

Hillmann J. 1936. Parmeliaceae. In: Rabenhorst GL, Kryptogamen-Flora von Deutschland, Österreich und der Schweiz. Leipzig: Borntraeger: 1-309.

Hills DM, Dixon MT. 1991. Ribosomal DNA: molecular evolution and phylogenetic inference. *Quarterly Review of Biology*, **66**: 411-453.

Hue AM. 1887. Lichenes Yunnanenses a clar. Delavay anno 1885 collectos, et quorum novae species a celeb. W. Nylander descriptae fuerunt, exponit A. M. Hue. *Bulletin de la Société botanique de France*, **34**: 16-24.

Hue AM. 1889. Lichenes Yunnanenses a cl. Delavay praesertim annis 1886-1887, collectos exponit A. M. Hue(1). *Bulletin de la Société botanique de France*, **36**: 158-176.

Hue AM. 1890. Lichenes exoticos a professore W. Nylander descriptos vel recognitos et in herbario Musei Parisiensis pro maxima parte asservatos in ordine systematico disposuit. *Nouvelles archives du Muséum d'histoire naturelle*(Paris), **3**(2): 209-322.

Hue AM. 1899. Lichenes extra-europaei a pluribus collectoribus ad Museum Parisiense missi. *Nouvelles archives du Muséum d'histoire naturelle*, 1: 27-220.

Hue AM. 1900. Lichenes extra-europaei a pluribus collectoribus ad Museum Parisiense missi. *Nouvelles archives du Muséum d'histoire naturelle*, 2: 49-122.

Ikoma Y. 1983. Macrolichens of Japan and Adjacent Regions. pp.120. Japan, Tottori City. January 17, 2002 - http: //www.ut.ee/lichens/cetraria.html.

Jahns HM. 1973. Anatomy, morphology, and development, in Ahmajian V., Hale ME. *The lichens.* New York and London: Academic Press: 3-58.

James PW, Galloway DJ. 1992. *Menegazzia. Flora of Australia*, **54**: 213-246.

Jatta A. 1902. Lichen cinesi raccolti allo Shen-si negli anni 1894-1898 dal. rev. Padre Missionario G.Giraldi. *Nuovo Giornale Botanico Italiano*, ser. 2, **9**: 460-481.

Jiang YM, Wei JC. 1990. A new species of *Hypogymnia. Acta Mycologica Sin*ica, **9**(4): 293-295(in Chinese).(姜玉梅, 魏江春. 袋衣属一新种. 真菌学报)

Kärnefelt I. 1977. *Masonhalea*, a new lichen genus in the Parmeliaceae. *Bot. Not.*, **130**: 101-107.

Kärnefelt I. 1979. The brown fruticose species of *Cetraria. Opera Botanica*, **46**: 1-150.

Kärnefelt I. 1998. Teloschistales and Parmeliaceae- A review of the present problems and challenges in lichen systematics at different taxonomic levels. *Cryptogamie, Bryol. Lichénol.*, **19(2-3)**: 93-104.

Kärnefelt I, Thell A. 1992. The evaluation of characters in lichenized families, exemplified with the alectorioid and some parmelioid genera. *Plant Systematics and Evolution*, **180 (3-4)**: 181-204.

Kärnefelt I, Thell A. 1996. A new classification for the *Dactylina/Dufourea* complex. *Nova Hedwigia*, **62**(3-4): 487-511.

Kärnefelt I, Mattsson JE, Thell A. 1992a. Evolution and phylogeny of cetrarioid Lichens. *Plant Systematics and Evolution*, **183 (1-2)**: 113-160.

Kärnefelt I, Mattsson JE, Thell A. 1992b. The evaluation of characters in lichenized families, exemplified with the alectorioid and some parmelioid genera. *Plant Systematics and Evolution*, **180**: 181-204.

Kärnefelt I, Mattsson JE, Thell A. 1993. The lichen genera *Arctocetraria*, *Cetraria*, and *Cetrariella*(*Parmeliaceae*) and their presumed evolutionary affinities. *Bryologist*, **96**(3): 394-404.

Kärnefelt I, Thell A, Randlane A, Saag I. 1994. The genus *Flavocetraria* Kärnefelt & Thell. A new segregation in the family *Parmeliaceae* and its affinities. *Acta Botanica Fennica*, **150**: 79-86.

Kärnefelt I, Emanuelsson K, Thell A. 1998. Anatomy and systematics of usneoid genera in the *Parmeliaceae*. *Nova Hedwigia*, **67**(1-2): 71-92.

Kirk PM, Cannon PF, Davida JC, Stalpers JA: 2001. Index of Fungi. Wallingford: CABI Publishing.

Koerber GW. 1859. Parerga lichenologica. Erganzungen zum Systema Lichenum Germaniae. 1. Breslau: 1-96.

Kopaczevskaja EG, Makarevicz MF, Oxner AN, Rassadina KA. 1971. The Academy of Sciences of the U.S.S.R. Handbook of the Lichens of the U.S.S.R. pp. 282-301.

Krog H. 1951. Microchemical studies on *Parmelia*. *Nytt Mag.*, **88**: 57-85.

Krog H. 1974. Taxonomic studies in the *Hypogymnia intestiniformis* complex. *Lichenologist*, **6**: 135-140.

Kurokawa S. 1971. Nomenclature of Japanese taxa of *Hypogymnia* and *Menegazzia*. *Miscellanea Bryologica et Lichenologica*, **5**: 129-130.

Kurokawa S. 1980. *Cetrariopsis*, a new genus in the Parmeliaceae, and its distribution. *Memoirs of the National Science Museum [Tokyo]*, **13**: 139-142.

Kurokawa S. 1991. Japanese species and genera of the Parmeliaceae. *Journal of Japanese Botany*, **66(3)**: 152-159.

Kurokawa S, Lai MJ. 1991. *Allocetraria*, a new genus in the *Parmeliaceae*. *Bulletin of the National Science Museum*(Tokyo), Ser. B, **17**: 59-65.

Lai MJ. 1980a. Notes on some *Hypogymniae*(*Parmeliaceae*)from East Asia. *Quarterly Journal of the Taiwan Museum*, **33**(3, 4): 209-214.

Lai MJ. 1980b. Studies on the *cetrarioid* Lichens in *Parmeliaceae* of East Asia(I). *Quarterly Journal of the Taiwan Museum*, **33**(3, 4): 215-229.

Lai MJ, Qian ZG, Xu L. 2007. Synopsis of the cetrarioid lichen genera and species(*Parmeliaceae*, lichenized *Ascomycotina*)in China. *Journal of the National Taiwan Museum*, **60**(1): 45-62.(赖明洲, 钱之广, 徐蕾. 中国梅衣科岛衣类属群之分类纲要. 台湾博物馆学刊)

Lai MJ, Chen XL, Qian ZG, Xu L, Ahti T. 2009. Cetrarioid lichen genera and species in NE China. *Annales Botanici Fennici*, **46**(5): 365-380.

Lamb IM. 1963. Index Nominum Lichenum inter annos 1932 et 1960 divulgatorum. New York: Ronald Press Co.: 1-809.

Linnaeus C. 1753. Species Plantarum, exhibentes plantas rite cognitas ad genera relatas, cum differentiis specificis, nominibus trivialibus, synonymis selectis, locis natalibus, secundum systema sexuale digestas. Holmiae: 1-1231.

Liu DL, Wei XL, Li CX. 2018. *Hypogymnia incurvoides*, a new record of lichen species in China. *Shandong Science*, **31**(3): 110-112(in Chinese).(刘大乐, 魏鑫丽, 李翠新. 中国袋衣一新记录中——卷叶袋衣. 山东科学)

Lücking R, Hodkinson BP, Leavitt SD. 2017. The 2016 classification of lichenized fungi in the *Ascomycota* and *Basidiomycota* – Approaching one thousand genera. *Bryologist*, **119**(4): 361-416.

Luo GY. 1984. Preliminary study on the lichen species distribution and their ecological characteristics on Dailing, Liangshui Forest Farm. *Journal of North-Eastern Forestry Institute*, **12**(Suppl.): 84-88.(罗光裕. 带岭凉水林场地衣种的分布及其生态特性的初步研究. 东北林业大学学报增刊)

Luo GY. 1986. The preliminary study of *Hypogymnia*(lichen)from Northeastern China. *Bulletin of Botanical Research*, **6**(3): 155-170(in Chinese).(罗光裕. 东北袋衣属(地衣)的初步研究. 植物研究)

Lutzoni F. 1997. Phylogeny of lichen- and non-lichen-forming omphalinoid mushrooms and the utility of testing for combinability among multiple data sets. *Systematic Biology* **46(3)**: 373-406.

Ma LG. 1973. Sexual reproduction. *In*: Ahmajian V, Hale M. The Lichens. New York and London: Academic Press: 59-90.

Magnusson AH. 1940. Lichens from Central Asia I. Rep. Sci. Exped. N.W. China S. Hedin-The Sino-Swedish expedition-(Publ.13). XI. Bot. **1**: 1-168.

Mattsson JE, Lai MJ. 1993. *Vulpicida*, a new genus in *Parmeliaceae*(Lichenized *Ascomycetes*). *Mycotaxon*, **46**: 425-428.

Mattsson JE, Wedin M. 1998. Phylogeny of the *Parmeliaceae*-DNA data versus morphological data. *Lichenologist*, **30**(4-5): 463-472.

McCune B. 2002. *Hypogymnia bryophila*, a new sorediate lichen species from Portugal. *Bryologist*, **105**(3): 470-472.

McCune B. 2009. *Hypogymnia*(*Parmeliaceae*) species new to Japan and Taiwan. *Bryologist*, **112**(4): 823-826.

McCune B. 2011. *Hypogymnia irregularis*(*Ascomycota*: *Parmeliaceae*)-a new species from Asia. *Mycotaxon*, **115**: 485-494.

McCune B. 2012. The identity of *Hypogymnia delavayi*(*Parmeliaceae*)and its impact on *H. alpina* and *H. yunnanensis*. *Opuscula Philolichenum*, **11**: 11-18.

McCune B, Obermayer W. 2001. Typification of *Hypogymnia hypotrypa* and *H. sinica*. *Mycotaxon*, **79**: 23-27.

McCune B, Tchabanenko S. 2001. *Hypogymnia arcuata* and *H. sachalinensis*, two new lichens from East Asia. *Bryologist*, **104**(1): 146-150.

McCune B, Wang LS. 2014. The lichen genus *Hypogymnia* in southwest China. *Mycosphere*, **5**(1): 27-76.

McCune B, Martin EP, Wang LS. 2003. Five new species of *Hypogymnia* with rimmed holes from the Chinese Himalayas. *Bryologist*, **106**(2): 226-234.

McCune B, Tchabanenko S, Wei XL. 2015. *Hypogymnia papilliformis*(*Parmeliaceae*), a new lichen from China and Far East Russia. *Lichenologist*, **47**(2): 117-122.

Miadlikowska J, Schoch CL, Kageyama SA, Molnar K, Lutzoni F, McCune B. 2011. *Hypogymnia* phylogeny, including *Cavernularia*, reveals biogeographic structure. *Bryologist*, **114**(2): 392-400.

Moreau F, Moreau MF. 1951. Lichens de Chine. *Revue Bryologique et Lichénologique*, **20**: 183-199.

Müller Argoviensis J. 1891. Lichenologische Beitrage. *Flora*, **74**: 371-382.

Nelsen MP, Chavez N, Sackett-Hermann E, Thell A, Randlane T, Divakar PK, Rico VJ, Lumbsch HT. 2011. The cetrarioid core group revisited(*Lecanorales*: *Parmeliaceae*). *Lichenologist*, **43**(6): 537-551.

Nuno M. 1964. Chemism of *Parmelia* subgenus *Hypogymnia* Nyl. *The Journal of Janpanese Botany*, **39**(4): 97-104.

Nylander W. 1855. Essai d'une nouvelle classification des lichens, second mémoire. *Mém. Soc. Sci. Nat. Cherbourg*, **3**: 161-202.

Nylander W. 1860. *Synopsis methodica lichenum omnium hucusque cognitorum praemissa introductione lingua gallica tractata*, Paris: Martinet: 141-430.

Nylander W. 1865. Ad historiam reactionis iodi apud Lichenes et Fungos notula. *Flora, Jena,* **48**: 465-468.

Nylander W. 1866. Circa novum in studio Lichenum criterium chemicum. *Flora, Jena,* **49**: 198-201.

Nylander W. 1888. Lichenes Novae Zelandiae. Paris: P. Schmidt: 1-156.

Nylander W. 1896. Les lichens des environs de Paris. Paris: P. Schmidt: 1-142.

Nylander W. 1900. Lichenes ceylonenses et additamentum ad lichenes japoniae. *Acta Soc. Sci. Fennicae*, **26**:

1-33.

Obermayer W, Mayrhofer H. 2007. Hunting for *Cetrelia chicitae* (Lichenized *Ascomycetes*) in the eastern European Alps (including an attempt for a morphological characterization of all taxa of the genus *Cetrelia* in Central Europe). *Phyton*, **47**: 231-290.

Ohlsson KE. 1973. New and interesting macrolichens of British Columbia. *Bryologist* **76**: 366-387.

Oxner AN. 1933. Species Lichenum novae ex Asia. Journ. du Cycle Botanic de L'Academie des Sciences D'Ukraine, **7-8**: 168.

Paulson R. 1925. Lichens of Mount Everest. *The Journal of Botany*, (London) **63**: 189-193.

Paulson R. 1928. Lichens from Yunnan. *The Journal of Botany* (London), **66**: 313-319.

Poelt J. 1969. Bestimmungsschlussel Europaischer Flechten. Lehre: Verlag von J. Cramer: 1-757.

Poelt J. 1974. Classification. *In*: Ahmadjian V, Hale ME. The lichens. New York: Academic Press: 599-632.

Qian ZG. 1982. Notes on Wuyi mountain lichens (I). *Wuyi Science Journal*, **2**: 9-13 (in Chinese). (钱之广. 武夷山地衣杂记 (一). 武夷科学)

Randlane T, Saag A. 1991. Chemical and morphological variation in the genus *Cetrelia* in the Soviet Union. *Lichenologist*, **23 (2)**: 113-126.

Randlane T, Saag A. 1993. World list of cetrarioid lichens. *Mycotaxon*, **47**: 395-403.

Randlane T, Saag A. 1998. Synopsis of the genus *Nephromopsis* (Fam. *Parmeliaceae*, Lichenized *Ascomycota*). *Cryptogamie. Bryologie, Lichenologie*, **19** (2-3): 175-191.

Randlane T, Saag A, Thell A, Kärnefelt IA. 1994. The lichen genus *Tuckneraria* Randlane & Thell-a new segregate in the *Parmeliaceae*. *Acta Botanica Fennica*, **150**: 143-151.

Randlane T, Thell A, Saag A. 1995. New data about the genera *Cetrariopsis*, *Cetreliopsis* and *Nephromopsis* (*Parmeliaceae*, Lichenized *Ascomycotina*). *Cryptogamie Bryologie, Lichenologie*, **16**: 35-60.

Randlane T, Saag A, Thell A. 1997. A second updated world list of cetrarioid lichens. *Bryologist*, **100** (1): 109-122.

Randlane T, Saag A, Obermayer W. 2001. Cetrarioid lichens containg usnic acid from the Tibetan area. *Mycotaxon*, **80**: 389-425.

Randlane T, Saag A, Thell A, Ahti T. 2013. Third world list of cetrarioid lichens. Ver. January 20, 2013. http: //esamba.bo.bg.ut.ee/checklist/cetrarioid.

Räsänen V. 1940. Lichenes ab A. Yasuda et aliis in Japonia collecti (I), (II). *Journal of Japanese Botany*, **16**: 82-98, 139-153.

Räsänen V. 1943. Das System der Flechten. Übersicht mit Bestimmungstabellen der natürlichen Flechtenfamilien, ihrer Gattungen, Untergattungen, Sektionen und Untersektionen. *Acta Botanica Fennica* **33**: 1-82.

Räsänen V. 1952. Studies on the species of the lichen genera *Cornicularia*, *Cetraria* and *Nephromopsis*. *Kuopion Luonnon Ystavain Yhdistyksen Julkaisuja B*, **2(6)**: 1-53.

Rassadina KA. 1950. The *Cetrariae* of the USSR. *Plantae Cryptogamae, Acta Inst Bot Acad Sci. URSS*, **5**: 171-304.

Rassadina KA 1956. Species lichenum novae et curiosae. II. *Bot. Materialy Notulae System. e*

Rassadina KA. 1960. Species *Parmeliae* et *Hypogymniae* URSS novae et curiosae. *Bot Mater Otd Sporov Rast Bot Inst Komarova Akad Nauk SSSR*, **13**: 23.

Rassadina KA. 1967. Species et formae *Hypogymniae* novae et curiosae. *Novitates Systematicae Plantarum non Vascularium*, [Acad. Sci. URSS, Inst. Bot. nomine V. L. Komarovii], [Leningrad], **1967**: 289-300.

Santesson R. 1984. The lichens of Sweden and Norway. Stockholm: Swedish Museum of Natural History: 1-333.

Sato MM. 1938a. Enumeratio lichenum Insulae Formosae IV, *J. Jap. Bot.* **14**: 463-468.

Sato MM. 1938b. Enumeratio lichenum Insulae Formosae V, *J. Jap. Bot.* **14**: 783-790.

Sato MM. 1939. Parmeliaceae (I). in Nakai T, Hondo M. Nova Flora Japonica vel Descriptiones et Systema Nova omnium plantarum in Imperie Japonice sponte nascentium, pp.1-87.

Sato MM. 1952. Lichenes Khinganenses: or a list of lichens collected by Prof. T. Kira in the Khingan Range, Manchuria. *Botanical Magazine Tokyo*, **65** (769-770) : 172-175.

Sato MM. 1959. Range of the Japanese Lichens (IV). *Bulletin of the Faculty of Liberal Arts, Ibaraki University*, *Natural Science*, **9**: 39-51.

Singh A. 1964. Lichens of India. *Bulletin of the National Botanic Gardens*, **93**: 203-204.

Singh A. 1980. *Lichenology in Indian subcontinent 1966-1977*. Lucknow: Economic Botany In.*Sect. Cryptogamica Inst. Bot. nomine V. L. Komarovii Acad. Sci. URSS*, **11**: 5-12.

Sinha GP, Elix JA. 2003. A new species of *Hypogymnia* and a new record in the lichen family *Parmeliaceae* (*Ascomycota*) from Sikkim, India. *Mycotaxon*, **57**: 81-84.

Tchou YT (朱彦承). 1935. Note preliminaire sur les lichens de Chine. *Contr. Inst. Bot. Natl. Acad. Peiping*, **3**: 299-322.

Tehler A. 1995a. Morphological data, molecular data and total evidence in phylogenetic analysis. *Candian Journal of Botany*, **73**: 667-676.

Tehler A. 1995b. *Arthoniales*, phylogeny as indicated by morphological and rDNA sequence data. *Cryptogamic Botany*, **5**: 82-97.

Thell A. 1995. A new position of the *Cetraria* commixta group in *Melanelia* (*Ascomycotina, Parmeliaceae*). *Nova Hedwigia*, **60**: 407-442.

Thell A. 1998. Phylogenetic relationships of some cetrarioid species in British Columbia with notes on *Tuckermannopsis*. *Folia Cryptog. Estonica*, **32**: 113-122.

Thell A, Goward T. 1996. The new cetrarioid genus *Kaernefeltia* and related groups in the Parmeliaceae (lichenized Ascomycotina). *Bryologist*, **99 (2)**: 125-136.

Thell A, Kärnefelt I, Randlane T. 1995a. *Tuckneraria togashii*, a new combination of a cetrarioid lichen in the *Parmeliaceae* from Japan. *Journal of the Hattori Botanical Laboratory*, **78**: 237-242.

Thell A, Mattsson JE, Kärnefelt I. 1995b. Lecanoralean ascus types in the lichenized families *Alectoriaceae* and *Parmeliaceae*. *Cryptogamic Botany*, **5**: 120-127.

Thell A, Randlane T, Kärnefelt I, Gao XQ, Saag A. 1995c. The lichen genus *Allocetraria* (*Ascomycotina, Parmeliaceae*), pp. 353-370. *In*: Daniels FJA, Schultz M, Peine J. Flechten Follmann. Contributions to Lichenology in Honour of Gerhard Follmann. Cologne.

Thell A, Berbee M, Miao V. 1998. Phylogeny within the genus *Platismatia* based on rDNA ITS sequences (lichenized Ascomycota). *Cryptogamie Bryologie Lichenologie*, **19 (4)**: 307-319.

Thell A, Randlane T, Saag A, Kärnefelt I. 2005. A new circumscription of the lichen genus *Nephromopsis* (*Pameliaceae*, lichenized *Ascomycetes*). *Mycological Progress*, **4** (4) : 303-316.

Thell A, Högnabba F, Elix JA, Feuerer T, Kärnefelt I, Myllys L, Randlane T, Saag A, Stenroos S, Ahti T, Seaward MRD. 2009. Phylogeny of the cetrarioid core (*Parmeliaceae*) based on five genetic markers. *Lichenologist*, **41** (5) : 489-511.

Thell A, Crespo A, Divakar PK, Kärnefelt I, Leavitt SD, Lumbsch HT, Seaward MRD. 2012. A review of the lichen family *Parmeliaceae* - history, phylogeny and current taxonomy. *Nordic Journal of Botany*, **30**(6): 641-664.

Vainio E. 1909. Lichenes in viciniis hibernae expeditionis Vegae prope pagum Pitlekai in Sibiria septentrionali a Dr. E. Almquist collecti. Art. Bot. 8.

Wadsten T, Moberg R. 1985. Calicium oxalate hydrates on the surface of lichens. *Lichenologist*, **17**(3): 239-245.

Wang RF, Wang LS, Wei JC. 2014. *Allocetraria capitata* sp. nov.(*Parmeliaceae, Ascomycota*)from China. *Mycosystema*, **33**(1): 1-4.

Wang RF, Wei XL, Wei JC. 2015a. A new species of *Allocetraria*(*Parmeliaceae, Ascomycota*)in China. *Lichenologist*, **47**(1): 31-34.

Wang RF, Wei XL, Wei JC. 2015b. The genus *Allocetraira*(*Parmeliaceae, Ascomycota*)in China. *Mycotaxon*, **130**: 577-591.

Wang XY. 1985. The Lichens of the Mt. Tuomuer Areas in Tianshan. *In*: Scientific Expedition of Chinese Academy of Sciences. Fauna and Flora of the Mt. Tuomuer Areas in Tianshan. Urumqi: Xinjiang Peopole's Publishing House: 328-353(in Chinese).(王先业. 天山托木尔峰地区地衣. 见: 天山托木尔峰地区的生物. 乌鲁木齐: 新疆人民出版社)

Wang-Yang JR, Lai MJ. 1973. A checklist of the lichens of Taiwan. *Taiwania*, **18**(1): 83-104.

Wang-Yang JR, Lai MJ. 1976a. Notes on the lichen genus *Sphaerophorus* Pers. of Taiwan, with descriptions of three new species. *Taiwania*, **21**(1): 83-85.

Wang-Yang JR, Lai MJ. 1976b. Additions and corrections to the lichen flora of Taiwan. *Taiwania*, **21**(2): 226-228.

Wei JC. 1981. Lichenes sinenses exsiccati(Fasc. I: 1-50). *Bulletin of Botanical Research*, **1**(3): 81-91.

Wei JC. 1984. A new isidiate species of *Hypogymnia* in China. *Acta Mycologica Sinica*, **3**(3): 214-216.

Wei JC. 1986. Notes on some isidiate species of *Hypogymnia* in Asia. *Acta Mycologica Sinica*, Supplement **I**: 379-385.

Wei JC. 1991. An enumeration of lichens in China. pp. 158. International Academic Publishers(in Chinese).(魏江春. 中国地衣综览. 北京: 万国学术出版社)

Wei JC. 2020. The enumeration of lichenized fungi in China. Beijing: China Forestry Publishing House: 1-606.

Wei JC, Chen JB. 1974. Materials for the lichen flora of the Mount Qomolangma region in Southern Xizang, China. *In*: Report on the Scientific Investigations(1966-1968)in Mt. Qomolangma district. Beijing: Science Press: 173-182(in Chinese).(魏江春, 陈健斌: 珠穆朗玛峰地区地衣区系资料. 见: 珠峰地区科考报告. 北京: 科学出版社)

Wei JC, Jiang YM. 1980. Species novae lichenum e *Parmeliaceis* in regione xizangensi. *Acta Phytotaxonomica Sinica*, **18**(3): 386-388(in Chinese).(魏江春, 姜玉梅. 西藏梅衣科地衣新种. 植物分类学报)

Wei JC, Wang XY. 1980. Terms and Nomenclatures of Lichen. Beijing: Science Press: 73(in Chinese).(魏江春, 王先业. 地衣名词与名称. 北京: 科学出版社)

Wei JC, Jiang YM. 1981. A biogeographical analysis of the lichen flora of Mt. Qomolangma region in Xizang. Proceedings of symposium on Qinghai-Xizang (Tibet) Plateau. Beijing & New York: Science Press & Gorden and Breach, Science Publishers, Inc.: 1145-1151.

Wei JC, Jiang YM. 1986. Lichens of Xizang. Beijing: Science Press: 130(in Chinese).(魏江春, 姜玉梅. 西藏地衣. 北京: 科学出版社)

Wei JC, Jiang YM. 1990. A new species of *Hypogymnia*. *Acta Mycologica Sinica*, **9**(4): 293-295(in

Chinese). (魏江春, 姜玉梅: 袋衣属一新种. 真菌学报)

Wei JC, Bi WF. 1998. Chemical revision of *Hypogymnia hengduanensis*. *Bryologist*, **101**(4): 556-557.

Wei JC, Wang XY, Chen XL. 1982. Lichenes Officinales Sinenses. Beijing: Science Press: 65(in Chinese). (魏江春, 王先业, 陈锡龄. 中国药用地衣. 北京: 科学出版社)

Wei XL, Wei JC. 2005. Two new species of *Hypogymnia*(*Lecanorales, Ascomycota*) with pruinose lobe tips from China. *Mycotaxon*, **94**(1): 155-158.

Wei XL, Wei JC. 2012. A study of the pruinose species of *Hypogymnia*(*Parmeliaceae, Ascomycota*) from China. *Lichenologist*, **44**(6): 783-793.

Wei XL, McCune B, Wang LS, Wei JC. 2010. *Hypogymnia magnifica*(*Parmeliaceae*), a new lichen from southwest China. *Bryologist*, **113**(1): 120-123.

Wei XL, Chen K, Lumbsch HT, Wei JC. 2015. Rhizines occasionally occur in the genus *Hypogymnia* (Parmeliaceae, Ascomycota). *Lichenologist,* **47(1)**: 69-75.

Wei XL, McCune B, Lumbsch HT, Li H, Leavitt S, Yamamoto Y, Tchabanenko S, Wei JC. 2016. Limitations of species delimitation based on phylogenetic analyses: a case study in the *Hypogymnia hypotrypa* group(*Parmeliaceae, Ascomycota*). *PLoS One*, **11**(11): e0163664.

White FJ, James PW. 1985. A new guide to microchemical techniques for the identification of lichen substances. *British Lichen Society Bulletin*, **57**(Suppl.): 1-41.

Wu JL. 1985. The Lichens collected from the steppe of Xinjiang. *Acta Phytotaxonomica Sinica*, **23**(1): 73-78(in Chinese). (吴金陵. 新疆草原地衣. 植物分类学报)

Wu JL. 1987. Iconography of Chinese Lichen. Beijing: Vision China Press: 139-145(in Chinese). (吴金陵. 中国地衣植物图鉴. 北京: 中国展望出版社)

Wu JN, Abbas A. 1998. Lichens of Xinjiang. Urumqi Sci-Tech & Hygiene Publishing House of Xinjiang(K): (in Chinese). (吴继农, 阿不都拉·阿巴斯. 新疆地衣. 乌鲁木齐: 新疆科技卫生出版社(K))

Wu JN, Qian ZG. 1989. Lichens. In Xu BS (ed.): Cryptogamic flora of the Yangtze and adjacent regions. Shanghai: Shanghai Scientific & Technical Publishers: 158-266 (in Chinese). (吴继农, 钱之广, 见徐炳升主编: 长江三角洲及邻近地区孢子植物志. 上海: 上海科学技术出版社).

Wu JN, Xiang T, Qian ZG. 1982. Notes on Wuyi mountain lichens(I). *Wuyi Science Journal*, 2: 9-13(in Chinese). (吴继农, 项汀, 钱之广. 武夷山地衣杂记(一). 武夷科学)

Xu BS. 1989. Cryptogamic Flora of the Yangtze Delta and Adjacent Regions. Shanghai: Shanghai Scientific & Technical Publishers: 573(in Chinese). (徐炳升. 长江三角洲及邻近地区孢子植物志. 上海: 上海科学技术出版社)

Yoshimura I. 1974. Lichen flora of Japan in color. Osaka: Hoikusha Publishing Co., Ltd.(in Japanese): 1-349(吉村庸. 原色日本地衣植物图鉴. 大阪: 保育社出版有限公司)

Zahlbruckner A. 1909. In Trav. de la Sous-Sect. de Troiskossawsk-Khiakta, sect. du Pays d'Amoure de la Soc. Imp. Russe de George, **1**: 89.

Zahlbrukner A. 1926. Lichenes. B. Specieller Teil. In A. Engler (ed.): Die Natül-lichen pflanzenfamilien 8. (2nd Edn) Leipzig: Engelmann: 61-270.

Zahlbruckner A. 1930a. Catalogus Lichenum Universalis. Leipzig. Leipzig: Borntraeger: 1-784.

Zahlbruckner A. 1930b. Lichenes in Handel-Mazzetti. *Symbolae Sinicae*, **3**: 1-254.

Zahlbruckner A. 1933. Flechten der Insel Formosa. *Feddes Repertorium specierum novarum regni vegetabilis\Feddes Repert. Spec. nov. regn. Veg.*, **33**: 22-68.

Zahlbruckner A. 1934. Nachtrage zur Flechten flora Chinas. *Hedwigia*, **74**: 195-213.

Zhang T, Li HM, Wei JC. 2006. The lichens of Mts. Fanjingshan in Guizhou Province. *Journal of Fungal Research*, **4**(1): 1-13.

Zhao JD. 1964. A preliminary study on Chinese *Parmelia*. *Acta Phytotaxonomica Sinica*, **9**: 166(in Chinese).(赵继鼎. 中国梅花衣属的研究. 植物分类学报)

Zhao JD, Xu LW, Sun ZM. 1978. Species novae *Parmeliae* Sinicae. *Acta Phytotaxonomica Sinica*, **16**(3): 95-97.(赵继鼎, 徐连旺, 孙增美. 中国梅花衣属新种. 植物分类学报)

Zhao JD, Xu LW, Sun ZM. 1982. Prodromus Lichenum Sinicorum. Beijing: Science Press: 156(in Chinese).(赵继鼎, 徐连旺, 孙增美. 中国地衣初编. 北京: 科学出版社)

Zopf W. 1907. Zur Kenntnis der Flechtenstoffe. Sechzehnte Mitteilung. *Liebigs Annalen der Chemie*, **352**: 1-44.

汉 名 索 引

学 名 索 引

H

图 版

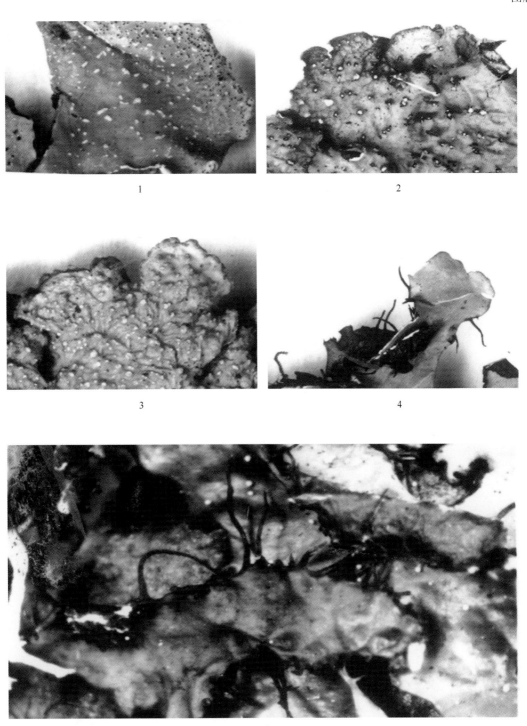

假杯点和缘毛. 1. 上表面假杯点 (× 16 倍) : *Cetrelia cetrarioides* (王先业和肖翙 10189); 2. 上表面假杯点 (× 10 倍) : *Cetreliopsis asahinae* (高向群 3310); 3. 下表面假杯点 (× 12.8 倍) : *Nephromopsis pallescens* (高向群 2527); 4. 缘毛 (× 12.8 倍) : *Nephromopsis ahtii* (王先业等 8037); 5. 缘毛 (× 20 倍) : *Tuckermanopsis americana* (陈健斌和姜玉梅 A-570).

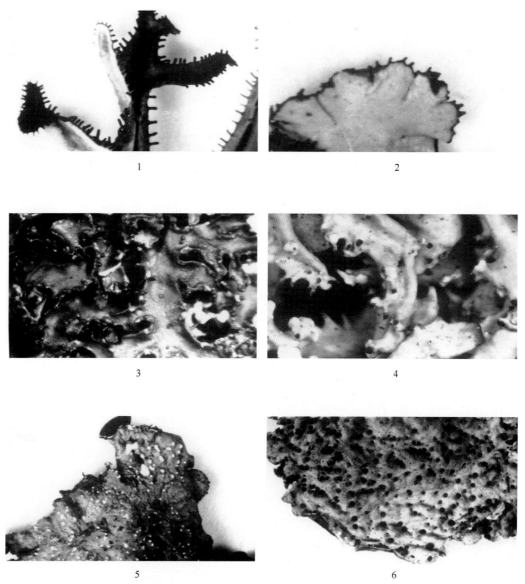

分生孢子器和子囊盘 . 1. 小刺和顶端的分生孢子器 (×26 倍）：*Cetraria laevigata* (高向群 226); 2. 小刺和顶端的分生孢子器 (×32 倍）：*Nephromopsis ahtii* (王先业等 8037); 3. 头状分生孢子器 (×32 倍）：*Cetraria hepatizon* (高向群 1506); 4. 突起状的分生孢子器 (×32 倍）：*Allocetraria stracheyi* (苏京军 5410); 5. 子囊盘 (×10 倍）：*Nephromopsis stracheyi* (苏京军 3901); 6. 子囊盘 (×10 倍）：*Nephromopsis pallescens* (高向群 2527).

1. 髓层中空: *Hypogymnia arcuata* (Miehe & Wündisch 94-215-42/10); 2. 髓层中实: *Hypogymnia pulverata* (Pike LP-82, isotype, BM); 3. 地衣体裂片毗邻: 霜袋衣 *Hypogymnia pruinosa* (宗毓臣和廖寅章 215, isotype); 4. 地衣体裂片分散: *Hypogymnia lijiangensis* (王先业等 6991, holotype); 5. 裂片似流水冲刷状: *Hypogymnia incurvoides* (魏鑫丽 1976); 6. 裂片明显二叉分枝: *Hypogymnia arcuate* (Miehe & Wündisch 94-215-42/10); 7. 裂片不明显二叉分枝: *Hypogymnia austerodes* (魏江春 1886); 8. 裂片顶端尖细且上翘: *Hypogymnia fragillima* (魏江春等 084252); 9. 裂片顶端平展微翘起: *Hypogymnia laccata* (宗毓臣和廖寅章 506, isotype); 10. 裂片顶端截形: *Hypogymnia hypotrypa* (lectotype, BM). 标尺 = 1 cm.

图版 4

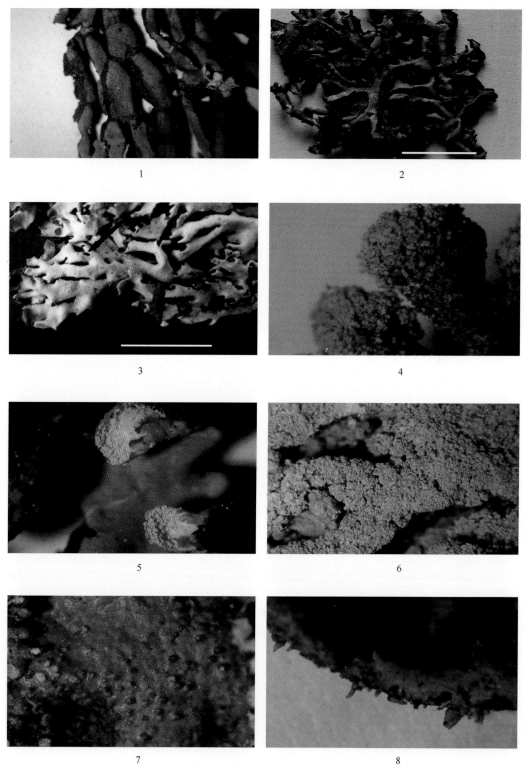

1. 裂片绻缩: *Hypogymnia subarticulata* (赵继鼎和陈玉本 4414, holotype); 2. 裂片具黑色镶边: *Hypogymnia vittata* (苏京军 4925); 3. 上表面的穿孔: *Hypogymnia magnifica* (wang L. S. 00-20250); 4. 头状粉芽堆: *Hypogymnia tubulosa* f. *farinosa* (陈健斌和王胜兰 14440-1); 5. 唇形粉芽堆: *Hypogymnia physodes* (魏江春 2613); 6. 表面生粉芽堆: *Hypogymnia pulverata* (Pike LP-82, isotype, BM); 7. 小疣状裂芽: *Hypogymnia austerodes* (魏江春 1886, HMAS-L); 8. 珊瑚状裂芽: *Hypogymnia hengduanensis* (Harry Smith 14078, isotype). 标尺 = 1 cm.

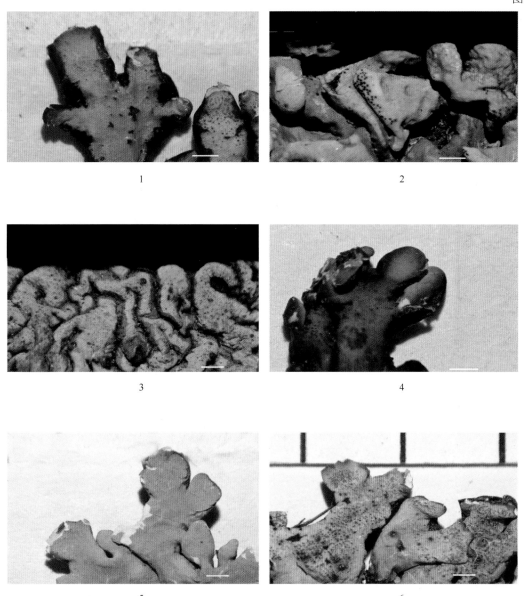

1

2

3

4

5

6

Hypogymnia 属地衣体表面的粉霜. 1. 粉霜位于裂片近顶端: *Hypogymnia lijiangensis* (王先业等 6991, Holotype); 2. 粉霜位于上表面和裂片近顶端处, 界限明显: *Hypogymnia pruinoidea* (魏鑫丽 1727, Holotype); 3. 粉霜位于地衣体上表面, 界限明显: *Hypogymnia pruinosa* (宗毓臣和廖寅章 215, isotype); 4. 粉霜仅位于裂片近顶端处: *Hypogymnia pseudopruinosa* (王先业等 7606, lectotype); 5. 粉霜位于裂片近顶端: *Hypogymnia subfarinacea* (肖协和王先业 10582, Holotype); 6. 粉霜位于上表面和裂片近顶端处: *Hypogymnia subpruinosa* (王先业等 7094, Holotype). 标尺 = 1 mm.

图版 6

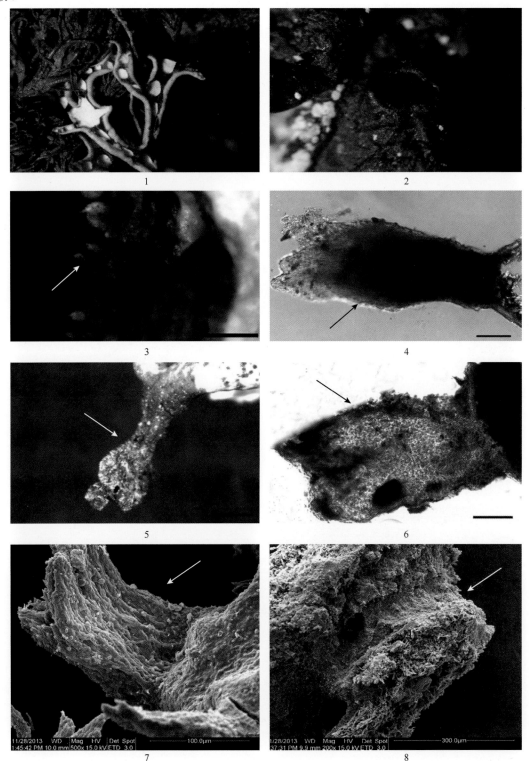

穿孔和假根 . 1. 下表面孔成串：*Hypogymnia fragillima*（魏江春等 084252）; 2. 下表面孔具边缘：*Hypogymnia laxa* (McCune 25599, Holotype, OSC); 3. 解剖镜下的假根：*Hypogymnia krogiae* (holotype, MSC)，标尺 =200 μm; 4. 显微镜下的假根：*Hypogymnia krogiae* (holotype, MSC)，标尺 =50 μm; 5. 解剖镜下的假根：*Hypogymnia pruinoidea* (paratype, HMAS-L085010)，标尺 =500 μm; 6. 显微镜下的假根：*Hypogymnia pruinoidea* (HMAS-L085010)，标尺 =100 μm; 7. 扫描电镜下的假根：*Hypogymnia krogiae* (holotype, MSC)，500×; 8. 扫描电镜下的假根：*Hypogymnia pruinoidea* (paratype, HMAS-L085010)，200×.（假根图片引自 Wei et al. 2014).

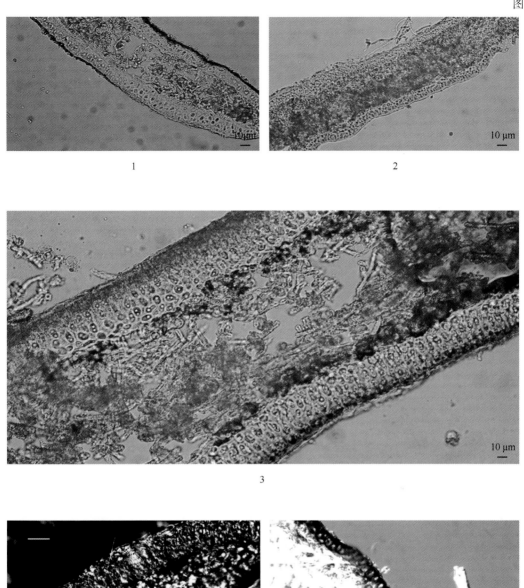

皮层结构 . 1. 假薄壁组织 (paraplectenchyma)：*Cetraria laevigata* (高向群 224-3); 2. 假厚壁组织 (prosoplecten-chyma)：*Cetrelia collate* (魏江春 0453); 3. 假栅栏组织 (palisade plectenchyma)：*Allocetraria sinensis* (王先业等 7076); 4. 假厚壁组织 (prosoplectenchyma)：*Hypogymnia hypotrypa* 地衣体上皮层 (魏鑫丽 1857, 400 ×); 5. 假薄壁组织 (paraplectenchyma)：*Hypogymnia physodes* 地衣体下皮层 (魏江春 2613, 400 ×).

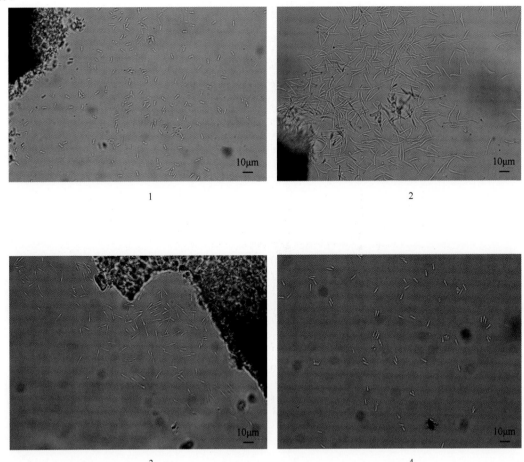

分生孢子 . 1. 哑铃形分生孢子: *Cetreliopsis asahinae* (高向群 3310); 2. 丝状分生孢子: *Allocetraia endochrysea* (王瑞芳 YK12010); 3. 亚囊状分生孢子: *Vulpicida juniperinus* (高向群 1435); 4. 杆状分生孢子: *Cetraria laevigata* (高向群 1588).

1. 黄条厚枝衣 *Allocetraria ambigua* (马承华 375); 2. 粉头厚枝衣 *Allocetraria capitata* (王立松 07-28259, isotype); 3. 皱 厚 枝 衣 *Allocetraria corrugata* (王 瑞 芳 YK12033, holotype), 标 尺 =1 cm; 4. 杏 黄 厚 枝 衣 *Allocetraria endochrysea* (王瑞芳 YK12010); 5. 黄黑厚枝衣 *Allocetraria flavonigrescens* (魏鑫丽和陈凯 QH12058, Pd+); 6. 黄黑厚枝衣 *Allocetraria flavonigrescens* (杨军 YJ218, Pd-). 标尺 = 1 cm.

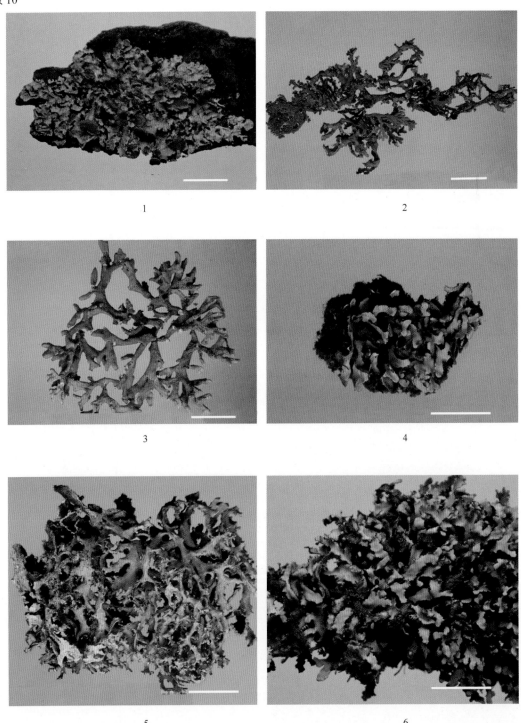

1. 小球厚枝衣 *Allocetraria globulans* (王先业等 7781); 2. 裂芽厚枝衣 *Allocetraria isidiigera* (魏江春和陈健斌 1857, holotype); 3. 小管厚枝衣 *Allocetraria madreporiformis* (魏江春, 无号); 4. 中华厚枝衣 *Allocetraria sinensis* (王 先业等 7076); 5. 叉蔓厚枝衣 *Allocetraria stracheyi* (苏京军 5410); 6. 云南厚枝衣 *Allocetraria yunnanensis* (王瑞芳 12018, holotype). 标尺 = 1 cm.

1. 金黄裸腹叶 *Asahinea chrysantha* (魏江春和姜玉梅 052); 2. 舒氏裸腹叶 *Asahinea scholanderi* (高向群 1496);
3. 肝褐岛衣 *Cetraria hepatizon* (高向群 1506); 4. 岛衣 *Cetraria islandica* (王先业等 11551); 5. 白边岛衣 *Cetraria laevigata* (高向群 1588); 6. 黑岛衣 *Cetraria nigricans* (魏江春和陈健斌 1084-1); 7. 刺岛衣 *Cetraria odontella* (魏江春和陈健斌 1439-2); 8. 藏岛衣 *Cetraria xizangensis* (魏江春和陈健斌 1899, isotype). 标尺 = 1 cm.

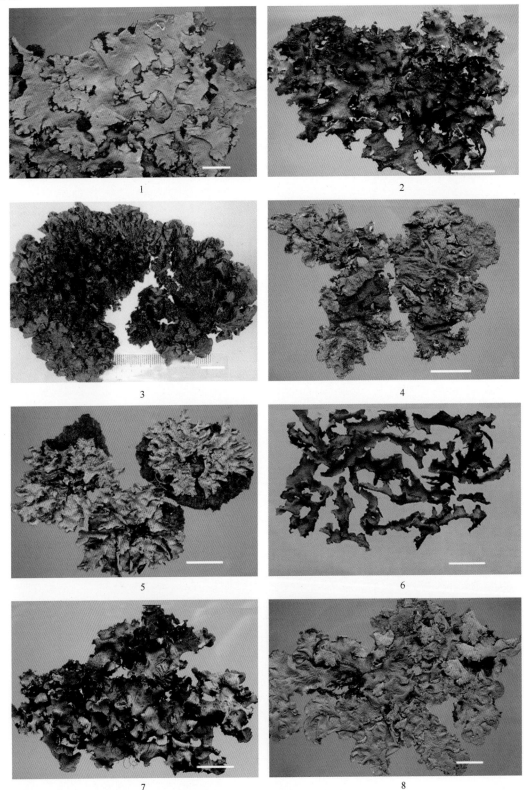

1. 细裂小岛衣 Cetrariella delisei (高向群 1533); 2. 粒芽斑叶 Cetrelia braunsiana (魏江春和陈健斌 6744); 3. 粉缘斑叶 Cetrelia cetrarioides (王先业和肖翾 1018); 4. 奇氏斑叶 Cetrelia chicitae (魏江春和陈健斌 6672); 5. 领斑叶 Cetrelia collata (魏江春 453); 6. 大维氏斑叶 Cetrelia davidiana (魏江春和陈健斌 105); 7. 戴氏斑叶 Cetrelia delavayana (魏江春和陈健斌 765-1); 8. 裂芽斑叶 Cetrelia isidiata (赵继鼎和徐连旺 07067-1). 标尺 =1 mm.

1

2

3

4

5

6

7

1. 日本斑叶 *Cetrelia japonica* (宗毓臣和廖寅章 295-3); 2. 橄榄斑叶 *Cetrelia olivetorum* (魏江春和陈健斌 6671); 3. 拟领斑叶 *Cetrelia pseudocollata* (魏江春 3717); 4. 拟橄榄斑叶 *Cetrelia pseudolivetorum* (魏江春 2911); 5. 血红斑叶 *Cetrelia sanguinea* (陈健斌 10318); 6. 中华斑叶 *Cetrelia sinensis* (魏江春 3375); 7. 裸斑叶 *Cetrelia nuda* (赵继鼎和徐玉本 4548). 标尺 =1 cm.

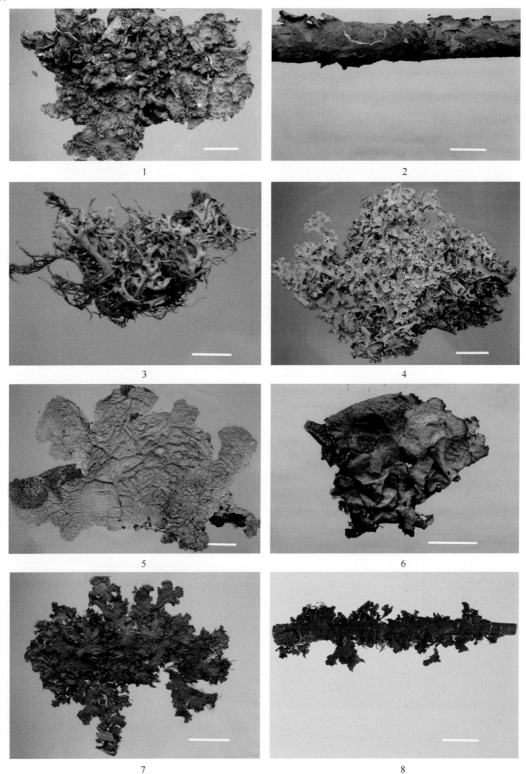

1. 朝氏类斑叶 *Cetreliopsis asahinae* (高向群 3310); 2. 黄类斑叶 *Cetreliopsis endoxanthoides* (王先业等 3284); 3. 卷黄岛衣 *Flavocetraria cucullata* (魏江春 280); 4. 雪黄岛衣 *Flavocetraria nivalis* (高向群 1571); 5. 裂芽宽叶衣 *Platismatia erosa* (王先业等 8498); 6. 海绿宽叶衣 *Platismatia glauca* (高向群 2365); 7. 美洲土可曼衣 *Tuckermanopsis americana* (陈锡龄 1706); 8. 小土克曼衣 *Tuckermanopsis microphyllica* (魏江春 3379-2). 标尺 =1 cm.

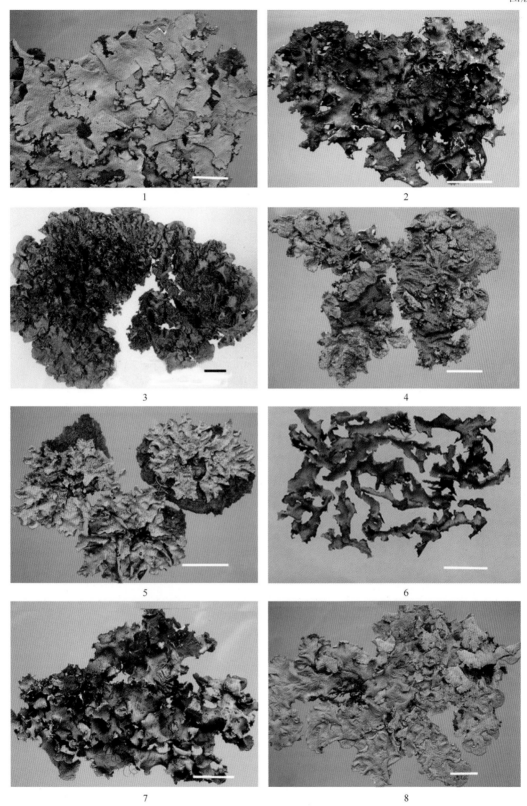

1. 艾氏肾岛衣 *Nephromopsis ahtii* (王先业等 8037); 2. 横断山肾岛衣 *Nephromopsis hengduanensis* (王先业等 4507, holotype); 3. 柯氏肾岛衣 *Nephromopsis komarovii* (卢效德 848345); 4. 赖氏肾岛衣 *Nephromopsis laii* (魏江春 2819-5); 5. 麦黄肾岛衣 *Nephromopsis laureri* (王先业等 3858); 6. 黑缘肾岛衣 *Nephromopsis melaloma* (魏江春 和陈健斌 1009); 7. 台湾肾岛衣 *Nephromopsis morrisonicola* (赖明洲 10459, paratype); 8. 类肾岛衣 *Nephromopsis nephromoides* (苏京军 1134). 标尺 =1 cm.

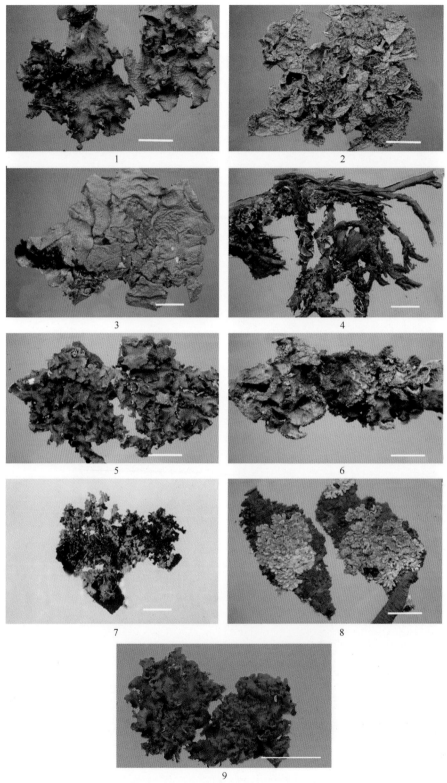

1. 丽肾岛衣 *Nephromopsis ornata* (魏江春 2533); 2. 皮革肾岛衣 *Nephromopsis pallescens* (高向群 2527); 3. 宽瓣肾岛衣 *Nephromopsis stracheyi* (苏京军 3901); 4. 针芽肾岛衣 *Nephromopsis togashii* (苏京军 2443); 5. 魏氏肾岛衣 *Nephromopsis weii*, holotype, 高向群 7619; 6. 云南肾岛衣 *Nephromopsis yunnanensis* (王先业和肖鳃 11392); 7. 桧黄髓衣 *Vulpicida juniperinus* (高向群 1435); 8. 花黄髓衣 *Vulpicida pinastri* (高向群 398); 9. 提来丝黄髓衣 *Vulpicida tilesii* (高向群 2114). 标尺 = 1 cm.

1. 高山袋衣 *Hypogymnia alpina*(魏鑫丽 1799); 2. 弓形袋衣 *Hypogymnia arcuata* (Miehe & Wündisch 94-215-42/10); 3. 暗粉袋衣 *Hypogymnia bitteri* (魏江春等 A255); 4. 球叶袋衣 *Hypogymnia bulbosa* (王立松 00-18864, holotype, KUN); 5. 球粉袋衣 *Hypogymnia capitata* (Obermayer 8297, paratype, GZU, cited from McCune & Wang 2014), 标尺 =1 mm; 6. 密叶袋衣 *Hypogymnia congesta* (王立松 82-415, holotype, KUN); 7. 肿果袋衣 *Hypogymnia delavayi* (魏江春 2600-1); 8. 环萝袋衣 *Hypogymnia diffractaica* (Wang L.S. 96-16604, isotype). 标尺 =1 cm.

1. 针芽袋衣 *Hypogymnia duplicatoides*, 黑龙江，魏江春 2590-5; 2. (硫磺袋衣 *Hypogymnia flavida*, holotype, OSC) 现为黄袋衣 *Hypogymnia hypotrypa* 的异名 ; 3. 串孔脆袋衣 *Hypogymnia fragillima* (徐连旺 8379); 4. 横断山袋衣原亚种 *Hypogymnia hengduanensis* ssp. *hengduanensis* (Harry Smith 14078, isotype); 5. 横断山袋衣康定亚种 *Hypogymnia hengduanensis* ssp. *kangdingensis* (Harry Smith 14061, isotype); 6. 黄袋衣 *Hypogymnia hypotrypa* (lectotype, BM); 7. 卷叶袋衣 *Hypogymnia incurvoides* (魏鑫丽 1976); 8. 狭叶袋衣 *Hypogymnia irregularis* (McCune 25576, isotype). 标尺 =1 cm.

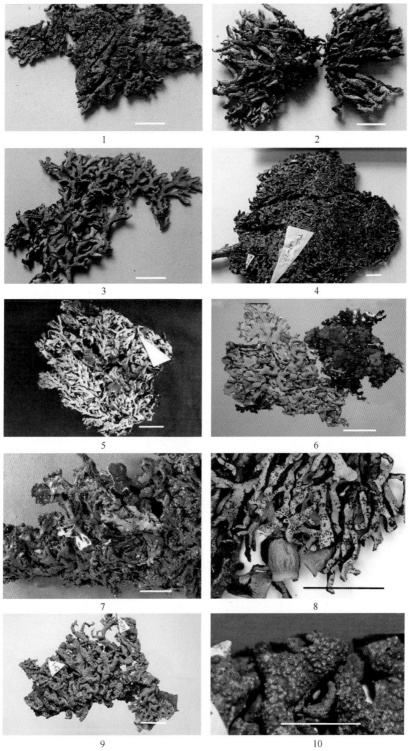

1. 蜡光袋衣 *Hypogymnia laccata* (宗毓臣和廖寅章 506, isotype); 2. 粉唇袋衣 *Hypogymnia laxa* (McCune 25599, holotype, OSC); 3. 丽江袋衣 *Hypogymnia lijiangensis* (王先业等 6991, holotype); 4. 大孢袋衣 *Hypogymnia macrospora* (王汉臣 1065a, holotype); 5. 背孔袋衣 *Hypogymnia magnifica* (Wang L. S. 00-20250, islotype); 6. 变袋衣 *Hypogymnia metaphysodes* (陈健斌和姜玉梅 A-161); 7. 光亮袋衣 *Hypogymnia nitida* (Wang 93-13495, holotype, KUN, cited from McCune & Wang 2014); 8. 舒展袋衣 *Hypogymnia pendula* (Wang 94-15531, paratype, KUN, 王立松拍摄), 标尺 = 0.5 cm; 9. 乳头袋衣 *Hypogymnia papilliformis* (L. Xu & J. Yang 1511, paratype); 10. 乳头袋衣 *Hypogymnia papilliformis* 上表面的乳突 . 10 标尺 = 1 mm, 其余标尺 = 1 cm.

1. 袋衣 *Hypogymnia physodes* (高向群 1796); 2. 类霜袋衣 *Hypogymnia pruinoidea* (魏鑫丽 1727, holotype); 3. 霜袋衣 *Hypogymnia pruinosa* (宗毓臣和廖寅章 215, isotype); 4. 拟粉袋衣 *Hypogymnia pseudobitteriana* (李苏 AL-048, KUN); 5. 假杯点袋衣 *Hypogymnia pseudocyphellata* (王立松 94-14916c, holotype, KUN); 6. 拟指袋衣 *Hypogymnia pseudoenteromorpha* (Kurukawa 56132, holotype, US); 7. 灰袋衣 *Hypogymnia pseudohypotrypa* (高向群 2846); 8. 拟霜袋衣 *Hypogymnia pseudopruinosa* (王先业等 7606, holotype). 标尺 = 1 cm.

1. 粉末袋衣 *Hypogymnia pulverata* (Pike LP-82, Isotype, BM); 2. 石生袋衣 *Hypogymnia saxicola* (McCune 25644, paratype, OSC, cited from McCune & Wang 2014); 3. 中华袋衣 *Hypogymnia sinica* (魏江春和陈健斌 1117, paratype); 4. 长叶袋衣 *Hypogymnia stricta* (王立松 02-21051, KUN); 5. 节肢袋衣 *Hypogymnia subarticulata* (赵继鼎和陈玉本 4414, holotype); 6. 亚壳袋衣 *Hypogymnia subcrustacea* (魏江春 2590); 7. 腋圆袋衣 *Hypogymnia subduplicata* (卢效德 848417-1); 8. 腋圆袋衣裂片近直立变种 *Hypogymnia subduplicata* var. *suberecta* (卢效德 848421-13). 标尺 = 1 cm.

1. 亚粉袋衣 Hypogymnia subfarinacea (肖协和王先业 10582, holotype); 2. 亚洁袋衣粉芽变型 Hypogymnia submundata f. baculosorediosa (魏江春和陈健斌 6684); 3. 亚霜袋衣 Hypogymnia subpruinosa (陈健斌 7094, holotype); 4. 台湾高山袋衣 Hypogymnia taiwanalpina (Lai M.J. 9300, isotype, H); 5. 狭孢袋衣 Hypogymnia tenuispora (McCune 25572, paratype, OSC, cited from McCune & Wang 2014), 标尺 = 1 mm; 6. 管袋衣粉芽变型 Hypogymnia tubulosa f. farinosa (陈健斌和王胜兰 14440-1); 7. 条袋衣 Hypogymnia vittata (高向群 1430); 8. 云南袋衣 Hypogymnia yunnanensis (姜玉梅 286, holotype). 1 和 3 标尺 = 0.5 cm, 其余标尺 = 1 cm.

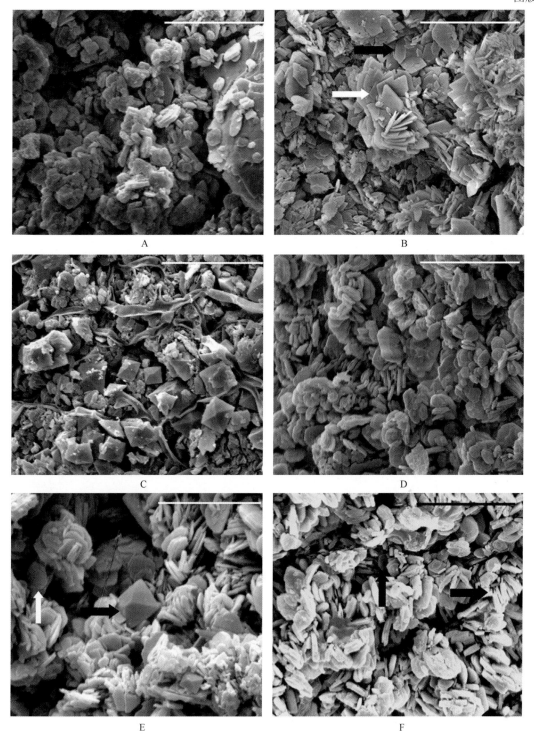

A

B

C

D

E

F

粉霜的 SEM 照片 . A. *Hypogymnia lijiangensis* 主模式粉霜晶型 (水草酸钙石); B. *Hypogymnia pruinoidea* 主模式粉霜晶型包括两种 : 1. 草酸钙石 III 晶型 , 白色箭头标记 , 2. 水草酸钙石 , 黑色箭头标记 ; C. *Hypogymnia pruinosa* 主模式粉霜晶型 (草酸钙石 II 晶型); D. *Hypogymnia pseudopruinosa* 候选模式粉霜晶型 (水草酸钙石); E. *Hypogymnia subfarinacea* 主模式粉霜晶型包括两种 : 1. 草酸钙石 II 晶型 , 黑色箭头标记 , 2. 水草酸钙石 , 白色箭头标记 ; F. *Hypogymnia subpruinosa* 主模式粉霜晶型包括两种 : 1. 草酸钙石 III 晶型 , 向右箭头标记 , 2. 水草酸钙石 , 向上箭头标记 . A-D, F: 标尺 = 10 μm; E: 标尺 = 5 μm. (引自 Wei and Wei 2012).

Q-4795.01

ISBN 978-7-03-070643-0

9 787030 706430 >

定价：198.00 元